생각이
자라는
아이

"엄마는 아이를 참 잘 키워"

"지금껏 당신이 들었던 최고의 칭찬은 무엇인가요? 문자를 보내 주세요!"

그날도 역시 운전을 하며 평소 애정 하는 라디오 프로그램을 듣던 중이었습니다. 매일 같은 방식으로 청취자 참여를 유도하는 터라 특별할 것도 없었는데 그날의 질문을 듣자마자 0.1초의 망설임도 없이 한 문장이 떠올랐습니다.

"엄마는 아이를 참 잘 키워"

생각할 때마다 가슴 뛰게 하는 이 말은 저희 아이가 저에게 해준 말입니다.

지난 여름, 한창 이 책을 집필 중이었던 저는 하루 건너 고민에 빠졌습니다. 아이의 성장사를 잘 아는 지인들은 종종 '아이를 인터뷰한다면서요? 너무 훌륭한 생각이에요. 책으로 내도 좋을 것 같은데요?', '어떻게 아이랑 그렇게 사이가 좋아요? 비결이 궁금하네요', '아이와 토론 수업을 하고 있다니 대단해요' 등의 피드백을 주곤 했는데, 그때마다 저는 '누구나 할 수 있는 일', '내가 좋아서 하는 일', '소소한 개인의 경험'이라는 식으로 넘겼습니다. 그러다 출간을 하기로 마음을 먹게 된 것은 '육아 전문가나 교육 전문가가 아닌 또래의 아이를 키우는 현실 엄마의 이야기가 도움이 될지도 모른다'는 생각에서였습니다.

30대 중반, 일만 하다가 준비 없이 엄마가 된 제 자신을 돌아보니 이런저런 육아 서적을 밑줄 그어가며 읽던 시절이 있었습니다. 그런데 결국 아이를 키우면서 깨달았지요. 내 아이, 내 상황에 딱 맞는 육아 참고서는 어디에도 없다는 사실을요. 전문가의 말들은 허튼 데가 없었지만 구체적이지 않았고, 자식을 성공적으로 키워낸 엄마의 경험담은 '결과적 이야기'란 생각이 들었습니다. 많은 엄마들이 주변의 다른 엄마들과 정보를 공유하고, 몇 년 앞서 육아를 경험 중인 선배 맘들에게 오히려 위안을 받고 실질적 조언을 얻는 것도 같은 이유일 겁니다. 십대 초반의 아이를 키우고 있고 여전히 선배 맘들에게 지혜를 구하기도 하는 입장에 있는 저의 이야기 또한 누군가에게 도움이 되고 조언이 될지 모른다는 생각을 하던 중 좋은 기회가 주어졌지요.

　그러나 앞에서 고백했듯이 책을 쓰는 동안 지속적으로 고민에 빠졌고, 그날도 복잡한 내면이 그대로 얼굴에 드러난 모양이었습니다. 언제나 엄마에게 관심이 많은 아들은 그날 밤 잠자리에 들기 전 제 표정이 좋지 않은 이유를 물었습니다. "아무것도 아니야"하고 넘길 수 있었지만 그러지 않았습니다. '나는 어른이고 너는 아이'라는 식으로 나누지 않고 부모의 감정과 상황을 솔직하게 말하는 것이야말로 가장 좋은 대화의 태도라고 생각하는 저는 평소처럼 아이에게 고민을 털어 놓았습니다.
　"엄마가 지금 책을 쓰고 있잖아. 그런데 요즘 글도 잘 써지지 않고 고민이 많아. 왜 그런지 생각해 보니 엄마가 이 책을 쓰는 목적, 그러니까 엄마처럼 아이를 키우는 분들에게 도움을 주고 싶다는 마음이 큰 부담으로 작용하는 것 같아. 엄마가 너를 키우면서 겪은 일, 실천하고 있는 것들을 들려주는 게 정말로 누군가에게 도움이 될까? 사람들이 내 이야기에 공감해 줄까? 진짜 필요한 이야기가 맞을까? 이런 고민들 때문에 머릿속이 복잡해."
　이야기를 가만히 듣고 있던 아이는 눈을 맞추며 따뜻한 목소리로 딱 한마디를 했습니다.
　"엄마는 아이를 참 잘 키워"

아이의 말은 그 자체로 감동이었지만 그 안에 많은 의미를 담고 있었습니다. 걱정 말라는 위로, 자신감을 가지라는 격려, 엄마에 대한 감사와 존중, 그리고 스스로 잘 자라고 있다는 자존감의 표현까지. 세상에 이렇게 멋진 칭찬을 들어본 엄마가 몇이나 될까요?

이후로도 책을 집필하다가 막힐 때는 아이의 문장이 강력한 힘을 발휘해 주곤 했습니다. 강의 평가에서 최고점을 받은 선생의 심정으로 나의 경험과 가치관, 실천과 의지 등이 분명 누군가에게는 필요한 이야기일 것이라는 주문을 스스로 걸게 만들었지요.

이 책은 13살이 된 아들을 키우고 있는 저의 개인적 경험을 기반으로 하고 있습니다. 세상 바쁜 워킹 맘으로 살 때도 놓지 않았던 육아 태도와 습관, 외형의 성장보다 내면 성장에 관심을 갖고 정기적인 인터뷰를 통해 기록하게 된 이야기, '사춘기도 전혀 두렵지 않다'고 당당하게 말할 수 있는 대화의 마법 같은 힘, 3년째 하고 있는 아이와의 토론 수업이 가져다준 변화, 그리고 3년 반 독일 베를린에서 지내는 동안 보고 듣고 겪은 독일 교육의 교훈까지 많은 내용을 담고 있습니다. 그러나 사실 지향점은 하나입니다. 아이의 생각을 자극하고 깊이를 만드는 것이 그것입니다. 스스로 생각할 줄 아는 아이는 무엇이든 주체적이 됩니다. 자기주도적 삶을 살며 미래를 개척하고 실현해 나가는 힘도 갖게 되지요. 생각하지 않고 그저 부모가 디자인해 주는 삶을 사는 아이와는 그릇 자체가 달라지는 것입니다. 그 과정에서 느끼는 성취감이나 행복은 덤이지요.

생각하는 힘의 중요성에 대해서는 누구나 인정합니다. 그 마음을 꿰뚫어 보듯 '생각을 키우는'이라는 수식어가 붙은 책이나 콘텐츠도 즐비합니다. 그러나 저는 '생각은 자라는 것'이라고 단언합니다. 별반 차이가 없게 들릴지 몰라도 디테일이 다릅니다. 아이의 키가 자라도록 조력자의 역할을 할 수는 있지만 나의 의지대로 키울 수는 없습니다. 생각도 마찬가지입니다. 생각의 씨앗을 심어 주긴 하되 뿌리내리고 싹을 틔우고 줄기를 뻗고 꽃을 피우는 것은 모두 스스로의 힘이 중요합니다. 다만 곁에서 필요할 때 물을 주고 양분을 제공하고 관심과 애정을 쏟으며 지켜봐 준다면 더 튼튼하게 뿌리내리고 향기로운 꽃을 피울 수 있겠지요. 아이의 생각이 자라도록 하기 위해서는 부모가 어떤 씨앗을 심고 어떤 환경을 만들어 주느냐가 중요한 것입니다.

위대한 사람들의 여정에는 특별한 조력자 혹은 스승이 등장할 때가 많습니다. 결정적인 순간을 만들어낸 한 명일 때도 있고, 여러 명이 등장하기도 합니다. 우리 아이들이 자라는 과정에서도 그런 누군가가 등장할 수도 있을 겁니다. 그런데 언제일까요, 누구일까요. 그 누군가가 등장할지도 모르는 언젠가를 기다려봐야 할까요. 아니, 반드시 있다는 보장이 있을까요?

저는 그런 생각을 합니다. '부모가 그 누군가가 되면 어떨까. 부모는 아이가 태어나는 순간부터 늘 함께하고 있으니 어느 순간 누군가가 짠하고 나타나 주기를 바라거나 기다릴 필요도 없을 텐데' 하고 말입니다. 그리고 그 '조력자' 역할은 생각 씨앗을 심고 가꾸어 아이 스스로 누구도 흉내 낼 수 없는 단단하고 고유한 내면을 키워갈 수 있게 만들어 주는 것으로 충분합니다. 누구나 자신이 잘할 수 있고 즐겁게 할 수 있는 것부터 실천하면 됩니다. 이 책 속의 많은 이야기들이 작은 실마리가 되어 각자의 방식으로 응용될 수 있다면 바랄 게 없겠습니다.

끝으로 이 책이 탄생하게 된 근원이자 위기 때마다 나아갈 힘을 준 사랑하는 아들 도윤이, 옆에서 무한 지지와 응원을 보내준 남편에게 고마움을 전합니다. 나의 경험이 누군가에게 도움이 되었으면 하는 막연한 생각을 하던 저에게 좋은 기회를 제안해 주신 출판사와 편집자께도 감사한 마음입니다.

박진영

이책의 차례

Contents

Contents

Intro

생각할 줄 아는 아이로
키우고 싶다면

인간을 만물의 영장이라고 할 때 인간과 그 밖의 다른 모든 생물을 가르는 중요한 요소가 바로 '생각'입니다. '동물도 인간처럼 느낄 수 있고 생각도 한다'라고 반론을 제기할 수 있지만 이때의 '생각'은 개념이 좀 다릅니다. 동물이 하는 생각이 단순히 '뇌'의 기능적 영역을 말하는 것이라면 인간의 '생각'은 뇌의 기능적 문제를 넘어 더 깊은 영역의 활동입니다.

'생각'을 국어사전에서 찾으면 이렇게 나옵니다.

1. 사물을 헤아리고 판단하는 작용
2. 어떤 사람이나 일 따위에 대한 기억
3. 어떤 일을 하고 싶어 하거나 관심을 가짐

그러나 생각이란 이 세 가지 정의만으로는 충분하지 않게 느껴집니다. 생각이란 것은 무한의 세계이고, 알다가도 모르겠는 미지의 세계이며 저 깊은 곳까지 탐험해 볼 가치가 있는 행위라는 게 저만의 정의입니다. 그리고 한 가지가 더 있습니다. 한 인간을 온전히 인간답게 하는 것이자 한 개인의 성장을 논할 때 중요한 포인트가 된다는 점입니다.

여기서의 '성장'은 당연히 내적 성장을 말합니다. 키가 크고 몸이 자라 외형이 아이에서 어른으로 변화되어 가는 과정이 아니라 성숙한 사고가 가능해지고 세상을 바라보는 자신만의 관점과 시각이 생기며 그것들을 통해 바른 가치관을 정립하는 등 고유한 내적 정체성을 갖게 되는 것을 뜻합니다.

'퍼스널리티'가 있는 존재

각자의 내면은 그 자신만의 고유한 영역입니다. 누구도 흉내내기 어려운 퍼스널리티(personality)입니다. 이 단어를 우리말로 해석하면 인격, 인성, 성격, 개성 등으로 표현되지만 단어가 품은 뜻을 설명해 내기엔 부족함이 있습니다. 영영사전식으로 풀이하면 조금 더 명확해지는데, '당신이 행동하고 느끼고 생각하는 방식으로 보여지는 당신이란 존재의 유형(the type of person you are, shown by the way you behave, feel, and think)'으로 정의합니다. 여기서 행동하고 느끼는 방식은 생각하는 방식과 밀접한 관계가 있을 수밖에 없습니다. 기계적이고 기본적인 감각을 말하는 것이 아니라 어떻게 사고하는지에 따라 행동도 느낌도 달라지는 것이니까요.

이 퍼스널리티의 중요성이야 말할 필요가 없겠지만 우리나라의 교육 방식은 퍼스널리티에 방점이 찍힌 교육은 아닙니다. 그보다 먼저 다른 것, 이를테면 순위와 서열 그리고 점수를 매기기 쉬운 것들이 우선시됩니다. 교육열에 있어서 우리와 엎치락뒤치락하는 수준으로 치열한 미국에서는 상황이 조금 다릅니다. 개인을 평가할 때 퍼스널리티가 굉장히 중요하게 고려되는 요소가 됩니다.

초등학교 저학년 때 미국으로 건너가 엘리트 교육을 받고 세계적인 명문 스탠퍼드대학에서 공학을 전공한 교포 지인과 아이들 교육에 대해 종종 이야기를 나누곤 하는데, 어느 날 그분이 이런 말을 했습니다.

"한국에 왔을 때 어른들이 아이들에게 '부모님 말씀, 어른들 말씀 잘 들어야 한다'라는 말을 하는 것을 듣고 굉장히 놀랐어요. 미국에서는 그런 말 자체가 존재하지 않거든요. 설령 누군가 그런 말을 한다면 어른이고 아이고 할 것 없이 '아이들이 왜 어른들 말을 잘 들어야 하지? 왜 어른들 말에 따라야 하지?'라는 생각을 할 거예요. 그런데 한국에선 누구나 하는 말이고 당연한 듯 받아들이더군요. 미국에서는 퍼스널리티가 정말 중요해요. 개인을 평가할 때 퍼스널리티가 없는 존재는 인정 자체를 받기 어렵죠. 그런 문화 때문에 어른들 말씀 혹은 부모님 말씀을 잘 들어야 한다라는 개념이나 생각 자체가 있을 수 없어요. 다른 사람의 말에 따라 자란 사람이 그만의 퍼스널리티를 갖추기는 어려울 테니까요."

이 얘기를 퍼스널리티의 정의 안에 대입해 볼까요? 자기만의 방식대로 행동하고 느끼고 생각하면서 스스로 고유한 존재임을 나타내지 못한다면 사회에서 인정받는 존재가 되기 어렵다는 뜻이 됩니다. 능력이나 실력을 보지 않는다는 뜻이 아닙니다. 겉으로 드러나는 외형적 조건만 갖추고 있어서는 안 된다는 말입니다. 우리들 각자가 원 오브 뎀(one of them)이 아닌 온리 원(only one)이 될 수 있는 까닭은 지적 능력이나 기량이 기준이 아니라 고유함에서 기인하는 것이니까요.

아이 시절은 바로 이 존재의 고유함, 퍼스널리티를 형성해 가는 시기입니다. 자신만의 내적인 요소를 채우고 만들어가는 시기이지만 주위의 많은 것들로부터 영향을 받아 싹이 트고 자라게 됩니다. 자라날 때의 환경, 부모와 가족들, 선생님과 친구들, 책과 다양한 매체, 나아가 보고 듣고 직접 혹은 간접적으로 경험하는 모든 것들이 그 씨앗이 됩니다.

아이가 자라는 과정에서 부모들은 문득문득 놀랄 때가 많습니다. '도대체 언제 이렇게 컸지?'라는 생각을 수도 없이 하지요. 키와 몸무게, 달라지는 외양만을 두고 하는 말은 결코 아닐 겁니다. 오히려 외적인 성장은 매일 같이 있기 때문에 그 차이를 순간순간 알아차리기가 어렵습니다. 부모가 진짜 놀라는 순간은 아이의 달라진 내면을 알아차릴 때입니다. 어떤 때는 행동으로 어떤 때는 언어로 드러나는 아이의 내적 성장을 깨달은 순간 저절로 말이 새어 나옵니다.

"언제 이렇게 컸지?"

생각의 깊이로 발견하는 아이의 내면 성장

키가 크고 몸무게가 늘고 생각이 성숙해지는 것은 해가 바뀌고 나이를 먹는 것처럼 당연하게 얻어지는 결과물이 아닙니다. 유전적 대물림을 비롯해 후천적인 성장의 역사까지 부모에게 상당히 많은 '지분'이 있습니다.

부모는 아이가 또래보다 조금만 작아도 걱정이 앞서고, 아이의 키 성장을 위해 다양한 운동이며 영양제, 심지어 키 크는 주사까지 이런저런 방법을 고민합니다. 그렇다면 아이의 내면의 성장을 위해서는 어떤 노력을 하고 계신가요? 아마 '내면의 성장'이라는 말 자체가 어색한 분들도 있을 겁니다. 저 역시도 마찬가지였습니다. 어느 날 아이의 놀라운 내면 성장을 발견하게 된 후 성장한다는 것의 진짜 의미와 가치에 대해 깨닫기 전까지는요. 결론부터 말하면 아이의 내면 성장은 '생각의 깊이'를 통해 발견했습니다. '생각이 자란다'는 것을 확신하는 순간이었습니다.

워킹맘으로 바쁜 일과에 치이며 살았던 한국에서의 삶과 달리 아이의 하루를 옆에서 지켜보며 보낸 독일에서의 시간은 순간순간 아이가 자라고 있다는 사실을 깨닫게 할 때가 많았습니다. 커가는 게 기특하지만 한편 아쉬운 생각이 드는 건 모든 엄마들의 공통된 마음이겠지요. 저 또한 같은 마음으로 지금이 순간을 기록해야겠다는 생각을 하게 됐습니다. 사진으로 남겨질 모습만이 아니라 그 시기 아이의 생각, 관심, 고민, 느낌 등을 직접 아이의 목소리를 통해 듣고 남기는 것만이 진짜 성장 기록이 될 것 같았습니다. 독일살이를 시작한 후 일년 반 정도의 시간이 흐른 어느 날, 아이가 만으로 9살 생일을 막 넘긴 시점에 인터뷰라는 형식으로 아이의 내면 이야기를 들어보는 기회를 가졌습니다.

그간의 독일 생활을 돌아보는 주제로 진행했던 인터뷰는 그야말로 깨달음의 연속이었습니다. 새로운 환경에 적응하며 스스로 겪은 감정과 생각을 털어놓는 과정에서 아이의 대답은 깊고도 단단했습니다. 다분히 철학적이었고 때론 저에게 던지는 질문 같기도 했습니다. 단적으로 아홉 살 꼬마는 인생을 '수학'에 비유하며 이렇게 답하기도 했습니다.

"처음엔 못 할 거라고 생각했지만 이 세상의 모든 어려운 일들은 언젠가 해결이 됐어. 나는 어려운 일에 부딪쳐도 언젠가 해결이 될 거라는 믿음이 있어. 희망은 항상 있으니까. 모든 일은 수학과 같아. 일이 생기면 먼저 해결 전략을 세워야 하는 거야. 이 세상에는 언제나 어려운 일이 일어나고 우리는 걱정을 하지. 하지만 그 다음엔 해결 전략을 세우고 해결하기 시작해. 그러다 보면 문제를 거의 다 풀게 되고, 마지막은 해결해 내는 거지. 세상 모든 일이 이런 단계를 거쳐."

아이의 대답은 한 치의 망설임도 없이 단호했습니다. 그 나이에 벌써 인생을 논하는 것도 그렇지만 인생과 수학을 연결 지어 자신만의 가치를 설명해 내는 태도가 놀랍기만 했습니다. 평소에도 대화를 많이 하며 아이에 대해 모르는 게 없다고 생각했던 저는 이날 대단히 충격을 받았습니다. 어느새 아이는 스스로 엄마가 생각하는 것보다 훨씬 더 깊은 내면을 다지고 있었던 것입니다. 아이의 놀라운 내적 성장을 직접 확인한 자체로도 큰 의미가 있었지만, 아이가 앞으로도 생각의 깊이를 더하며 성숙한 내면을 갖춰갈 수 있도록 돕는 것이 부모로서 해야 할 중요한 일이라는 확신 또한 갖게 되었습니다.

생각하는 힘은 배신하지 않는다

우리는 생각이라는 것의 가치를 너무나 잘 알고 있습니다. 예나 지금이나 세상을 이끌어가는 글로벌 리더들과 혁신을 창조한 이들에게서 찾을 수 있는 공통점이 모두 '생각'에 있다는 점도 익히 들어왔습니다.

그들이 세상을 움직이는 방식은 '워커홀릭'이 아니라 '싱크홀릭'입니다. 각자 자신만의 생각을 위한 공간과 시간, 방식을 갖고 있습니다. 대표적인 예로 "경쟁자는 두렵지 않다. 경쟁자의 생각이 두려울 뿐"이라고 말한 빌 게이츠는 1년에 두 차례 '생각 주간(think week)'을 만들어 실천했습니다. 가치 있는 질적 결과물이 성공과 실패를 가르는 이 시대에 빌 게이츠는 '생각'에 집중할 수 있는 시간을 스스로에게 부여함으로써 깊이 있고 창조적이며 탁월한 결과물을 만들어낼 수 있었던 것입니다. 눈에 보이는 결과물을 만들어내는 기업가들만의 얘기가 아닙니다. 우리가 아는 수많은 현인들은 모두 깊은 생각을 통해 통찰력과 지혜를 깨달아 세상에 이바지한 이들이 대부분입니다.

생각에도 종류가 많습니다. 앞서 거론했던 '생각'의 사전적 정의만 떠올려도 다양한 활동을 지칭합니다. 그러나 우리에게 진짜 필요한 생각의 힘이란 대니얼 카너먼의 〈생각에 관한 생각〉의 표현을 빌자면 '느리게 생각하기(slow

안심Touch

thinking)'를 지칭합니다. 카너먼은 생각을 크게 두 가지로 구분합니다. 하나는 직관적인 생각을 뜻하는 '빠르게 생각하기(fast thinking)'입니다. 순발력이 필요한 순간의 판단력, 단순 연산의 정답을 구하는 과정, 어떤 장면이나 장소를 떠올리는 것과 같은 자동적인 개념과 기억의 정신 활동을 뜻합니다. 반면 이성적 사고를 뜻하는 '느리게 생각하기'는 즉각적인 답이 떠오르지 않는 문제에 대해 심사숙고하고 깊이 사고하는 방식을 말합니다.

빠르게 생각하기가 '인간은 누구나 생각할 줄 안다'의 그 '생각'이라면 느리게 생각하기는 연습과 훈련이 필요한 부분입니다. 생각하는 훈련이 돼 있지 않은 사람들은 깊은 생각을 요하는 문제나 상황에 부닥쳤을 때 당황하게 되고 당연히 결론이라는 목적지에 도착하기 전에 포기할지 모릅니다. 반대로 생각할 줄 아는 사람들은 그 과정을 즐기며 꼬리에 꼬리를 무는 생각이 데려다줄 목적지가 어디일까에 대한 기대감마저 갖게 됩니다.

어른이 돼 생각하는 법을 알고 즐길 줄 안다는 건 이미 어린 시절부터 생각하는 습관이 형성된 것이라고 봐도 무방합니다. 평생 기계적이고 직관적인 생각만을 해온 사람이 어느 날 갑자기 심오한 문제 앞에서 깊은 사고를 할 수 있을까요? 즉, 어린 시절부터 생각하는 습관을 기르고, 생각한다는 것의 즐거움을 안다는 것은 아이의 미래와도 직결되는 문제입니다. 더구나 아이들이 살아갈 미래에서는 생각의 힘이 절대적으로 중요합니다.

중요한 건 알지만 막상 실천이 쉽지 않습니다. 한두 시간 공부하고 성과를 낼 수 있는 일이 아니라 지속적인 노력이 필요하기 때문에 더 힘들게만 느껴집니다. 그러나 내 아이가 쑥쑥 건강하게 잘 커주면 보람을 느끼듯이 생각이 자라고 내면이 성장하는 모습을 지켜보며 얻는 기쁨과 행복은 그보다 더 의미 있고 가치 있는 일이 되어줄 겁니다. 세스 고딘은 〈빌 게이츠는 왜 생각 주간을 만들었을까〉라는 책 추천사에서 이렇게 말했다고 합니다.

"세상은 빠르고 복잡하게 돌아가지만 생각을 하는 사람들에 대한 보상은 꼭 돌아온다."

공부는 때론 배신을 하기도 하지만, 생각하는 힘은 결코 배신하지 않습니다.

생각을 만드는 부모력 : 부모가 나의 스펙입니다

철학자 헤라클레이토스는 "당신이 어디까지 이를 수 있든, 평생을 살아본다 해도 생각의 한계를 찾을 수 없을 것이다"라고 말했습니다. 생각의 깊이에는 한계가 없습니다. 시기가 따로 있는 것도 아니어서 평생 탐구해야 할 영역이 기도 합니다. 당연히 생각을 키우는 것 또한 뚜렷한 목표를 세우기도 그 도달을 확인하는 것도 어렵습니다. 현명함, 지혜로움, 성숙함 등의 성장으로 드러나기도 하지만 그것만으로 생각의 깊이를 깨닫기는 매우 어렵습니다.

그렇다면 도대체 생각은 어떻게 키울 수 있는 걸까요. 저는 적어도 이 문제만큼은 결코 사교육이 대신할 수 없다고 봅니다. 아이들의 생각을 자라게 하는 것은 1차적으로 온전히 부모의 몫입니다. '하루 10분 생각 몰입'이라던가 '생각하는 주간'과 같은 어른들의 방식은 아이에게 오히려 생각을 강요해 어렵고 힘든 과제처럼 여길 수 있습니다. 아이가 미처 깨닫지 못하는 사이에 생각하는 습관이 일상에 스며들도록 해야 합니다.

아이의 생각은 숲이 형성되는 것과 같은 이치입니다. 결코 한순간에 숲을 만들어낼 수 없습니다. 씨앗을 뿌리는 일부터 시작해 그 과정이 더디고 인내심을 필요로 하기도 합니다. 때론 멈춘 것처럼 보일지 몰라도 매일 매 순간

안심Touch

정직하게 자라고 있지요. 어떤 환경이냐에 따라서 속도나 건강한 정도에는 차이가 있을 수 있습니다. 씨앗을 뿌리고 적절한 환경을 만들어주며 관심을 갖고 지켜봐주는 것이 바로 아이의 생각의 숲을 만들기 위해 부모가 해야 할 일입니다. 생각하는 틈을 만들고 생각이 뿌리내릴 수 있게 아이 마음을 편안하게 해주는 것, 호기심 가득한 대화로 자극을 주는 것, 깊은 사고를 이끌어내기 위한 질문을 던지는 것, 독서나 사색과 같이 생각하는 행위를 수반할 수 있는 습관 형성을 해주는 것 등이 씨앗이 되고 좋은 환경이 되어줍니다.

물론 생각의 숲이 반드시 부모가 뿌린 씨앗으로부터 비롯되지 않을 수도 있습니다. 그러나 어디선가 좋은 씨앗이 아이 마음 밭에 뿌려지기만을 기대하는 것보다 부모가 그 씨앗이 되어주는 편이 좋지 않을까요? 내 아이의 마음 밭이 어떤 토질인지 아는 것도 부모이고, 때때로 관찰하고 지켜보며 물과 거름을 주고 넘칠 때는 가지치기를 통해 정리를 해줄 수 있는 것도 부모니까요.

모두들 '스펙'을 중요하게 여깁니다. 좋은 스펙이 미래를 보장해 주는 가치처럼 여겨집니다. 부모들은 내 아이의 스펙을 하나라도 더 만들어주기 위해 애쓰고 노력합니다. 안타깝게도 많은 이들이 부모의 경제력과 정보력도 '스펙'의 일부라고 생각하기도 합니다. '부모 스펙'의 확장된 개념으로 '부모 찬스'라는 말도 생겨났습니다.

부모가 스펙이 되는 시대이자 공평하지 않은 '부모 찬스'가 존재하는 시대라면, 다른 의미에서 스펙이 되어주고 부모 찬스를 주는 건 어떨까요? 오히려 아이를 망치는 과잉 보호나 집착이 아니라, 열린 관계와 따뜻한 애착을 통해 건강한 정서와 단단한 내면의 성장을 만들어줄 수 있다면 그것이야말로 부모가 해줄 수 있는 최고의 스펙이고 부모 찬스가 될 것이라고 자신합니다. 훗날

내 아이가 당당하게 "나에게 최고의 스펙은 부모님입니다"라고 말할 수 있다면 그보다 더 큰 보람은 없지 않을까요? 생각하는 힘을 키우는 환경을 만들어주고, 생각을 나누는 부모가 되어주는 것이야말로 부모가 줄 수 있는 최고의 스펙입니다.

Part 1
아이를 인터뷰하는 엄마

저는 아이를 인터뷰하는 엄마입니다. 몇 달 간격을 두고 주기적으로 아이를 인터뷰하며 '내 아이 인터뷰 시리즈'라는 타이틀로 기록도 남기고 있습니다.

아이를 인터뷰하게 된 건 내 아이의 온전한 내면 성장을 기록으로 남기고 싶다는 마음에서였습니다. 내 관점과 시각에서 남기는 반쪽짜리 성장사가 아닌 그 시절 아이가 어떤 생각을 하고 어떤 가치관을 가졌으며 무슨 고민들을 거쳐 성숙한 어른으로 자라나는지를 남기기로 한 것입니다. 다섯 번의 공식 인터뷰와 이슈가 있을 때마다 짧은 미니 인터뷰를 진행해 온 게 어느새 2년이 넘었습니다. 아이와 대화가 충분했다고 생각했지만 막상 인터뷰라는 형식을 빌어 질문하고 답을 들으면서 저는 매번 아이의 깊은 내면 세계에 놀라곤 했습니다. 묻지 않았더라면 듣지 못했을 깊은 내면의 이야기들을 알게 되니 아이에 대한 믿음이 더 커지고 관계 또한 단단해졌습니다. 같은 이유로 남들이 걱정하는 사춘기를 저는 도리어 전혀 걱정하지 않습니다. 내 아이의 내면이 어떠한지 잘 알기 때문에 어떤 상황이든 믿고 지지하며 기다려줄 수 있기 때문입니다.

부모 눈에 그저 철없는 '아기'로만 보이지만, 아이들은 이 시간에도 성장하고 있습니다. 인터뷰를 통해 아이의 내면을 들여다보고 성장해 가는 과정에 때론 박수를 쳐주고 때론 위로와 힘을 주는 부모가 되어 보는 건 어떨까요.

Chapter 01

매일매일 생각은 자라고 있다

아이가 어릴 때는 정말 하루가 다르게 자랍니다. 키가 자라고, 생각의 깊이도 조금씩 달라짐을 느낍니다. 산 지 얼마 안 된 옷과 신발이 작아지고, 육안으로도 확인될 정도로 부쩍 자란 아이를 보는 순간도 기쁨이지만 내면의 성장을 깨닫는 때는 그야말로 희열이 느껴집니다. 어쩌다 아이가 내뱉는 말 한마디에 '어떻게 이런 생각을 하지?', '어디서 이런 말을 배웠지?'라며 놀라기도 하고, 또 감정의 변화, 행동의 변화가 다양한 방식으로 감지되는 순간에도 아이의 성장을 목격하고 기쁜 마음이 듭니다. 보이지 않던 내적 성장을 발견한 순간이 주는 기쁨입니다.

흥미로운 사실은 아이의 내면 성장이 중요하다는 것을 잘 알면서도 부모들은 정작 키와 몸무게 같은 외적 성장에 더 집착하고 있다는 겁니다. 주변에서 또래보다 작은 키 때문에 심각하게 고민하는 부모님들은 많이 보았지만, 아이의 생각이 얼마나 자랐나 하는 문제로 고민하는 분은 보지 못했습니다. "저는 그래서 사고력 키워주는 학습을 많이 시켰는데요!"라고 항변할지도 모르지만, 학습적 능력 향상을 위한 '사고력'과 근본적으로 아이의 내면이 성숙해지는 문제는 전혀 다른 개념입니다.

물론 외적 성장도 내적 성장만큼이나 중요한 일입니다. 다만 우리가 키와 몸무게에 더 집착하는 이유는 눈에 잘 보이고 더 쉽기 때문입니다. 내면 성장에 대해서는 언제 어디서부터 어떻게 자라왔는지 알 수가 없으니 그저 '많이 컸네'라는 감탄 정도로 끝나고 마는 것입니다. 다시 말해 내면 성장을 보여주는 '증거'가 없기 때문입니다. 초등학교 1학년 때의 키와 몸무게는 7살 시절 키와 몸무게와 비교해 명확하게 수치로 대비되고 증명됩니다. 그러나 그 사이 생각은 얼마나 자랐는지 도대체 알 길이 없는 것입니다. 떠오르는 몇 가지 일화나 막연한 짐작을 통해 "초등학교에 들어가더니 유치원 시절보다 성숙해졌어"라고 말할 수 있을 뿐입니다.

그런데 정말로 아이의 내적 성장을 키와 몸무게의 변화처럼 '증명'해 낼 방법은 없는 것일까요? 분명히 순간순간 '많이 컸네' 혹은 '언제 이렇게 자랐지?'라며 깨닫는 순간이 많은데도 말입니다.

생각이 자라는 것을 어떻게 증명할 수 있을까

아이의 내면에 관심이 많은 저는 일상생활을 하는 와중에도 불쑥불쑥 '아, 또 아이의 생각이 조금 더 자랐구나' 깨달을 때가 많습니다. 반복되는 일상 속에서도 변화의 순간은 얼마든지 포착됩니다. 비슷한 상황이 벌어져도 아이는 얼마 전과 다른 방식으로 말하고 대처할 때가 있고, 관심사가 달라지는 것을 통해서도 변화를 감지해 낼 수 있습니다. 사소하게나마 생각이 자라는 것을 발견하기 위해서는 다양한 방식으로 계기를 만들고 자극을 주며 섬세한 관찰을 하는 자세가 필요합니다.

아이들은 '말'을 통해서 생각을 드러내는 경우가 많습니다. 때문에 부모는 아이가 내면의 생각을 자연스럽게 말로 표출할 수 있도록 계기를 만들어줄 필요가 있습니다. 그러기 위해서는 우선 일상 속에서 별것 아닌 일에도 아이의 생각이나 의견을 묻는 것을 습관화해야 합니다. "올해는 크리스마스 트리 위치를 바꾸고 싶은데 어디에 두면 좋을까?"와 같은 질문도 좋습니다. 아이는 나름대로 기준을 갖고 집안을 둘러보며 적당한 위치를 찾아낼 것입니다. 그다음엔 "왜 여기가 좋은 것 같아?"라는 식의 아이의 생각을 꺼내 말로 표현할 수 있도록 질문을 해야 합니다. '그냥 → 넓으니까 → 잘 보이는 위치니까 → 여기에 두면 집 전체 분위기가 더 좋아질 것 같으니까' 식의 사고의 깊이를 반영하는 다양한 답변이 나올 수 있을 겁니다. 아이와 함께하는 일상 속에서 같은 패턴의 질문과 대답의 풍경은 얼마든지 만들어질 수 있습니다. 처음엔 별 생각 없이 '그냥'이라고 말하던 아이는 조금씩 생각의 깊이를 더하게 될 겁니다. 그 과정에서 부모는 사소하지만 아이의 성장을 발견하게 될 테고요. 생각을 들여다보기 위한 질문인 동시에 생각을 키워주는 자극이 되는 셈입니다.

"오늘 학교에서 친구랑 무슨 대화를 했니?"라는 일상적인 질문에서도 아이의 내면이 어떻게 달라지고 있는지 발견할 단서를 얻을 수 있습니다. 늘 장난감 이야기, 게임 이야기만 하던 아이가 어느 날은 전혀 다른 카테고리의 토픽을 말할지도 모릅니다. 실제로 저희 아이는 5학년이 되면서 친구들과 하는 대화의 주제가 굉장히 넓어졌습니다. 어떤 날은 친구가 봤다는 다큐멘터리를 시작으로 기후 변화 문제를 이야기했다고도 하고, 어떤 날은 아프가니스탄과 탈레반 이슈 등 글로벌 정치 상황에 대한 이야기를 했다고 알려주기도 하더군요. 아이의 말을 듣고 '아하 그랬구나'로 끝내지 말고 성장의 순간을 목도함과 동시에 더 깊이 있는 사고를 할 수 있도록 다음 단계의 자극을 고민해야 합니다.

입장을 바꿔보는 것도 아이의 생각을 자극해서 말로 끌어내는 효과가 있습니다. 어른인 부모가 아이에게 "이럴 땐 어떻게 해야 하지?"라고 '조언'을 구하는 것입니다. 이건 제가 잘 쓰는 방법이기도 한데, "네가 나라면 어떻게 할 것 같아?"라거나 "어떻게 하는 게 좋을지 모르겠어"라는 질문으로 도움을 요청하면 아이는 기쁜 마음으로 기꺼이 생각하고 답을 줍니다.

이런 일이 있었습니다. 중요한 약속을 잡고보니 하필 그날이 아이 학교 온라인 상담이 있는 날이었어요. 담임 선생님은 물론 필요한 과목별 선생님들과 '선택적으로' 약속을 잡고 진행하는 상담이었는데, 공개된 스케줄 표를 보니 다른 엄마들은 모두 적어도 한두 선생님과 상담 신청을 한 것으로 돼 있었습니다. 도저히 미룰 수 없는 약속이었던 터라 '상담을 할 수 없다'는 결론은 정해져 있었지만 저는 아이에게 어떻게 하면 좋을지 고민을 토로하는 척 의견을 구했습니다. 아이는 이렇게 대답했습니다.

"엄마, 이건 꼭 해야 하는 상담이 아니잖아. 특별히 선생님들에게 물어볼 말이 있어? 아니라면 굳이 할 필요가 없어. '우리 아이 잘하고 있나요?'라고

안심Touch

물어보면 '잘하고 있어요'라고 하겠지. 그게 무슨 도움이 되겠어? 그리고 공부는 어차피 내가 하는 거잖아. 엄마가 상담을 한다고 해서 달라지는 게 아니야. 선생님들도 엄마들이 신청 안 하면 오히려 더 좋아할지도 몰라."

맞습니다. 특별히 질문할 것도 없었는데 '다들 하니까 해야 하는 것 아닌가', '상담을 신청하지 않으면 무관심한 엄마처럼 보이는 것 아닐까' 하는 생각으로 고민했던 측면이 있었는데 아이는 정곡을 찔렀습니다. 마지막으로 '선생님들이 오히려 좋아할지 모른다'는 말까지 덧붙이는 걸 보니 상담이라는 상황을 둘러싼 모두의 심리와 맥락을 어쩌면 제대로 파악하고 있다는 생각마저 들었습니다. 현명하고 명쾌한 대답에 깊은 감사를 표하는 저를 보면서 아이는 또 으쓱했을 겁니다. 깊은 사고는 결국 반복적 훈련의 산물입니다. 작은 일이라도 아이에게 반복적으로 조언을 구해 보세요. 시작은 단순하겠지만 아이는 점점 '부모님에게 도움이 될 조언'을 하기 위해 더 깊이 생각하고 그 생각을 말로 드러낼 수 있게 될 겁니다.

일상 속에서의 대화와 질문, 상황을 통해 내면 성장을 발견하는 일이 쉽지 않다면 적극적으로 깊이 있는 사고를 자극하는 방법도 있습니다. 제 경우는 보통 책을 읽고 대화하거나 특정 이슈 등에 대해 질문하고 토론하면서 아이의 내면 성장을 명확하게 인지하곤 합니다. 책을 매개로 하면 감정이나 의견을 묻고 상상력을 펼쳐보게 하는 등 끊임없이 꼬리를 무는 질문과 답을 하는 과정이 가능해집니다. 그러는 사이 생각은 더 섬세하고 깊어지게 됩니다. 여기서도 엄마(부모)의 역할은 분명 존재합니다. '아 그렇구나' 고개를 끄덕이며 동조하고, 때론 '와 멋진 생각이야', '그렇게도 생각할 수 있구나' 존중하면서 칭찬하고, 아이가 다른 방향으로도 생각해 볼 수 있도록 의도적인 질문이나 발언을 할 필요도 있습니다.

몇 달 전 매일 잠들기 전에 아이와 함께 〈청소년을 위한 철학책〉을 읽고 있었습니다. 아직 5학년인 아이에게는 다소 어려운 수준의 책이었지만 설명을 곁들여 같이 읽고 중간중간 "너는 어떻게 생각해?"라고 물어보기에 적합했습니다. 생각하는 것을 주제로 한 책이다 보니 매번 아이의 대답을 통해 깊은 내면과 사고를 확인하고 들여다볼 수 있는 좋은 계기가 되어주기도 했고요.

그러던 어느 날, 침대에서 그날 읽을 부분을 미리 펼쳐보던 아이가 "엄마, 오늘 읽을 부분 완전 재미있어!"라며 빨리 읽기를 독촉했습니다. '우리는 같은 강물에 두 번 들어갈 수 없다'는 챕터였는데 철학자 헤라클레이토스의 말이 쓰여 있었어요. '그 강은 같은 강이 아니고 우리도 같은 우리가 아니다' 이 대단히 철학적인 질문과 문장에 아이는 단단히 흥분한 것처럼 보였습니다.

책 속에서는 시종일관 헤라클레이토스의 주장을 토대로 사물이든 자연이든 사람이든 매 순간 끊임없이 변화하고 있음을 이야기하고 있었습니다. 그런데 책을 읽고 대화를 하던 중 저는 문득 철학자의 주장에 반기를 들고 싶어졌습니다. '의도적으로' 반대 의견을 피력함으로써 아이의 깊은 생각을 자극하고 끄집어내고 싶었던 겁니다.

"음, 나는 헤라클레이토스의 주장에 반대야. 어떤 사람이 있다고 생각해봐. 헤라클레이토스 주장대로라면 1분 전의 그 사람과 1분 후의 그 사람은 다른 사람인 건데, 사람을 구성하는 아주 중요한 요건들 있잖아. 성격이라든가 인품이라든가 배경이라든가 하는 것들 말이야. 그런 중요한 것들이 그대로라면 그 사람은 계속 똑같은 사람이라고 봐야 하는 거 아닐까? 단순히 시간적인 '순간'이 흘러갔다고 해서 그 사람이 전과 같은 사람이 아니라고 생각할 수 있는 건가?"

아이는 과연 어떤 생각을 하고 있고, 엄마의 반대 의견에 어떤 의견을 내놓을지 무척 궁금했습니다. 이야기를 다 듣고 잠시 뜸을 들이던 아이는 마침내 생각을 정리한 후 이렇게 말했습니다.

"음, 뭐 그렇게 볼 수도 있는데, 나는 매 순간은 아니더라도 '어떤 순간'은 그 사람을 완전 달라지게 만들 수도 있다고 생각해. 리자(독일에서 아이의 독일어를 봐주던 대학생)를 예로 들어 볼게. 리자는 동물 보호에 관한 어떤 다큐멘터리를 보고 채식주의자가 되기로 결심했대. 그 다큐멘터리를 보기 전의 리자와 본 후의 리자는 완전히 다른 리자야."

생각에 자극을 주기 위한 의도적인 질문의 결과는 놀라웠습니다. 묻지 않았더라면 미처 생각해 보지 않았을 것들을 아이는 생각할 수 있었고, 구체적인 예까지 들어가며 명확하게 생각과 의견을 정리해 펼쳐놓는 단계로까지 나아갔습니다. 앞서도 말했듯 일상의 대화 속에서도 아이의 깊고 풍성한 생각의 성장을 깨달을 기회들은 소소하게 많지만, 보다 철학적인 주제를 놓고 다양한 자극을 주며 이야기하다 보니 내면이 극적으로 표출된 것입니다.

이처럼 아이의 생각이 자라고 있다는 것을 증명하는 순간들은 너무나 많습니다. 부모의 개입이 없더라도 어느 순간에는 불현듯 성숙한 내면이 드러날 테지만, 아이의 생각을 들여다보기 위해 다양한 방식으로 애쓰고 노력하는 부모에겐 그 순간들이 더 많이 보일 겁니다. 키가 몇 센티미터 더 자랐는지 기대하는 것처럼, '내 아이의 내면은 얼마나 더 자랐나' 궁금해 하는 마음으로 외면과 내면 모두 건강한 어른으로 자랄 수 있도록 관찰하고 질문하는 부모가 되어 주세요. 내면을 발견하기 위한 자극과 질문은 다시 더 깊은 생각과 내면의 성숙을 위한 에너지가 되는 식으로 선순환을 만들어낼 것입니다.

생각이 자라는 과정을 기록하기로 하다

내적 성장을 발견한 다음에는 기록의 문제가 남습니다. 해마다 받는 영유아 건강검진이나 학교에서 받는 신체검사를 통해 매해 아이의 외적 성장은 꼼꼼하게 기록되지만 내면의 성장은 그 어디에도 남아있지 않습니다. 성장 기록은 한 개인의 역사와도 같습니다. 외적 기록만으로는 반쪽짜리 역사일 수밖에 없지요. 수치화된 데이터처럼 정확한 기록을 남기기 쉽지 않다는 점에서 어쩌면 내적 성장 기록이 더 가치 있을지도 모릅니다.

어린 시절의 나는 어땠는지 한번쯤 돌아보는 순간이 있지 않나요? 어느 시기에 어떤 관심사가 있었는지 어떤 생각을 하며 살았는지 어떤 고민을 했는지 등 지극히 내면적인 것들입니다. 그런데 정확한 기록이 없으니 오직 기억에만 의존하는 나의 과거가 있을 뿐입니다. 그러나 기억이란 세월이 지나면서 희미해지고 왜곡되기도 하고 재구성되기도 하는 것이라 온전한 나의 성장사를 보여준다고 할 순 없습니다.

개인적으로 가장 후회하는 일 중 하나가 바로 청소년 시절에 일기를 열심히 쓰지 않았다는 점입니다. 그나마 있던 초등학교 시절의 일기장도 정리라는 명목하에 모두 폐기하고 말았으니 그 시절의 '나'라는 사람의 내면이 어떠했는가를 확인하고 증명할 방법이 없습니다. 일기가 비록 '전지적 시점'이기는 해도 가장 솔직하게 내면을 드러내는 매개체이니 스스로 기록을 남겼더라면 얼마나 좋았을까 싶을 때가 많습니다.

안심Touch

아이를 키우면서 세상의 온갖 경험이란 경험은 다 하게 해주고 싶은 것이 부모의 마음이라 어릴 적부터 부지런히 체험을 다니고, 사진도 남깁니다. 사진을 들여다보고 있으면 당시의 경험과 느낌이 되살아나기도 하지요.

그런데 우리가 지나간 과거를 기억하는 방식, 그 시절을 기록할 수 있는 방식이 사진밖에 없을까요? 사진이 보여줄 수 있는 내 아이의 지난날은 단편적인 것에 불과합니다. 외적인 성장의 증거로는 더할 나위 없이 선명하지만 내면의 성장사는 결코 사진 안에 저장되지 않으니까요.

지난날의 아쉬움 때문인지 저는 일찍부터 어떤 방식이 되었든 내 아이가 성장해 가는 과정을 남겨둬야겠다는 생각을 했습니다. 저뿐만이 아니라 주변에 보면 다양한 방식으로 아이들의 성장 기록을 남기는 분들이 많습니다. 육아일기를 꾸준히 쓰는 경우도 있고, 블로그나 SNS 채널 등 온라인 플랫폼을 활용해 성장 기록을 남기는 분도 있습니다. 간단하게는 휴대폰의 메모장 기능을 이용해 흔적을 남긴다는 분들도 봤습니다. 그런 분들이 기록을 하는 이유는 대체로 '그 순간의 기쁨과 감동을 오래도록 기억하고 싶어서'였습니다. 어떤 분은 "나중에 아이에게 '내가 너를 이렇게 키웠다'라는 증거로 내밀려고"라며 농담 반 진담 반으로 이야기하는 분도 있었습니다.

어떤 이유로든 아이의 성장 기록을 열심히 남기는 분들은 훗날 스스로를 칭찬하는 날이 분명 올 겁니다. 자신의 성장 역사를 기억이 아닌 기록을 통해 온전히 간직하는 사람은 이미 그 자체로 특별한 존재일 수밖에 없습니다. 오늘의 기록이 다른 미래를 만들어갈 수 있는 원동력이 되는 셈입니다. 단순하게는 자녀에 대한 애착과 믿음이 강해져 관계가 군건해짐과 동시에 아이를 키우면서 발생하는 숱한 돌발 상황에 슬기롭게 대처할 수 있는 능력도 생깁니다. 내 아이의 고민, 관심사, 생각의 변화 등을 잘 파악하고 있는 부모는 육아를 하는 데 있어 강력한 무기 하나가 더 있는 셈이지요.

저는 아이가 어릴 때 일종의 '관찰 일기'를 썼습니다. 개인 블로그를 비공개 상태로 유지하면서 아이와 있었던 일, 아이의 행동과 언어들, 내 아이에 대해 주변에서 해주는 이야기들, 아이가 크는 것을 보면서 느끼는 나만의 감정들을 기록했습니다. 당연히 좋은 이야기만 있을 리 없었습니다. 때로 아이 마음에 상처가 생겼던 일, 아이와 겪은 갈등, 엄마로서 힘든 점까지 있는 그대로 솔직하게 남겼습니다. 지나고 나면 찰나의 순간처럼 느껴질 육아 시기를 잊지 않고 간직하고 싶다는 목적도 있었지만, 무엇보다 제 자신이 그러했듯 아이가 세세하게 기억하지 못할 자신의 어린 시절, 자라는 동안의 이야기들을 남겨주고 싶다는 마음이 더 컸습니다.

최종 목표는 아이가 스무 살 즈음이 되어 비로소 한 개체로서 독립을 이루는 날 책으로 엮어 선물을 하겠다는 것이었습니다. 관찰 일기를 쓸 때마다 아이가 자신의 기록을 책으로 받아 들게 될 그날을 생각하며 얼마나 설레었는지 모릅니다. 세상에 단 한 권, 단 한 사람을 위한 기록으로 탄생한 책이라니, 그것을 받아 든 아이의 표정을 상상할 때마다 이루 말할 수 없는 행복과 감동이 밀려 왔습니다.

부모 그늘을 떠나 자기 삶의 주체로 본격적인 삶이 시작될 즈음, 아이가 받게 될 자신의 기록을 보고 어떤 생각을 하게 될까요? 설레기도 하고 두려울 수도 있는 시기에 자신이 어떤 성장의 과정을 거쳐왔는지, 이런저런 성장통을 겪고 부딪치고 극복해 가며 성숙한 인간으로 자라왔음을 부모의 기록을 통해 확인한다면 분명 강력한 에너지와 기운을 얻게 되지 않을까요? 그뿐만 아니라 자신에 대한 부모의 사랑도 새삼 확인하게 될 겁니다. 기록한다는 행위 자체가 열정과 정성을 필요로 하기도 하지만, 매 순간의 기록은 단순한 사실의 열거가 아닌 더할 나위 없는 애정의 표현이니까요. '내가 이토록 큰 사랑을 받는 존재구나' 하는 자부심은 어린 시절에만 필요한 게 아닙니다. 게다가 언젠가 내 아이가 깨달았으면 하는 가르침까지 인생 선배로서의 조언이 곳곳에 녹아있을 수밖에 없으니 아이는 천군만마를 얻은 기분마저 들 겁니다. 독립된 인간으로서의 삶이 시작되는 시기, 이처럼 세월을 응축한 또 하나의 자기 자신을 선물받은 아이는 분명 남들과는 다른 시작을 하게 될 것입니다.

아이가 초등학교에 입학할 즈음부터 일주일에 두세 번씩 쓰기 시작한 '관찰일기'는 결국 1년 여 정도를 유지한 후 중단했습니다. 어느 날 문득 그 기록들이 나의 시각에서 포장되고 있다는 생각이 들었기 때문입니다. 사진을 찍는 것처럼 겉으로만 보이는 성장이 아닌 좀 더 내밀한 차원의 성장 기록을 남기고 싶다고 생각했으면서도 내 중심으로 보고 해석하고 판단하고 느끼는 것들이 과연 제대로 된 것이 맞는지 의문을 품게 된 것입니다. 관찰을 통해 기록되는 것들은 관찰자의 주관적 감정이 개입될 수밖에 없으니 온전한 아이의 내면 기록이 아니라는 자각이 들었다고나 할까요.

Chapter 02

가장 진솔한 내면 기록, 그래! 인터뷰야

고민의 결과가 바로 '내 아이 인터뷰'였습니다. 평소에 온갖 종류의 기사를 많이 접하고 읽는 편인 저는 특히 인터뷰 기사를 좋아합니다. 특정 이슈나 시대적 사안에 관한 의견을 내는 인터뷰보다는 개인의 히스토리며 가치관, 세계관과 철학 등이 드러나는 인터뷰를 선호합니다. 그런 인터뷰를 읽고 있으면 마치 상대와 마주앉아 그의 속 깊은 이야기를 듣고 있는 것 같은 기분이 들기까지 합니다. 누군가의 내면을 들여다보거나 자신의 속내를 꺼내어 보이는 데도 인터뷰만큼 좋은 방법이 없지요. 의도적으로 포장해서 답하려고 하지만 않는다면 말입니다. 내 아이의 성장 기록으로서 인터뷰가 최적의 방식이라고 생

안심Touch

각하게 된 이유가 바로 여기 있습니다. 저는 그저 알고 싶은 것, 궁금한 것에 대해 질문하고 그에 대한 아이의 생각과 경험을 듣고 기록하면 되니까요. 아이가 자기 생각을 과장하거나 포장하지 않을 테니 인터뷰야말로 가장 진솔하고 정확한 내면의 기록이 될 것이라는 확신을 갖게 됐습니다.

인터뷰 경력 20년 차 엄마의 내 아이 인터뷰 예찬

인터뷰라는 방식을 생각해 내고 흥분이 됐던 이유는 또 있습니다. 인터뷰를 하는 과정 자체가 얼마나 의미있는 일인지 서로 어떤 영향을 주고받게 되는지 오랜 경험을 통해 그 가치를 잘 알기 때문이었습니다. 인터뷰(interview)는 'inter'와 'view'가 결합되어 만들어진 단어입니다. 단어 그대로 해석하면 인터뷰어(인터뷰를 하는 사람)와 인터뷰이(인터뷰의 대상)가 서로 간에(inter) 보면서(view) 나누는 대화를 말합니다. 그러나 다른 의미로도 해석해 볼 수 있습니다. '관점, 생각, 의견(view)' 등을 묻고 답하는 과정에서 서로 간에(inter) 상호작용이 일어나는 대화라고도 볼 수 있습니다. 분명한 것은 인터뷰란 인터뷰어와 인터뷰이의 대화를 통해 인터뷰이를 '발견'하게 된다는 것입니다.

일대일로 인터뷰를 하는 동안 인터뷰어와 인터뷰이는 서로의 질문과 답에 집중하게 됩니다. 그 과정에서 인터뷰이의 내면을 '발견'하는 게 1차적인 목표이자 성과라면 부차적으로 따라오는 장점들도 많습니다. 우선 둘의 관계적 측면에서 효과적입니다. 이미 이런저런 궁금증을 안고 마주 앉았지만 막상 대답을 듣고 있으면 인터뷰이에 대한 더 많은 호기심과 관심이 생겨나기도 합니다. 때로는 예상치 못한 답변 등을 통해 상대를 달리 보게 된다거나 더 깊은 내면을 볼 수 있는 소중한 기회도 얻게 되지요. 이 관계는 결코 일방적이지 않아서 인터뷰이 역시 인터뷰어의 태도와 질문 등을 통해 상대에게 호감을 갖고 신뢰를 쌓게 됩니다. 애정을 갖고 하는 질문인지 진심으로 깊은 대화를 나눌 준비가 돼 있는지 등은 인터뷰어가 건네는 질문이나 듣는 태도며 피드백, 사소하게는 표정을 통해서도 드러납니다.

또 다른 장점은 성장의 매개체가 되어준다는 점입니다. 인터뷰는 단순히 질문과 답으로만 이뤄진 행위가 아닙니다. 사람과 사람의 관계인 만큼 복잡다단한 양상이 존재하지요. 때문에 인터뷰를 하다 보면 인터뷰어도 인터뷰이도 성장할 수밖에 없습니다.

질문을 던지는 쪽에서는 상대방의 말을 이해하는 것을 넘어 때론 숨겨진 의미를 찾아내 더 파고드는 질문도 할 수 있어야 합니다. 정해진 대본도 없고 어디로 튈지 알 수 없으니 그때그때 대처할 수 있는 순발력도 필요합니다. 상대의 감정에 공감할 줄도 알아야 하고 날카로운 질문도 불편하지 않게 잘 할 수 있어야 합니다. 상대에 대한 존중 등 사람에 대한 예의를 갖춰야 함은 당연하고 어떤 때는 분위기메이커 역할도 수행해야 합니다. 물론 경험치가 같더라도 더 잘하는 사람과 그렇지 못한 사람은 있을 수 있겠지만, 인터뷰어의 역할을 지속적으로 경험하다 보면 이러한 능력들이 향상될 수밖에 없습니다.

인터뷰이에게는 이만한 '자기 성찰의 시간'이 따로 없습니다. 질문에 답하려면 스스로에 대해 생각하는 시간이 필요합니다. 과거의 경험이나 기억을 꺼내어 감정도 살피고 생각들도 정리하면서 자신의 내면을 더 들여다보게 됩니다. 자기 성찰에서 그치지 않고 미래지향적으로 발전하기도 합니다. 앞으로 나아갈 수 있는 원동력이 되어주는 것입니다. 이처럼 확신에 차서 '인터뷰 예찬'을 할 수 있는 이유는 제가 그동안 아이와 진행해 온 인터뷰의 경험들이 이 모든 장점들을 여실히 드러내주었기 때문입니다.

아이가 만으로 9살이던 겨울에 진행된 아이와의 첫 번째 인터뷰부터 놀라운 변화는 시작됐습니다. 정확히 인터뷰라는 게 무엇인지도 모르는 아이에게 구두로 인터뷰 요청을 했을 때 아이는 "그런 걸 왜 하는데? 어떤 것을 물어볼 건데?"라며 호기심 반 귀찮음 반 정도의 반응을 보였습니다. 그 즈음 학교에서 교장 선생님을 인터뷰해 본 경험이 있었던 아이는 자신이 경험했던 딱 그 정도 수준으로 짐작하고 큰 고민 없이 인터뷰 요청을 받아들였습니다.

분명히 인터뷰의 주제를 '베를린에서의 생활 중간 정리'라고 알려줬는데도 인터뷰이가 돼 본 경험이 전무한 아이는 학교생활이나 취미, 음식과 같은 일상적인 질문을 받게 될 것으로 짐작하고 있었습니다. 그러니 단순한 질문으로 시작해 점점 파고드는 엄마의 질문에 당황했을 법도 한데 아이는 그 상황을 의외로 즐거워했습니다. 익숙하지 않은 인터뷰에 처음에는 단답형으로 짧게 답하더니 점점 자신의 경험과 생각과 의견 등을 쏟아냈습니다. 특히 독일 생활을 시작한 후 달라진 환경에 적응하던 과정에서의 어려움과 극복기를 묻고 답하는 질문들은 잠시 흐름을 끊고 고민한 후 자신의 생각과 감정을 정리해 들려주기도 했습니다.

그날 이후 저는 아이를 보는 시선이 완전히 달라졌습니다. 초등학교 3학년 아이의 시선과 삶을 대하는 태도, 일상의 경험과 감정이란 게 결코 어른의 잣대로 측정되지도 않고 그럴 수도 없다는 사실을 절감했기 때문입니다. 당시 아이의 모든 일상을 낱낱이 알고 있다고 생각했고 수도 없이 대화를 했던 터라 어느 정도 답변을 예상한 측면도 있었습니다. 하지만 예상을 훌쩍 뛰어넘는 깊이를 보여준 아이의 대답에 뒤통수를 얻어맞은 기분마저 들었습니다. 다 알고 있다고 생각했는데, 아직 어린아이라고만 여겼는데 그건 부모의 착각에 불과했던 것입니다. 아이는 이미 자신의 세계를 구축하고 있었습니다.

그 후 몇 개월을 텀으로 아이와 주기적인 인터뷰를 해오고 있습니다. 친구와 선생님, 가족 등 '관계'를 주제로 했던 인터뷰, 독서광인 아이의 관심사에 맞춰 책을 주제로 한 인터뷰, 장래 희망 중 하나인 음악을 다룬 인터뷰, 그리고 고학년이 된 후 내적 외적 성장을 주제로 한 인터뷰까지 지난 2년간 다섯 차례의 공식 인터뷰를 진행했습니다. 약 5개월 주기로 진행이 된 셈입니다. 그러나 그건 어디까지나 '공식적'인 것이고 중간중간 필요하다고 판단되는 주제나 이슈가 있을 때마다 비공식 '미니 인터뷰' 형태를 빌어 짧은 인터뷰도 함께 했습니다.

매 인터뷰 때마다 아이를 발견하는 기쁨과 감동이 컸습니다. 평소에 숱하게 던지는 질문이라 해도 인터뷰 자리에서 하면 달랐습니다. 더 깊은 내면의 이야기들을 꺼내게 하는 힘이 있었지요. '관계'를 주제로 한 인터뷰에서는 늘상 하던 친구들 이야기를 넘어 인간 관계에 대한 나름의 철학과 가치관, 좋은 사람에 대한 판단 기준에 대해서 들려주었습니다. '책'을 주제로 했을 땐 책을 사랑하는 마음과 독서가 얼마나 훌륭한 것인가에 대한 자신의 생각, 심지어 독서에 대한 조언까지 거침없이 펼쳐 놓았고요. 자신의 꿈이기도 한 음악에 대한 인터뷰는 두말할 필요가 없었습니다. 거의 두 시간 가까이 이뤄진 인터뷰 시간 내내 아이는 풍부한 음악적 지식과 의견뿐만 아니라 앞으로의 꿈과 지향하는 지점과 같은 묻지 않았더라면 결코 알아차리지 못했을 깊고도 깊은 내면의 이야기를 들려주었습니다.

여러 번의 인터뷰를 경험하면서 아이는 이제 자신의 생각을 드러내고 말하는 데 전혀 주저함이 없습니다. 오히려 깊은 이야기를 하고 싶은 주제가 생기면 "우리 인터뷰 할까?"라고 먼저 요청하는 상황에까지 이르렀습니다. 가장 최근에 진행된 성장에 관한 다섯 번째 인터뷰가 아이의 제안으로 성사된 것이었어요. 학교에서 사춘기, 신체 변화 등에 대해 배우다 보니 성장이라는 키워드에 대해 생각도 고민도 많았던 모양입니다. 그걸 혼자 안으로만 키우지 않고 인터뷰를 통한 깊은 대화를 요청해 온 것입니다.

초등학교 5학년이면 슬슬 부모와의 대화가 단절되기 시작할 나이라고 하는데 단절은커녕 먼저 '내 이야기 좀 들어줘' 하며 다가오니 고마울 따름입니다. 물론 일찍부터 부모와 대화하는 습관이 든 덕분도 있을 겁니다. 하지만 본격적으로 '인터뷰'라는 타이틀을 달고 마주 앉기 전에는 이 정도까진 아니었어요. 일상 속 대화의 순간, 좀 더 깊은 이야기를 들어보려고 질문에 질문이 꼬리를 물 때마다 예의 초등학생 남자 아이 본연의 모습으로 돌아가 집중이 흐려지곤 할 때가 많았거든요. 인터뷰라는 공식적인 대화 형식이, 또 인터뷰이라는 위치가 아이에게는 깊은 내면의 이야기를 털어놓게 하는 효과적인 장치가 돼준 셈입니다.

아이도 부모도 성장하는 인터뷰의 놀라운 힘

앞에서 인터뷰의 여러 장점들을 이야기했습니다만, 실제로 내 아이 인터뷰를 하면서 인터뷰가 가진 힘을 더 절감하고 있습니다.

첫째는 경청의 힘입니다. 잡담이나 수다가 아닌 질문과 답을 통해 본격적인 대화를 나누는 인터뷰는 상대의 말에 더 집중하게 만듭니다. 아이는 엄마의 질문과 반응에, 그리고 저는 아이의 답변을 단어 하나, 문장 하나까지 초집중 상태로 듣습니다. 서로가 서로에게 완전히 몰입된 상태로 경청하는 경험은 인터뷰와 같은 대화 방식이 아니면 경험하기 어렵습니다.

인터뷰 특성상 주로 말하는 건 인터뷰이인 아이인데, 제가 눈을 반짝거리며 귀를 기울이고 있으면 아이는 더 신이 나서 이야기를 들려주려고 합니다. 상대가 잘 들어 주는 것만으로도 힘이 나는 것입니다. 아이는 제가 별다른 말을 하지 않고 공감하는 반응을 보이거나 조금 더 듣고 싶다는 호기심만 보여도 즉각 알아채고 인터뷰이의 역할에 더 충실하려고 노력합니다.

미하엘 엔데의 〈모모〉라는 책이 있습니다. 주인공인 '모모'는 한마디 말도 하지 않아요. 하지만 사람들이 모모에게 와서 이런저런 이야기를 털어놓는 것만으로 많은 고민과 사건, 갈등이 해결됩니다. 모모의 능력은 그저 상대의 앞에서 집중하고 잘 들어주는 것뿐인데도 그 자체로 특별한 능력이 됩니다. 저 또한 아이를 인터뷰할 때는 듣는 역할에 최선을 다합니다. 아이가 모든 질문마다 막힘없이 술술 대답을 풀어놓을 수는 없습니다. 때로는 말이 끊기기도 하고 두서없는 문장이 이어지기도 하며 반복된 대답이 나올 때도 있습니다. 그럴 때 저는 어서 대답하라고 채근하거나, 말을 끊고 다른 질문을 한다거나, 아이의 답변을 추측해서 미리 말하는 등의 행동은 절대 하지 않습니다. 다만 기다려줍니다. 그러면 아이는 결국 자기 생각을 정리하고 어떻게든 표현을 해냅니다. '나는 너의 말을 잘 듣고 있어' 하는 표정으로 인터뷰어가 경청하는 자세를 보여주면 아이는 자신에게 집중하며 생각에 생각을 거듭하게 됩니다.

안심Touch

둘째, 인터뷰는 아이 스스로 생각하게 만드는 힘이 있습니다. 인터뷰의 주제나 내용에 대해 대략 알려주기는 하지만 아이는 어떤 질문을 받게 될지 예상할 수 없습니다. 그럴 필요도 없는 일이지만 미리 답변을 준비할 수 없다는 얘깁니다. 인터뷰가 진행되는 동안 아이는 이런저런 질문을 받으며 답변을 하기 위해 생각을 해야만 합니다. '요즘 가장 친하게 지내는 친구는 누구야?', '최근에 재미있게 읽은 책은 무엇이니?'와 같이 별 고민 없이 답할 수 있을 질문이라도 아이 입장에서는 생각하는 과정이 동반됩니다. '나는 친구가 많은데 그중에 누구랑 가장 친하다고 할 수 있지?', '최근 읽었던 책들 중에 어떤 책이 좋았더라?'처럼 짧은 순간에도 머릿속으로 이런저런 생각과 고민을 하게 되는 것이죠.

'생각' 자체를 묻는 질문에는 더 깊이 자기 생각을 파고들 수밖에 없습니다. 심지어 그동안 생각해 보지 않았던 문제나 질문에 대해 생각하면서 자신의 깊은 내면을 들여다보게 되는 것입니다. 인터뷰 과정에서의 생각은 어떤 식으로든 자기 스스로 해내야만 합니다. 질문자에게 자기 생각을 묻거나 도움을 요청할 수는 없는 일이니까요.

셋째, 태도를 배우게 됩니다. 인터뷰어와 인터뷰이로 마주 앉아 있으면 아이는 더 진지하고 성실한 태도를 보입니다. 똑같은 질문을 평소에 한다면 단답형으로 하거나 장난스럽게만 흐를 수도 있는데, 인터뷰 자리에서는 구체적이고 진중한 답변을 하기 위해 애쓰는 모습이 보입니다. 물론 전제 조건이 있습니다. 아이가 성실하게 인터뷰이 역할을 하고 싶다는 마음이 들도록 해야 합니다. 저는 일부러 노트북을 켜고 마주 앉아 다른 인터뷰이들을 취재할 때처럼 똑같이 아이의 답변을 받아 적는 장면을 연출합니다. '말이 인터뷰이지 이건 그냥 엄마와 하는 대화'라는 생각을 갖지 않도록 하기 위한 것도 있고, 실제로 기록을 남기기 위한 것도 있습니다. 이런 모습은 아이로 하여금 마치 '공식 인터뷰' 같은 느낌을 주는 효과도 있습니다. 인터뷰하는 순간만큼은 엄마와 아들의 관계를 떠나 인터뷰어와 인터뷰이로서 각자의 역할에 더 집중하게 되는 것입니다.

인터뷰를 하는 동안 아이는 부모와 대등한 입장에 있고, 서로 존중하는 태도 또한 배우게 됩니다. 상대에 대한 존중 없이는 좋은 인터뷰가 이뤄질 수 없습니다. 때문에 저는 인터뷰를 할 때 평소보다 더 아이를 존중하는 태도를 일관되게 보여주려고 노력합니다. 실제로도 인터뷰란 어떤 질문이든 가능하고 어떤 답변이든 가능하다는 점에서 완벽하게 대등하고 열린 관계일 수밖에 없습니다. 이 과정에서 서로 더 신뢰하는 관계가 되는 것은 덤입니다.

넷째, 아이 스스로 자기 자신에 대해 더 잘 알게 됩니다. 질문에 답하는 과정에서 생각이 거듭되다 보면 아이는 자기 자신도 몰랐던 스스로에 대해 발견하게 됩니다. '나는 어떤 사람인가?', '나의 장점과 단점은 무엇일까?', '나는 어떻게 생각하는가?' 등과 같은 문제에 대해 깊이 생각해 볼 기회를 제공하는 것입니다.

우리들 중 자기 자신에 대해 완벽하게 안다고 자부할 수 있는 사람이 몇이나 될까요? 하물며 아이들은 말할 것도 없을 겁니다. '메타인지'라는 개념이 있습니다. 1970년대 발달심리학자인 존 플라벨(J.H. Flavell)에 의해 만들어진 용어로 '자기 자신의 생각에 대해 판단하는 능력'을 말합니다. 다시 말해 자신에 대해 정확히 아는 것을 말합니다. 자신에 대해 잘 아는 것이 특히 아이들에게 중요한 이유는 학습적인 이유와도 연관됩니다. 내가 뛰어난 것은 무엇이고 부족한 부분이 무엇인지 능력과 한계를 정확히 알 수 있다면 학습적 부분에서도 효율이 높아질 수밖에 없을 테니까요. 다양한 질문을 접하고 답을 찾아가기 위한 생각의 과정에서 아이는 스스로에 대해 잘 알고 판단하는 '메타인지' 능력이 커지게 되는 것입니다.

'스스로의 발견'을 돕기 위한 장치로 저는 아이와 했던 인터뷰를 글로 정리해 기록의 형태로 보여줍니다. 아이는 자기 인터뷰를 읽는 시간을 정말 좋아합니다. 마치 자신이 주인공이 된 것 같은 느낌이 든다고도 합니다. 뉴스에서 보던 인터뷰는 늘 유명인들의 몫이라고 생각했을 테니 그런 자부심이 들 법도 합니다. 뿐만 아니라 자신이 한 답변이 문자로 정리된 내용을 보는 과정에서 '내가 이런 말을 했었지' 하며 생각을 정리하는 기회를 갖게 되는 효과도 있습니다. 반대로 '왜 이런 말을 했을까' 하고 곱씹어볼 수도 있을 테고요. 이 시간을 거치며 아이의 내면은 한번 더 성장하고 깊어지게 될 것입니다.

다섯째, 인터뷰를 통한 자기 표현에 능숙해집니다. 사실 인터뷰라는 형식 자체가 아이들에게는 큰 도전입니다. 10분이든 20분이든 일대일로 마주 앉아 질문받고 대답하는 방식 자체를 지루해 하거나 힘들어할 수도 있습니다. 그러나 막상 해내고 나면 성취감이 듭니다. 한번 해보고 나면 두 번째 세 번째는 더 쉬워질 겁니다. 질문과 답이라는 형식에 점점 익숙해지면서 자기 표현을 하는 것도 편안해지기 때문입니다.

인터뷰 능력은 요즘 시대를 살면서 가장 필요한 것 중 하나입니다. 학교에 입학할 때도 직장에 들어갈 때도 인터뷰는 반드시 거쳐야 할 관문입니다. 그런데 주변에 보면 인터뷰 자체를 두려워하는 이들이 적지 않습니다. 준비의 문제라기보다 익숙하지 않기 때문인 것이죠. 어려서부터 부모와의 인터뷰를 경험한 아이라면 다를 수밖에 없을 겁니다. 질문을 파악하고 생각을 정리해서 대답하는 능력뿐만 아니라 예고 없던 질문에도 당황하지 않고 자기 표현을 할 수 있는 순발력도 어느 순간 생겨나게 될 테니까요. 특히 인터뷰어가 부모, 즉 어른인데도 주눅 들지 않고 당당하게 말하고 표현하는 경험을 숱하게 해봤으니 설령 어렵기만 한 상대가 앞에 앉아 있어도 덜 긴장하게 될 겁니다.

사춘기도 걱정 없다

아이와의 인터뷰가 부모에게는 내 아이의 온전한 성장을 지켜보고 남길 수 있는 힘이 됩니다. 또한 어떤 상황에서든 아이와 마주 앉아 인터뷰를 핑계로 진지한 속내를 이야기할 수 있다는 것도 어마어마한 선물입니다.

많은 부모가 아이의 사춘기를 겪으며 하는 말이 있습니다. '도대체 아이가 무슨 생각을 하는지 모르겠다'는 것입니다. 궁금하면 물어보면 되는데 이게 또 말처럼 쉬운 일이 아닙니다. 생각을 묻는 게 일상화되지 않은 관계였는데, 갑자기 더군다나 사춘기인 자녀가 부모가 묻는다고 말을 해줄 리 없습니다. 아이가 아주 어릴 때는 무슨 생각을 하는지 궁금해 하고 묻던 부모들도 막상 아이가 생각을 직접 표현할 수 있는 나이가 됐을 때는 잘 묻지 않습니다. 내 아이에 대해 다 안다고 생각해서일 수도 있고, 아직 어린데 깊이 나눌 대화가 있을까 하는 편견 때문일 수도 있습니다. 그런데 아이들은 그 자체로 하나의 우주입니다. 자라면서 그 우주는 무한히 확장해 나가게 되고요. '생각이 많아지는 시기'로 대표되는 사춘기의 우주는 어쩌면 걷잡을 수 없는 상태로 팽창 중인 시기인지도 모릅니다. 그러니 갑자기 '네 생각을 좀 말해봐'라고 한들 아이가 속내를 내보이기는 쉽지 않습니다.

저는 아직 아이의 사춘기가 멀게 느껴지는 탓도 있겠지만 사실 그 부분에 관해서는 전혀 걱정이 없는 부모입니다. 아이와 생각과 감정을 나누는 가장 진지한 대화 방식인 인터뷰를 무기 삼을 수 있다는 것도 이유이겠고, 설령 저희 아이 역시 입을 닫고 제 방으로 들어간다 해도 기다려줄 수 있는 마음의 준비가 돼 있기 때문입니다. 그럴 수 있는 여유는 그동안 아이가 어떻게 내적으로 성장해 왔는지 너무 잘 알고 있기 때문에 가능한 것입니다. 그 믿음과 신뢰를 바탕으로 아이의 사춘기 침묵을 지켜봐 줄 수 있을 것이란 자신감이 있는 것이죠. 제가 주변의 많은 부모에게 아이를 인터뷰해 볼 것을 적극 권장하는 이유이기도 합니다. 현재 내 아이의 내면을 잘 알 수 있다는 장점 외에도 정말로 아이의 속내가 궁금하거나 서로 간 신뢰가 필요한 상황이 생겼을 때 어떤 식으로든 힘을 발휘하게 될 테니까요.

Chapter 03

실전1. 도대체 내 아이 인터뷰는 어떻게 하나요?

한 온라인 채널에서 아이와의 인터뷰 시리즈를 공개한 후 다양한 반응을 들었습니다. '아이가 나이 또래보다 성숙한 것 같다', '어떻게 그런 대화가 가능할 수 있는지 부럽다', '다음 인터뷰도 기대된다' 등등의 칭찬과 격려가 대부분이었습니다. 그런데 아이를 둔 엄마들의 반응은 한 가지 더 있었습니다. "저도 우리 아이를 인터뷰해 보고 싶은데 도대체 어떻게 하는 건가요?"

인터뷰를 공개한 소기의 목적이 달성된 셈입니다. 저는 세상의 많은 부모님들이 자녀를 인터뷰하는 특별한 경험을 꼭 한번은 해보기를, 그래서 인터뷰가 가져오는 놀라운 변화를 직접 겪어보기를 바라는 마음이니까요. 한 번 그 효과를 경험해 본 분들은 한 번으로 끝나지 않을 것이라고 장담합니다.

인터뷰 기술보다 중요한 것은 따로 있다

한번은 친하게 지내는 후배로부터 이런 얘기를 들었습니다. "아이와의 인터뷰를 읽다 보니까 우리 아이는 무슨 생각을 하면서 사는지 너무 궁금하더라고요. 한번 도전해 보고 싶은데 솔직히 인터뷰라는 게 엄두가 나지 않아요. 아이가 내 질문에 솔직하게 대답을 해줄지도 모르겠고, 제 자신도 걱정이 되더라고요. 인터뷰한다고 해놓고 마음에 들지 않으면 제가 화를 낼 것 같거든요. 아무래도 선배는 직업상 인터뷰를 많이 해보셔서 잘하시겠지만요."

대부분의 부모님들이 아마 비슷한 생각을 하지 않을까 깊이 공감하며 듣다가 마지막 문장에서 생각이 좀 많아졌습니다. '정말로 내가 직업상 인터뷰 경험이 많아서 잘할 수 있는 것일까?' 고민 끝에 내린 대답은 그렇기도 하지만 꼭 그렇지만은 않다는 것이었어요. 물론 인터뷰라는 형식을 떠올린 것이나 큰 부담을 느끼지 않고 마주 앉을 수 있는 것, 인터뷰 기록을 좀 더 체계적으로 정리할 수 있다는 것 정도는 직업적 경험 덕을 톡톡히 보고 있다고 할 수 있을 겁니다.

하지만 일반적 인터뷰가 아닌 '내 아이'를 인터뷰한다는 것은 그런 기술적인 문제보다 더 중요한 부분이 있고, 그것은 반드시 인터뷰에 익숙하거나 능한 사람만이 할 수 있는 건 아닙니다. 다시 말해 인터뷰 전문가도 내 아이 인터뷰는 어려울 수 있고, 인터뷰라고는 1도 모르지만 내 아이 인터뷰만큼은 쉽게 해내는 경우도 있을 수 있다는 얘기입니다. 인터뷰 상대인 '내 아이'에 대한 적극적인 호기심과 애착, 아이의 성장을 지켜봐 온 사람만이 던질 수 있는 질문, 그리고 아이의 내면이 깊어지는 과정을 지속적으로 관찰하며 기록하고 싶다는 열망과 사랑이 있어야만 가능한 것이기 때문입니다.

자, 그럼 어떻게 하면 내 아이와의 인터뷰를 잘할 수 있을지 사전 준비부터 실전까지 구체적으로 이야기해 보겠습니다.

사전준비 : 대화 습관 점검하고 방식을 결정하라

아이와의 본격 인터뷰를 시도하기 전 두 가지가 선행되어야 합니다. 아이와의 평소 대화 습관을 점검하고, 그에 따른 인터뷰 방식을 결정하는 것입니다. 인터뷰는 결국 대화입니다. 가장 집중적인 대화법이라고 할 수 있습니다. 때문에 만일 아이가 부모와 대화하는 자체를 불편해 하거나 시시콜콜 이야기를 터놓는 습관이 들어 있지 않다면 오히려 인터뷰라는 형식 자체가 아이를 더 불편하고 주눅 들게 만들 수도 있습니다. 그런 경우라면 인터뷰 자리에 마주 앉아도 속내를 털어놓기는 어려울 겁니다. 내 아이의 내면 성장을 발견하고 본인의 생각을 말로 풀어내는 연습을 위한 인터뷰인데 혹 엄마에게 잘 보이기 위한 대답만을 한다거나, 마음을 열고 진짜 내면을 보여주지 않는다면 아무 의미가 없습니다.

이 부분에서 준비가 돼 있지 않다면 우선 조금씩이라도 편안하고 즐겁게 대화하는 습관부터 들여야 합니다. 대화에 대해서는 이 책의 두 번째 파트에서 보다 구체적으로 다루고 있으니 참고하시기 바랍니다. 간단히 이야기하고 넘어가자면, 아이와 대화가 어려운 분들이 가장 힘들어 하는 게 바로 대화의 내용입니다. 무슨 이야기를 어디서부터 어떻게 시작해야 할지 고민하고 주저하다 보니 대화 자체를 막막하게 여기는 분들이 많습니다. 이럴 때는 '아무 말 대잔치'가 제일 좋은 해법입니다. 아이와의 대화에서 어떤 목적을 가지거나 목표를 달성하려고 할 필요가 전혀 없습니다. 반드시 아이가 좋아할 만한 이야기를 해야 한다거나, 아이의 관심사와 흥미를 반영해야만 한다는 강박도 필요 없습니다. 물론 아이를 중심에 놓고 대화의 소재를 고민하고 이끌어갈 수 있다면 더없이 좋겠지만, 시작은 '나'로부터 비롯돼도 괜찮습니다. 내가 전혀 즐겁지 않거나 뭔가를 알아내고야 말겠다는 의도를 갖거나, 다분히 의무감으로 대화에 참여하면 아이는 바로 분위기를 파악합니다. 모두에게 즐거운 기억이 될 수 없으니 지속적인 대화도 어렵습니다. 아이를 친구라고 생각하고 목적 없는 대화를 시작해 보기를 권합니다. 우리가 친구와 수다를 떨 때 '이렇게 대화해야지' 하는 목적 의식이나 의도를 갖지는 않죠. 반드시 상대만을 중심에 두고 대화가 흘러가지도 않습니다. 부모가 편안한 상태로 대화하고 즐거워해야 아이도 똑같이 느끼고 대화하는 즐거움을 알게 됩니다.

대화 습관을 점검했다면 자신의 상황과 아이의 성향에 맞는 인터뷰 방식을 결정해야 합니다. 여기서 '자신의 상황'이란 인터뷰 형식의 대화를 이끌어갈 마음의 준비와 대화 습관이 들어 있는지, 또 실전에 쏟을 시간적 여력은 충분한지 등을 말합니다. 인터뷰는 '자, 내일 몇 시에 하자!'라고 말하는 것으로 시작되는 것이 아닙니다. 간단하게는 주제를 정하는 것부터 질문을 고르고 준비하는 것에도 공을 들여야 합니다. 마음이 앞서 여건을 따져보지 않은 채 무작정 덤볐다가는 첫 인터뷰 실패라는 쓰린 기억만 남기고 다시는 도전하고 싶지 않을 수도 있습니다.

아이의 성향도 고려해야 합니다. 평소에 대화가 잘되는 아이라 해도 긴 시간 집중적으로 질문과 답이 오가야 하는 인터뷰에는 적합하지 않은 성향의 아이도 있을 수 있습니다. 그런 아이를 붙잡고 처음부터 마주 앉아 진지하게 인터뷰를 한다는 건 욕심에 불과합니다. 반대로 판을 깔아주면 자신의 이야기를 술술 펼쳐놓는, 늘 부모와의 대화에 목이 말라 있는 아이도 있을 겁니다. 이런 아이들에게는 부모가 긴 시간을 할애해 따뜻하게 눈을 맞춰가며 질문하고 들어주는 상황 자체가 큰 힘이 됩니다.

본격적인 인터뷰 자체가 부담스럽다, 가볍게 시작하고 싶다는 결론을 내렸다면, '1일 1질문' 방식을 추천합니다. 아이 연령이 너무 어리거나 반대로 머리가 너무 굵어서 갑자기 마주 앉기 어려운 경우에도 이처럼 티 나지 않는 방식의 인터뷰가 좋습니다. '1일'이라고 했지만 이 또한 여건에 따라 2일이나 3일이 되어도 괜찮고 질문의 수 역시 경우에 따라 두 개, 혹은 세 개로 확장되어도 좋습니다. 다만 너무 주기가 길어지면 전체 흐름 자체가 끊겨 계속할 의지나 재미를 상실할 수 있으니 가능한 짧은 텀으로 진행하는 게 좋습니다.

이 방식은 굳이 시간을 정할 필요가 없고 한 번에 여러 질문을 하고 기록해야 하는 부담도 줄어들기 때문에 인터뷰어의 입장에서도 훨씬 쉽습니다. 어떤 날은 학교에 데려다주는 길에 물어볼 수도 있고, 어떤 날은 식사 시간에, 또 저녁 먹고 짧은 산책 중에도 가능합니다. 그래도 계획은 필요합니다. 아이에게는 딱히 '인터뷰'라고 말하지 않더라도 묻는 부모는 어떤 주제로 할 것인지 어떤 질문들을 하면 좋을지 사전에 준비하는 게 좋습니다.

예를 들어 새 학기가 시작된 후 친구 관계를 주제로 인터뷰를 한다고 생각해 볼까요?

1일차 요즘 가장 친하게 지내는 친구가 누구야? (질문의 확장 : 그 친구가 좋은 이유가 뭐니?)

2일차 새 학년 시작되고 새로 사귄 친구 있어? (질문의 확장 : 그 친구랑 어떻게 해서 친구가 된 거야? 새 친구를 사귀는 너만의 방법이 있어?)

3일차 함께 어울리는 이성 친구가 있어? (질문의 확장 : 그 친구와는 어떤 점이 잘 맞아? 동성 친구와 이성 친구는 어떤 차이점이 있는 것 같아?)

4일차 친구들하고 주로 뭐하고 놀아? (질문의 확장 : 요즘 가장 재미있는 게 뭐니? 친구들하고 싸울 때도 있어? 싸웠다면 어떻게 화해해?)

5일차 학교에서 인기 많은 친구들은 어떤 아이들이야? (질문의 확장 : 인기가 많은 이유가 뭐라고 생각해?)

6일차 네가 좋아하는 친구들 성향은 주로 어때? (질문의 확장 : 반대로 좋아하지 않는 친구들 성향은? '좋은 친구'라는 건 뭘까?)

7일차 친구들은 너를 어떻게 생각하는 것 같아? (질문의 확장 : 너는 어떤 친구가 되고 싶어?)

이 질문들은 아이의 친구 관계를 파악하는 것으로부터 시작해 좋은 친구에 대한 아이의 기준과 생각, 그리고 자기 자신이 어떤 친구인가, 어떤 사람이 되고 싶은가에 대한 생각까지 이끌어낼 수 있습니다. 보다 아이에게 맞춤형인 질문들이 추가될 수도 있고요. 이런 식으로 하루에 하나, 혹은 2~3일에 하나씩 질문을 하고 며칠 동안의 질문과 답을 모으면 그 자체로 하나의 인터뷰 결과물이 될 수 있습니다. 그리고 그 기록을 질문과 답으로 정리해서 아이에게 보여주세요. 자신도 모르는 사이에 오갔던 대화가 의미 있는 결과물로 눈앞에 보여지는 순간 아이는 눈을 반짝거리게 될 겁니다. 인터뷰의 재미를 느끼게 된 아이는 다음번에 기꺼이 인터뷰 요청을 받아줄지 모릅니다. 물론 서로 준비가 될 때까지 몇 차례 더 '은근한 인터뷰'로 진행해도 괜찮습니다.

5단계 인터뷰 실전

본격적인 인터뷰 실전에 도전할 준비가 됐다면, 다음과 같은 순서에 따라 준비하고 진행합니다.

1. 아이 관찰을 통한 소재 찾기
2. 인터뷰 요청하기
3. 질문 내용 정리하기
4. 인터뷰 실전
5. 정리하고 기록 공유하기

❶ 소재 찾기 : '관찰의 힘'이 발휘되는 순간

인터뷰를 위한 첫 단계는 소재 찾기입니다. '요즘 학교생활은 어때?', '오늘 하루는 어땠어?'와 같은 질문은 인터뷰에 적합한 내용이 아닙니다. 앞서도 말했듯 인터뷰란 일상의 대화와 달리 특정 주제를 두고 집중적인 대화를 통해 아이의 속내를 들여다보기 위한 것입니다. 다시 말해 인터뷰를 할 때는 평소 대화에서 나누지 못했던 보다 깊이 있는 내면의 이야기를 들을 수 있는 주제로 접근하는 것이 좋습니다. 주제에 따라 마주 앉은 아이를 지루하게도 또는 들뜨게도 할 수 있음을 기억해야 합니다. 그렇다면 내 아이가 자발적으로 내

안심Touch

면을 드러내도록 만드는 주제는 어떻게 찾아야 할까요?

　기자로 일하던 시절, 인터뷰에 임하는 기자를 두 부류로 나눌 수 있었습니다. 하나는 상대에 대해 정말로 열심히 공부하며 철저히 준비하는 부류, 또 하나는 아무런 사전 정보 없이 만나야 오히려 흥미진진한 인터뷰가 가능하다고 믿는 부류였습니다. 저는 완벽하게 전자의 경우에 해당됐는데 더 솔직히 말하면 후자의 주장에는 전혀 동의할 수도 없었고, 그저 게으른 자신을 위한 변명이라고 생각했습니다. 인터뷰는 영화나 책 리뷰와는 전혀 다른 얘기입니다. 상대에 대해 깊이 알고 있어야 호기심도 생기고 질문거리가 차오르죠. 송곳처럼 날카로운 질문이나 상대의 더 깊숙한 곳을 파고드는 질문도 가능할 수 있고요. 인터뷰에 응하는 입장에서도 숱하게 받았던 지루한 질문이나 겉핥기 식의 질문만 받는다면 속내를 보이기는커녕 성의 있게 답하고 싶을 리 없습니다.

　인터뷰를 잘하기로 유명한 사람들의 '인터뷰 비결'에 빠지지 않고 등장하는 게 바로 상대에 대한 '공부'와 '관찰'입니다. 전문 인터뷰어로 유명한 지승호 작가는 인터뷰 한 편을 준비할 때 인터뷰이에 관한 모든 텍스트와 자료, 기사, 책 등을 빠짐없이 공부하면서, 300~400개의 질문을 준비한다고 합니다. 자신에 대해 오랜 시간 공을 들여 공부하고 준비한 인터뷰어와 마주 앉은 인터뷰이는 상대에 대해 호감을 가질 수밖에 없을 겁니다. 인터뷰어 역시 사전 공부를 통해 인터뷰이에 대한 호감이 생기는 것은 물론이고 질문의 결도 달라지게 되겠죠. 현재 조선비즈 문화전문기자로 〈김지수의 인터스텔라〉라는 인터뷰 시리즈를 담당하는 김지수 기자도 인터뷰 잘하는 능력자로 유명합니다. 김 기자 식으로 말하면 상대에 대한 충분한 공부는 '인터뷰에서 주도권을 잡기 위한' 것이기도 합니다. 인터뷰이의 답변에 끌려가지 않고 주도적으로 상황을 끌고 갈 수 있는 것입니다. 이렇듯 상대에 대해 잘 안다는 것은 성공적인 인터뷰를 할 수 있는 무기가 되어줍니다.

아이 인터뷰를 위한 소재와 주제를 찾는 과정도 다르지 않습니다. 즉, 내 아이에 대한 관찰이 평소 예민하게 이뤄지고 있어야 한다는 뜻입니다. 아이 일상에 어떤 변화가 생겼는지, 달라진 습관이 있는지, 친구 관계에 변화가 있는지, 새로 생긴 흥미나 관심사가 있는지 등을 관찰하고 있어야 합니다. 이런 주제들을 택해 인터뷰를 진행하면 아이는 저절로 신이 나서 자기 생각이나 느낌 등을 구체적으로 들려주려고 할 겁니다. 아이에 대해 파악하고 있으니 질문 역시 구체적으로 할 수 있을 테고요.

앞서 제시한 '1일 1질문' 중 하나를 예로 들어보겠습니다. 아이가 최근 친한 친구와 갈등이 있었다는 것을 알고 있는 부모는 "친구랑 싸우기도 하니?", "누구랑 싸웠는데?", "왜 싸웠는데?"라고 일반적인 질문부터 하지 않고 바로 본론으로 들어갈 수 있습니다. "최근 ○○랑 사이가 좀 안 좋은 것 같은데 무슨 일이 있었어?", "너희들은 정말 친한 친구였는데 문제가 생기기도 하는구나?", "○○는 그래도 너를 엄청 좋아하는 것처럼 보여. 네 마음은 어떤 거야?" 같이 아이 마음속을 건드리는 질문이 가능합니다. '엄마가 나에 대해서 다 알고 있구나'라고 생각하는 아이는 숨김없이 자기 자신에 대해서 이야기를 할 테고요. 이것이 바로 '주도권을 쥔' 인터뷰 진행입니다.

아이에 대해 관찰하고 파악하는 일은 많은 시간과 노력을 필요로 합니다. 하지만 기꺼이 감수할 만한 일이기도 합니다. 설령 인터뷰를 위한 과정이 아니라 해도 이처럼 아이를 면밀하게 관찰하는 습관은 부모와 자녀의 관계에서 큰 힘이 됩니다. 내 아이에 대해서 잘 아는 부모와 그렇지 않은 부모가 아이 인생에 끼치는 영향은 다를 수밖에 없습니다.

인터뷰라는 방식이 어느 정도 익숙해지면 의도적인 주제 선택으로 아이와 깊은 대화를 나누는 장치가 되기도 합니다. 예를 들면 게임에 빠져 있는 아이와 일부러 게임을 소재로 인터뷰를 진행해 보는 식입니다. 아이들은 보이는 것이 전부가 아닙니다. 게임에 매달리고 있는 아이 모습이 영 못마땅하다 하더라도 진지하고 깊은 대화로 속내를 들여다보면 몰랐던 사실을 깨닫게 될 수도 있고, 아이 역시 부모의 이야기를 귀 기울여 듣고 스스로를 돌아보는 기회를 얻을 수 있습니다. 개인적으로도 이런 방법을 종종 이용하곤 합니다. 얼마 전에도 '공부'를 주제로 짧은 인터뷰를 한 적이 있습니다. 고학년이 되면서 과제도 많아지고 수업 내용 역시 어려워지면서 아이는 때때로 공부 때문에 스트레스를 받는 모습을 보이곤 했는데, '네 나이 때는 다 그래'라거나 '학생의 본분이 공부'라는 식으로 대응하는 대신 인터뷰를 요청했지요. 아이가 현재 어떻게 느끼고 있는지, 스트레스가 있다면 어느 정도인지, 가장 힘든 점이 무엇이고 해결할 수 있는 방법은 무엇인지 등을 질문하고 대답하는 과정을 통해 아이의 진솔한 이야기를 듣고 적절한 조언도 할 수 있었습니다.

❷ 인터뷰 요청하기 : 가능한 공식적인 느낌 주기

주제를 정했다면 인터뷰 요청을 해야 합니다. 흘러가는 말로 '언제 한번 인터뷰 할까?'가 아니라 어떤 주제로 할 것인지를 밝히고 시간과 장소 등에 대해 상의를 하는 등 가능한 '공식적인' 느낌을 주는 게 좋습니다. 이 절차부터 절대로 일방적으로 보여서는 곤란합니다. 인터뷰어가 인터뷰이에게 요청할 때 예의를 갖추고 하는 것처럼 아이에게도 존중하는 마음을 보여줄 필요가 있습니다. 필요하다면 인터뷰라는 낯선 형식에 대해서 구체적인 설명이 필요할 수도 있고, 아이가 불편해 하면 '즐거운 이벤트' 정도로 인식할 수 있게 도와

주는 것도 좋습니다.

문서화된 인터뷰 요청서가 좋은 장치가 될 수 있습니다. 간단한 내용만 적어도 충분히 공식적 느낌을 주면서 아이로 하여금 재미를 느끼게 할 수 있습니다. 만일 아이 계정의 이메일이 있다면 저처럼 간단히 이메일을 통해 요청서를 보내는 것도 방법입니다.

예시

인터뷰 요청서

대상 : 사랑하는 우리 딸(아들) ○○○

인터뷰하는 사람 : 엄마(아빠) ○○○

인터뷰 주제 : 새 학기를 맞이하는 소감과 친구들에 대해

시간 : 상의 후 결정

장소 : 상의 후 결정

인터뷰 시간은 상황에 따라 논의해서 정하되 아이의 마음이 가장 편안한 상태일 때가 좋습니다. 학교에 다녀와서 학원에 가기 전 잠시 짬이 난 사이 혹은 아이가 가장 좋아하는 TV 프로그램이 방영되는 시간 등 아이 입장에서는 인터뷰하고 싶지 않은 시간은 피해야겠죠. 여유 있는 주말의 어느 시간이나 하루 일과를 모두 마치고 충분히 쉰 다음 마음의 여유가 있는 상태일 때가 아이가 마음을 열고 대화하기 좋은 시간입니다.

인터뷰 자체가 신나고 즐겁고 특별한 경험이라는 느낌을 주기 위해서는 인터뷰 장소 역시 집이 아닌 제3의 장소를 택할 필요가 있습니다. 코로나19 상황 등으로 불편해지기 전까지 저는 주로 얘기하기에 적당히 조용한 카페를 인

안심Touch

터뷰 장소로 정하곤 했습니다. 주스 한잔, 커피 한잔, 달콤한 디저트까지 시켜놓고 마주 앉으면 그 분위기 만으로도 '공식 인터뷰' 느낌이 들기 때문입니다. 집을 벗어난다는 것으로 그 순간만큼은 '부모와 아이'의 관계가 아닌 인터뷰어와 인터뷰이의 수평적이고 열린 관계라는 인식도 갖게 될 수 있고요.

❸ 질문 내용 정리하기 : 마음을 여는 좋은 질문 vs 말문을 닫는 나쁜 질문

시간과 장소까지 정해졌다면 이제 아이에게 어떤 질문을 하면 좋을지 미리 정리해야 합니다. 사실 제 경우에는 이 부분을 아주 구체적으로 정리하지 않는 편입니다. 보통은 아이의 대답 속에서 그 다음 질문이 떠오르고 방향성 또한 자연스럽게 설정되기 때문입니다.

하지만 인터뷰 자체가 낯선 분들은 미리 준비를 하는 편이 훨씬 도움이 될 겁니다. 아이 답변을 듣는 중간중간 순발력을 발휘해 추가적인 질문을 하는 상황이 어렵게 느껴진다면 꼼꼼하게 질문을 정리해 두는 편이 좋습니다. 하지만 인터뷰를 하는 데 있어 그 무엇보다 중요시되어야 할 것은 지속하고 싶은 마음이 들도록 즐거워야 한다는 것입니다. 즉, 질문 자체에 부담을 느낀다거나 질문지를 준비하는 것만으로 이미 즐겁기는커녕 스트레스가 크다면 넓은 범주의 질문 몇 개만 준비해서 일단 시작해 보기를 권합니다. 경험이 쌓이다 보면 질문을 준비하는 것도 쉬워지고 순발력도 길러지게 됩니다. 무엇보다 부모가 즐겁고 행복하지 않은 기분으로 자리에 앉아 있다면 아이 역시 그 자리가 편하고 좋을 리 없습니다. 인터뷰라고 해도 마주 앉은 상대는 아이입니다. 서툰 질문이라 해도 내 아이가 어떤 대답들을 할지 기대하는 것만으로 충분히 설레는 일이라는 사실을 기억하세요.

자, 그런데 질문에도 좋은 질문과 나쁜 질문이 있습니다. 대답을 하고 싶게 만드는 질문, 마음을 어루만져 주는 질문, 호기심을 자극하는 새롭고 신선한 질문 등이 좋은 질문입니다. 반대로 '네' 혹은 '아니오'와 같이 단답형으로 답변 가능한 질문은 나쁜 질문의 대표적인 예입니다. 아이가 굳이 하고 싶지 않을 것 같은 이야기를 파고드는 것도 아이의 입을 닫게 만드는 나쁜 질문입니다. 인터뷰는 인터뷰이가 주인공입니다. 말문을 열고 마음을 터놓게 하는 '좋은' 질문들로 인터뷰이가 자연스럽게 자신을 드러낼 수 있도록 분위기를 형성해 줄 수 있어야 합니다. 때로 날카로운 질문이나 불편한 질문도 필요할 수 있지만, 대답하고 싶은 분위기가 먼저 만들어진 다음에 하는 것이 좋습니다.

좋은 질문은 섬세합니다. 가령 아이의 학교생활에 대해서 간단히 물을 때도 "오늘 하루 어땠니?"가 아니라 "아까 기분이 좋아 보이던데 학교에서 무슨 좋은 일 있었니?"라고 묻습니다. 전자의 경우 대부분의 아이들은 "좋았어"라고 답하고 말 거예요. 하지만 후자의 경우처럼 구체적으로 묻는다면 아이는 어떤 일들이 있었는지에 대해 늘어놓게 되겠죠. 몇 가지 더 예를 들어보겠습니다.

"최근에 재미있게 읽은 책이 뭐야?"
"어떤 음악을 좋아해?"
"시험 기간이라 많이 힘들어?"
"친구들하고는 잘 지내니?"

위와 같은 질문도 질문자의 관심이 드러나 있기 때문에 반드시 나쁜 질문이라고만 할 수는 없습니다. 하지만 조금만 더 구체화된 아이의 상황을 포함시켜 질문하면 아이의 대답은 더 풍성해질 겁니다.

"너 요즘 〈걸리버 여행기〉 읽고 있더라. 엄마도 옛날에 엄청 좋아했던 책인데, 넌 어땠어? 그것 말고 또 재미있는 책이 있었으면 이야기해 줄래?"

"네 또래 아이들은 다 케이팝을 좋아하더라. 너는 아메리칸 팝을 주로 듣던데 이유가 있어? 요즘은 어떤 노래가 제일 좋아?"

"시험 기간이라 할 게 정말 많지? 엄마도 학교 다닐 때 시험 기간에 정말 스트레스 많았어. 어떤 점이 가장 힘들어?"

"그러고 보니까 ○○이랑 요즘 연락 잘 안 하더라? 무슨 문제가 있는 거야? 다른 친구들하고는 어때?"

질문의 결이 많이 달라진 게 느껴지실 겁니다. 아이를 중심에 두고 아이가 겪은 일, 경험한 일, 관찰을 통해 알게 된 사실 등을 구체적으로 담아서 질문을 하면 아이는 더 자세히 대답하게 됩니다. 물론 질문지를 작성하는 과정에서 이런 식으로 구체적으로 기록할 필요는 없습니다. 질문 메모를 간단히 하더라도 실제 인터뷰 자리에서 할 질문의 방향성을 미리 생각해 두고 있어야 한다는 뜻입니다.

또한 인터뷰를 할 때는 질문의 순서도 고려해야 합니다. 질문의 무게감을 고려해서 순서를 배치하면 효과적입니다. 가볍게 시작해 점점 깊어지는 질문들로 갔다가 의미 있는 마무리 질문을 통해 끝을 맺는 방식이 좋습니다. 인터뷰 전체가 시작과 끝이 있는 하나의 스토리라고 생각하면 쉽습니다. 하고 싶은 질문이 10개라도 이것저것 왔다 갔다 하면 전체적으로 스토리 파악을 하기 어렵지요. 질문을 준비할 때는 일단 떠오르는 대로 적어두었다가 어떤 질문으로 가볍게 시작하고 또 어떻게 마무리할지 고민하면서 순서를 정리해 두는 게 좋습니다. 이런 방식을 통하면 점점 몰입할 수 있게 돼 다소 불편하고 어려운 질문이라 해도 아이 입장에서 충분히 답할 수 있는 분위기를 만들기도 좋습니다.

❹ 인터뷰 실전 : '나'의 이야기로 아이 마음의 문을 열어라

막상 인터뷰를 시작해 보니 강한 인내심을 필요로 할 수도 있고, 왜 시작했을까 후회되거나 포기하고 싶은 마음이 들지도 모릅니다. 하지만 잊지 말아야 할 것은 부모의 이런 시도를 통해 아이의 내면을 들여다보고, 아이 스스로 생각하고 말할 수 있는 기회를 여는 첫발을 내디뎠다는 사실입니다. 좋으면 좋은 대로 힘들면 힘든 대로 서로의 관계에 밑거름이 되어줄 겁니다.

막상 자리에 마주 앉았는데 도대체 어떻게 시작해야 할지, 막막하고 어색한 기분이 드는 건 당연합니다. 평소에 대화가 잘되는 경우에도 정색하고 눈 맞춘 채 질문하고 답하라고 하면 쉽지 않지요. 첫 시작은 '스몰 토크' 하듯이 열어보세요. 잔뜩 긴장한 채로 '자 이제 질문 들어간다' 하는 태도가 아니라 그날 하루 일상적인 일부터 편안하게 시작해 보는 겁니다. 장소가 카페라면 주문하는 메뉴, 카페 분위기에 대해서도 질문할 수 있습니다. 그것도 아니면 인터뷰 자체에 대한 아이의 생각을 물어보는 것으로 시작해도 좋습니다. "처음에 인터뷰를 하자고 했을 때 어떤 기분이 들었어?"라거나 "오늘 인터뷰 어떨 것 같아? 사실 엄마도 많이 긴장되는데 너는 괜찮아?"라고 솔직하게 묻는 것입니다.

첫 시도부터 내 맘 같지는 않습니다. 모든 질문에 아이가 성실하게 잘 대답할 것이라는 기대감을 갖지 마세요. 아이 연령에 따라 다르겠지만 대부분의 아이들은 자신이 답하고 싶은 질문엔 잘 답하지만 그렇지 않으면 시큰둥해 하기도, 집중력이 흐트러지기도 할 겁니다. 저는 오히려 다행이라고 생각합니다. 부모 눈치를 보느라 없는 말도 만들어서 답하면 인터뷰를 하는 의미가 없고, 지속되기도 어려우니까요. 그러니 아이가 대답을 망설이거나 시큰둥하더라도 절대로 다그치거나 답을 강요하는 태도를 보여서는 안 됩니다.

가장 위험한 태도가 자신도 모르는 사이에 원하는 답을 정해 놓고 아이에게 계속 유도 질문을 하는 경우입니다. 아이의 생각을 부모가 원하는 방향으로 강제로 끌어가려다 보면 아이는 있는 그대로의 내면이 아닌 '부모가 원하는 답'을 하려고 노력하게 될 겁니다. 이런 경험은 비단 인터뷰 상황에서만 좋지 않은 영향을 끼치는 게 아니라 아이가 부모와 대화할 때마다 솔직하게 자신의 생각이나 의견을 말할 수 없게 되는 최악의 상황을 만들 수도 있습니다. 아이 마음의 문을 여는 과정이 쉬울 리 없습니다. 그 안에 무엇이 들어있을까 기대하면서 천천히 열어가는 과정 자체를 즐길 수 있어야 합니다.

아이가 자신을 드러내지 않을 때는 엄마나 아빠의 얘기나 관련된 경험담, 솔직한 의견 등을 먼저 들려주면서 아이가 생각해 보도록 하는 것이 좋습니다. 이야기를 들으면서 아이는 그 안에서 자기 마음속 대답을 찾을 수 있습니다. 아이는 '아빠 엄마도 나와 비슷하구나' 하는 동질감을 느끼면서 자기 생각을 편안하게 이야기할 수 있게 됩니다.

아이에게 질문권을 주는 것도 막힌 인터뷰를 풀어갈 수 있는 방법이 됩니다. 반드시 그날 정해진 주제와 상관이 없어도 괜찮습니다. 아이의 그 어떤 질문에 대해서라도 성실하게 답하는 부모의 모습을 보면서 아이는 다시 인터뷰이의 위치로 돌아왔을 때 어떻게 해야 하는지 은연 중에 배우게 됩니다. 질문에 대한 답에 이어서 "그러면 네 생각은 어떤데?"로 자연스레 다시 역할 교체를 할 수도 있고요.

아이가 열심히 대답을 하는데, 내놓는 답이 모호하거나 정확히 그 마음을 읽을 수 없을 때도 있습니다. 아이는 자기 생각을 언어로 표현하는 데 어른보다 서툴 수밖에 없기 때문입니다. 자기 내면의 감정과 생각을 있는 그대로 떠오르는 언어로 말하고 있지만 정작 자신이 하고자 하는 말을 상대에게 이해시키지 못할 때도 많습니다. 그럴 때는 따지듯 묻지 말고 "구체적으로 예를 들어 설명해 줄 수 있을까?" 하고 물어보는 것도 좋습니다.

그러나 이런 팁보다 훨씬 더 중요한 한 가지는 아이의 답변에 진심으로 공감하고 칭찬하면서 긍정의 피드백을 주는 것입니다. '아 그렇구나', '그런 일이 있었어?', '우리 ○○이 대견한 걸?', '정말 재미있는 표현이다', '어떻게 그런 대답을 할 수가 있어?' 등등의 표현은 아이의 자존감을 높이고 인터뷰 효과를 배가하며 서로 깊은 신뢰를 다지게 합니다. 인터뷰를 마친 후에도 아이의 소감을 물어보기만 하지 말고 인터뷰어로서 느낀 소감도 직접 표현해 주세요. '엄마가 모르는 일이 많아서 반성을 했어', '이렇게 멋진 생각을 하고 있었다니 놀라워', '너에 대해 더 많이 알게 된 것 같아서 너무 행복해', '좋은 사람으로 잘 성장하고 있는 것 같아서 정말 자랑스러워', '너에 대한 호기심이 더 많이 생겼어', '이런 인터뷰를 자주 하면 좋겠어'와 같은 말이 아이를 행복하게 합니다.

❺ 정리하고 기록 공유하기 : 내면 성장의 히스토리이자 또 다른 자극

인터뷰를 마친 후에는 어떤 식으로든 정리를 해서 남겨야 합니다. 남겨두지 않은 대화는 기억 속에 아주 잠시 머물다 사라집니다. 설령 그 기억이 오래 유지된다 해도 그 상태 그대로가 아니라 재구성되거나 왜곡되기도 합니다. 기록 자체가 부담이 된다면 단순하게 'Q&A' 식으로 정리하고 마지막에 느낌과 소감 정도를 덧붙이는 방식으로 시작해도 좋습니다. 인터뷰 중에 인상적이었

안심Touch

던 아이의 말투와 표현, 표정 같은 구체적인 설명을 덧붙여 정리합니다. 기록하는 것 역시 경험이 쌓이면 자신만의 효율적인 방식을 찾고, 정리하는 기술 자체가 늘게 됩니다.

가끔 아이를 인터뷰한 뒤 정리한 글을 보고 남편이 물을 때가 있습니다. "진짜 이렇게 말했다고? 이런 표현을 썼단 말이야?" 제 대답은 이렇습니다. "진짜 그렇게 말했고, 그런 표현을 썼지만 정리는 내가 한 것"이라고 말입니다. 인터뷰이가 여기저기 늘어놓은 말과 생각을 줄 세워 정리하고 제자리에 넣어주는 것이 인터뷰어의 역할입니다. 정리하는 과정에서 어떤 질문은 다른 질문과 합쳐지기도 하고 반복된 표현을 정리하기도 하고, 비문으로 말한 문장을 완전하게 만들어주기도 합니다. 그러나 정리를 한다고 해도 아이의 발언이 왜곡되거나 누락되거나 인터뷰어의 의도나 입맛에 맞도록 덧칠하거나 수정해서는 안 됩니다. 모든 조건을 갖추고 제대로 정리할 자신이 없다면 차라리 서툰 그대로 남겨두세요. '있는 그대로의 내면'으로 가치를 발하기 위해서는 오히려 날 것 그대로가 좋습니다.

글로 정리하는 과정을 위해서는 인터뷰를 하는 도중 컴퓨터나 태블릿을 활용해 답변을 들으며 바로 기록해 두는 편이 가장 좋습니다. 다만 들으며 바로 받아 적는 과정이 익숙하지 않은 분이라면 '경청'에 우선순위를 두세요. 휴대폰 녹음 기능의 도움을 받아 기록을 남기는 것도 방법입니다.

하지만 이 경우에도 나중에 문자화된 글로 정리를 해서 아이와 인터뷰 내용을 공유하는 과정을 거치는 것이 좋습니다. 자신이 등장하는 글을 접하는 것만으로도 아이는 긍정적인 자극을 받기 때문입니다. 자신이 대답한 내용을 되새기며 스스로에 대해 한번 더 생각하는 기회도 얻게 될 겁니다. 부모의 입장에서도 아이의 답변을 다시 들여다보고 있으면 그날 미처 깨닫지 못했던 지점이 보일 때도 많습니다. 아이를 바라보는 새로운 시각이 열리기도 하고 자녀 교육에 대한 가치관을 다지는 계기가 되기도 합니다. 부부가 함께 공유하며 자녀 교육과 육아의 방향성에 대해 깊은 대화를 나눌 수도 있습니다. 인터뷰라는 것이 그 과정에서 얻는 깨달음과 행복도 있겠지만 무엇보다 아이의 성장 기록으로서 큰 의미를 지니는 만큼 제대로 기록하고 남겨둔다면 훗날 아이를 위한 아이만의 성장 역사서 한 권쯤 남기고도 충분할 것이란 사실을 잊지 마세요.

안심Touch

Chapter 04

실전2. 인터뷰 기록의 실제

기록의 예시로서, 아이와 진행했던 인터뷰 중 '책을 말하다'를 아래 적습니다. 당시 4학년 1학기를 막 시작했던 아이는 느닷없이 〈앵무새 죽이기〉를 읽어보고 싶다고 말했는데요, 아이 나이에 적합하지 않은 책에 호기심을 느끼게 된 계기가 궁금해지면서 뭔가 내면에 변화가 생겼음을 감지하고 인터뷰 요청을 했습니다.

저는 지금도 가끔 지난 인터뷰를 읽어보곤 합니다. 보고 있으면 그날의 분위기, 아이가 답변하던 태도와 표정, 어떤 부분에서 제가 감동을 받았고 놀랐는지 아주 세심한 부분까지 엊그제 일인 듯 눈앞에 그려집니다. 아래의 인터뷰도 마찬가지입니다. 아이가 자신의 인생에서 큰 변화의 순간 중 하나라고 손꼽는 그날의 일화를 들려줄 때의 쓸쓸하고도 난처해 하던 표정이 기억을 일깨웁니다. 기록이란 그런 의미가 있는 것이죠.

내 아이 인터뷰 시리즈 세 번째 : '책'을 말하다

아이는 의심의 여지없이 책을 사랑한다. 아침에 눈 뜨면 습관적으로 식탁에서 책을 펼치는 아이라 그저 '책을 정말 좋아하는구나' 정도로 생각했다. 물론 고맙게 생각한다. 지금껏 '책 좀 읽어라'라는 잔소리 한번 안 하게 해 줘서. 평소 아이는 자신이 읽은 책의 스토리를 이야기해 주고, 좋은 책이 있으면 나에게 읽어보라고 추천하기도 하고, 나 역시 궁금한 것들을 자주 묻고 답을 들었기에 아이가 요즘 어떤 책에 꽂혀 있는지 어떤 스토리에 흥미를 느끼는지 다 꿰고 있다고 생각했다.

그런데 얼마 전, 나의 호기심을 자극하는 일이 있었다. 아이가 4학년이 되고 얼마 지나지 않을 무렵 문득 〈앵무새 죽이기〉를 아느냐고 물었다. 대학때 토론용으로 읽었던 것도 같은데 솔직히 내용도 정확히 기억나지 않았다. 내용을 찾아봤다. 어려웠다. 아이 또래가 관심을 가질 만한 책이 아니었다. 그러나 평소 그러하듯 이번에도 아이의 선택을 말리지 않았다. 며칠 후 습관처럼 서점에 갔을 때 아이는 예상대로 〈앵무새 죽이기〉를 골랐다. 더불어 요즘에 꽂혀 있는 북유럽 신들에 대한 책이며, 아이가 '좋아하는 작가'인 마이클 모퍼고, 릭 리오던의 책들을 골랐다.

그 순간 나의 유년시절을 돌아봤다. '좋아하는 책은 있었지만 시리즈를 다

안심Touch

찾아볼 만큼 좋아하는 작가가 있었나, 나이보다 깊은 세계관을 보여주는 심오한 책에 흥미를 가졌나, 스스로 책을 고르는 기준을 갖고 있었나' 궁금하면 물어보자는 생각에, 서점에서 돌아오는 차 안에서 바로 아이에게 책을 주제로 한 인터뷰를 제안했다. 아이는 흔쾌히 수락했다. 심지어 정말 재미있는 인터뷰가 될 것 같다며 잔뜩 기대감을 드러냈다.

이전의 인터뷰와는 조금 결이 달랐다. 무엇보다 아이가 가장 많은 말을 쏟아내며 '적극적'이었다는 점이 그랬고, 나로 하여금 반성하게 하는 지점이 있었다는 점도 그렇다. 때론 아이의 답변을 듣고 깊어진 생각 때문에 꽤 오래 침묵해야 할 정도로. 물론 아이의 성숙해진 내면을 확인하는 기회였다는 점에서는 다를 바 없지만, 아이는 내가 생각하는 것 이상으로 책을 통해 섬세한 변화들을 겪고 있는 중이었다.

ⓠ **책에 대한 인터뷰를 요청했을 때, 재미있을 것 같다고 했잖아. 왜 그렇게 말했어?**

책이란 주제가 재미있잖아. 나는 책에 관심이 많고 독서는 내가 매일 하는 일이야. 본능 같은 거지.

ⓠ **본능이라고? 본능은 무의식적인 건데?**

그 정도로 많이 읽게 된다는 뜻이야.

ⓠ **엄마 기억에 너는 아기 때부터 책을 좋아했어. 글씨도 모를 때부터 책을 많이 읽어달라고 했는데 어떤 날은 내 목이 다 쉴 정도였다니까. 기억나?**

음, 내가 그랬어? 기억 안 나지.

◉ 그럼 네가 기억하기에 책을 좋아하게 된 건 언제야?

기억나는 건 여섯 살, 일곱 살 때야. 그때는 간단하고 웃긴 책들을 좋아했어. 지금도 웃긴 책들을 많이 좋아하긴 하지만.

◉ 그럼 책을 고르는 기준이 '웃긴' 책이야? 어떤 기준으로 책을 골라?

그건 그때그때 바뀌어. 더 어렸을 때는 표지를 보고 재미있을 것 같은 것들을 골랐어. 지금은 내가 좋아하는 작가의 책들을 찾아서 보기도 하고 재미있게 읽은 책 뒤에 추천된 책이나 시리즈들을 보기도 하고 그래. 또 지금은 얇은 책보다 두꺼운 책을 고르는 편이야. 왜냐하면 얇은 책은 스토리가 너무 빨리 끝나는데 두꺼운 책에는 긴 스토리가 담겨 있거든. 생각을 많이 하게 만드는 클래식 같은 책들도 좋아. 하지만 생각을 많이 한다는 게 책이 어둡다는 뜻은 아니야.

◉ 맞아. 나는 그게 엄청 신기했어. 그림도 없는 글씨가 빽빽한 책들을 읽더라. 그림이 있고 없고는 선택의 기준이 아니야?

그림은 상관없어. 물론 그림이 있으면 이해를 돕는 부분도 있지만 그림이 없으면 오히려 나만의 상상을 하면서 읽을 수 있어.

◉ 가령 네가 가장 좋아하는 책으로 꼽는 〈원더〉 같은 책?

응, 맞아. 그런데 그때는 책을 읽을 때 상상한 것과 영화에서 보는 게 많이 달랐어. 〈해리포터〉나 〈펄씨잭슨〉도 마찬가지였고.

◉ **그럴 땐 어때? 그래서 책을 보고 영화를 보면 실망하는 사람들이 많아.**

기대했던 바는 아니지만, 그래도 그건 감독의 상상이니까 감독의 뜻을 존중할 필요가 있지. 내 생각과 너무 다른 게 감독 탓은 아니잖아. 실망도 하긴 하지. 책은 내용이 긴데 영화에서는 많은 이야기가 빠지거든. 그래서 나는 영화보다 책이 더 좋아. 그리고 영화에는 내레이터가 없기 때문에 인물의 생각 등을 묘사하는 게 부족한 거 같아.

◉ **독일에서는 부모가 아이들에게 꼭 영화보다 책을 먼저 보게 한대. 그런데 아이들은 보통 책보다 영화 같은 영상으로 보고 싶어서 불만을 갖는다고 해.**

나라면 책을 선택할 거야. 어떤 책에는 영화보다 더 많은 상상력이 들어가 있어. 〈원더〉 같은 책을 보면 아예 책 표지에 '영화 보기 전에 책 먼저 보라'고 쓰여 있기도 하잖아. 책 읽고 영화를 보니까 왜 그렇게 말했는지 알 것 같았어.

◉ **너는 특별히 좋아하는 작가들이 있더라.**

릭 리오던, 마이클 모퍼고를 좋아해. 사실 그렇게 많지는 않아. 릭 리오던은 친구 한 명이 〈퍼씨잭슨〉을 추천해 주면서 알게 됐는데 그 책이 너무 재미있었어. 그 후에 학교 도서관 릭 리오던 코너에 가니까 엄청 많은 책들이 있더라고. 거기서 〈매그너스 체이스〉를 봤는데 또 재미있어서 시리즈를 다 읽게 된 거야. 지금은 릭 리오던의 〈더 트라이얼스 오브 아폴로(The Ttrials of Apolo)〉라는 책을 읽고 있어. 제우스가 신 아폴로를 6개월간 사라지게 만들었는데 그 후 깨어난 아폴로는 자기가 사람이 돼 있다는 알게 돼. 올림피안 신들은 피가 없고 황금 액체를 흘리는데 피를 흘리고 있었거든. 아폴로는 제우스에게 자신이 다시 신이 될 수 있다는 걸 증명하기 위해 여러 퀘스트를 해야 하는데 그 퀘스트를 실행하는 스토리야.

◎ 릭 리오던이 좋은 이유가 뭐야?

작가의 닉네임이 '스토리텔러 오브 갓(God)'이야. 책마다 각각 여러 신들의 이야기를 해. 나는 신들의 이야기가 재미있고 좋아. 그리고 릭 리오던은 신을 굉장히 재미있게 표현해.

◎ 하지만 마이클 모퍼고의 책들은 그런 재미있는 류의 책이 아닌데?

마이클 모퍼고는 학교 도서관에서 책을 보다가 알게 됐어. 〈아웃 오브 디 애쉬즈(Out of the Ashes)〉라는 책을 봤는데 불길이 치솟는 표지 그림에 진짜 있었던 일이라고 쓰여 있었던 것 같아. 농장을 하던 아빠가 돼지들이 병에 걸려 팔아야 했던 이야기야. 그 책을 보고 학교 도서관에 작가별로 정리된 코너가 있는데 거기서 마이클 모퍼고의 여러 책들을 시도해 봤지. 〈본 투런〉, 〈워 홀스〉, 〈웨이팅 포 애냐〉, 〈켄스케의 킹덤〉 같은 책들. 마이클 모퍼고의 책들은 다 역사적 배경이 실제 상황이야. 히스토리컬 픽션이라는 장르인데 내가 그 작가를 좋아하는 이유이기도 해.

◎ 너는 네 나이보다 성숙한 책을 읽는 편인데 그러다가도 유치원 때 혹은 오래 전에 읽던 책들을 다시 꺼내보고 하잖아? 그 이유가 뭐야?

그런 어린이 책들도 간단하지만 꽤 재미있는 점이 많아. 내가 특히 좋아하는 〈EQ의 천재들〉 시리즈 같은 경우는 캐릭터마다 장점과 단점이 명확하게 나타나는 스토리가 참 재미있어. 가끔 그런 책들을 읽고 싶어질 때가 있어. 내 머릿속에 물론 저장공간들이 있지만, 완벽하지는 않잖아. 어느 날 갑자기 튀어나오는 기억이 있는데, '아, 그 책 재미있었지' 하는 거야. 그러면 다시 꺼내 보게 되고, 그러다가 그 시리즈를 다 읽게 되고, 자연스럽게 그렇게 되는 것 같아.

안심Touch

◉ **어떤 책은 수없이 반복해서 읽는데 그건 왜 그래? 사람들은 다 아는 이야기를 다시 읽는 걸 지루해 할 때가 많아.**

나도 책 읽은 후 일주일 만에 다시 읽지는 않아. 몇 달이 지나면 새로운 느낌이 들어서 다시 읽게 되고 재미있어.

◉ **최근에 〈앵무새 죽이기〉에 대한 호기심은 갑자기 어떻게 생긴 거야?**

그냥 다음에 어떤 책을 읽는 게 좋을까 생각하다가 구글 검색창에 'What book should I read(읽어봐야 할 책)'라고 쳐봤거든. 그때 첫 번째로 추천해 준 책이 〈앵무새 죽이기〉였어. 그 추천이 사람들 리뷰를 반영해서 해주는 거래. 많은 사람이 좋다고 평가했다는 거잖아. 그래서 읽어보고 싶었지.

(결국 아이는 이 책을 몇 년 후에 읽기로 결정했다. 아무리 생각해도 아이가 지금 읽을 책은 아니란 판단이 들었고 오히려 아이의 세계관에 어떤 식으로든 큰 영향을 미칠 수도 있겠다는 생각이 들어 '더 크면 읽자'라고 제안했다. 당시 아이는 선뜻 받아들였는데, 그 이유를 나는 이번 인터뷰에서야 알게 됐고, 무척이나 놀라웠다. 그 이야기는 이어지는 질문에서 나온다.)

◉ **책 한 권이 누군가의 인생을 바꿀 수도 있어.**

맞아. 코페르니쿠스가 그랬지. 어떤 책을 읽었는데 그 책에 태양이 우주의 중심이라고 쓰여 있었대. 당시에는 사람들이 천동설을 믿었거든. 그 책에 큰 충격을 받은 코페르니쿠스는 엄청난 연구를 했고, 결국 지동설을 주장하게 됐어. 하지만 사람들은 인정하지 않았지.

◎ 그럼 너에게는 책이 어떤 의미야?

재미있고 즐거운 일이야. 이야기라는 것은 들을 수도 있고 볼 수도 있지만 나는 책으로 읽는 게 가장 좋아. 읽으면서 많은 상상을 할 수 있고 혼자 할 수 있고 어디서든 할 수 있지.

◎ 너에게 가장 큰 영향을 준 책은 뭐니?

(신나게 이야기하던 아이는 갑자기 표정이 조금 어두워졌다.)

이건 좋은 의미의 영향은 아닌데 있기는 있어. 〈Orphans of the Tide〉라는 책인데, 엄마도 기억하지? 내가 그 책 읽다가 인생의 의미가 없어졌다고 했었잖아. 나는 원래 엄청 긍정적인 사람인데 그 책 이후로는 좀 부정적인 면도 갖게 됐어. 운이 좋지 않은 아이인 엘리가 주인공인데, 엘리의 눈에만 '에너미'라는 신이 보이고 존재를 느끼지. 그 신은 이름처럼 나쁜 신인데 결국 엘리가 '에너미'가 몸을 빌리는 인간이라는 게 들통이 나서 탈출하는 이야기야. 그런데 그 탈출 과정에서 슬픈 이야기들이 많이 나와. 지금은 시간이 좀 지나서 많이 괜찮아졌는데, 그래도 그 책을 읽기 전처럼 100% 긍정적이 되지는 못할 것 같아.

(아이의 대답을 들으면서 나는 약간 충격을 받았다. 당시 '인생의 의미가 없다'던 아이의 말과 감정을 온전히 이해하지 못한 채 넘어갔다는 생각에, 아이의 미묘하고 섬세한 정서적 변화와 내면의 어떤 혼란을 그냥 무시하고 지나갔구나 하는 생각에 너무나 미안했다.

'사건'은 이렇다. 두 달여 전쯤, 저녁 9시, 위에서 언급된 책을 읽고 있던 아이가 갑자기 책을 덮으며 이렇게 말했다. "갑자기 인생의 의미가 없게 느껴져. 엄마는 이럴 때 어떻게 해? 숨 쉬기가 어려워. 엄마, 나 어떻게 해야 돼?" 나는 놀라고 이해하기 어려웠지만 그 말을 반복하던 아이의 눈에 담긴 어떤 절망과 절박함이 느껴졌다. '지금 무슨 소리를 하는 거야'라고 하는 대신 아이 감정을

안심Touch

최대한 짐작하려 애쓰고 해결해 주려고 노력한 건 그래서였다. 아이는 정확하게 설명하지 못했지만 뭔가 혼란을 느끼고 있는 건 분명했다. 그날 나와 남편은 아이의 마음을 온전히 이해하지 못한 채 늦은 밤 함께 산책을 나가 분위기를 환기해 주는 것으로 상황을 종료했다.

생각해 보니 그 후로도 아이는 종종 어떤 책들을 읽다가 '인생의 의미'를 논하곤 했는데, 나는 처음에 했던 것 같은 반응을 보이지는 않았다. 솔직히 말해 아이가 인생 어쩌고 의미 어쩌고 내뱉는 게 그저 감정의 과잉쯤으로 느껴지기도 했다. 이번 인터뷰를 통해서야 나는 비로소 아이가 그 경험 이후 세상을 바라보는 시각에 커다란 변화가 생겼음을 알게 됐다. 걱정되기보다는 대견했다. 어른이 되는 과정에서 마음으로 겪는 성장통이 시작된 것일 수도 있지만, 그렇게 스스로 대처하는 법들을 조금씩 알아가게 될 테니. 결국 아이는 스스로 성장해야 한다. 부모가 해줄 수 있는 일은 이런 지점에선 참으로 제한적일 수밖에 없다.)

◉ **긍정적인 영향을 준 책도 있지 않을까?**

〈해리포터〉 같은 경우엔 그 책을 읽고 난 후 두꺼운 책이나 시리즈물들이 어렵지 않고 재미있다는 걸 깨닫는 계기가 됐어.

◉ **사람들은 두꺼운 책에 편견이 있기도 하지.**

그럴 수 있지. 하지만 자기만의 상상을 더하면 더 재미있게 읽을 수 있어. 자기만의 그림을 마음속으로 그리면서 읽는 거야. 나는 가끔 책을 읽을 때 글자를 안 읽고 상상을 할 때가 있거든. 그럴 때는 내가 이 책을 영화로 만든다면 어떤 장면을 만들까, 어떤 음악을 넣을까 이런 걸 상상해. 엄마도 알지만 나는 상상을 많이 하잖아. 그게 거의 책을 소재로 한 경우가 많아.

ⓠ **2년 전인가, 네가 역사책에 빠져 있을 때 아빠가 역사책은 좀 나중에 읽는 게 좋겠다면서 책을 창고로 보냈잖아. 그런 식으로 엄마 아빠가 너의 독서에 개입하는 건 어떻게 생각해?**

좋은 이유가 있다면 받아들일 수 있어. 〈앵무새 죽이기〉도 그랬어. 사실 〈Orphans of the Tide〉 이후로 내가 책을 고르는 것에 대한 주저함이 있어.

ⓠ **요즘은 영어 책을 한글 책보다 훨씬 더 많이 읽는데 이유가 있어?**

한글 책은 뭔가 다 가르침을 담고 있는 것 같아. 그리고 영어 책이 표현을 좀 더 재미있게 해. 예를 들면 한글 책은 "300억 년 전 제우스가 이렇게 했다"라고 할 때 영어 책은 "너의 할아버지의 할아버지의 할아버지의 할아버지의 할아버지가 아직 태어나지도 않았을 때" 같은 식으로 표현해. 디테일이 다르지.

ⓠ **픽션 말고 다른 책에 도전해 보고 싶은 생각은 없어?**

논픽션도 재미있는 게 많지. 지난번 서점에 갔을 때 과학이나 경제에 대한 책을 골랐잖아. 그런 책은 재미있었어. 〈사피엔스〉 같은 어른들이 읽는 책도 재미있을 것 같아. 읽어보고 싶은 생각이 있어. 처음 인류가 어떻게 시작됐고 지금 인류의 장점과 단점 이런 것들이 들어있을 것 같아.

ⓠ **너와 책은 어떤 관계야?**

평생 친구 같은 관계를 맺고 싶어. 더 많이 읽고 재미를 얻고… 모든 것에는 생명이 있어. 책에도 생명이 있다고 생각해. 나는 지금까지 수백 명쯤 책 친구를 사귄 것 같은데, 다 소중해.

안심Touch

◉ 그래서 오래된 책들도 못 버리는 거구나?

정이 들잖아. 책을 보내고 나면 마음이 아파.

◉ 책 읽기 싫어하는 사람들에게 해주고 싶은 조언 있어? 꼭 읽어봤으면 좋겠다 하는 책은?

굳이 어려운 것부터 시작하지 말고 쉬운 책으로 시작해 재미를 얻으라고 말해주고 싶어. 웃긴 책을 읽으면 책을 더 읽고 싶어지니까. 그리고 〈원더〉는 사람들이 꼭 읽었으면 좋겠어. 얼굴이 좀 다르게 태어난 아이가 학교생활을 헤쳐나가는 이야기가 재미있으면서도 너무 감동적이야.

◉ 한때 네 꿈 중 하나가 작가였는데 너만의 책을 쓰고 싶은 마음이 아직도 있어?

지금도 작가의 꿈이 있어. 〈매그너스 체이스〉 같은 판타지 스타일이면서도 유머가 있는 책을 쓰고 싶어. 지금도 쓰고 있는 책들이 있는데 제목이 〈뮤직 레일〉이랑 〈더 골든 게이트〉야. 시간이 없어서 쓰다가 말았는데 언젠가 완성하고 싶기는 해.

'할 말'이 많다고 했던 아이와의 인터뷰는 거의 1시간 반 가까이 이어졌다. 어떤 면에서 아이의 책 세계는 나의 그것보다 훨씬 깊고 특별한 것 같았다. 인터뷰를 마치고 아이를 재운 후, 나는 남편과 밤늦도록 인터뷰하는 동안 내가 느낀 것들에 대해 이야기를 나눴다. 또 한번 아이가 나를 성장하게 하는 순간이다.

MEMO

Part 2
생각을 키우는 엄마표 대화법

또래보다 생각이 깊은 아이의 취미 중 하나는 말하기입니다. 일방적인 말하기가 아니라 상대가 있는 대화를 좋아합니다. 저는 아이가 말이 통하지 않을 때부터 아이를 상대로 말하고 반응해 주는 일이 즐거웠습니다. 본격적으로 대화가 되기 시작했을 때부터는 일상에서 대화가 빠져본 적이 없습니다. 일상을 이야기하고, 필요한 일을 의논하고, 서로의 감정과 느낌을 나누고, 지혜를 얻기도 하고, 생각을 공유합니다. 어떤 상황에서든 어떤 주제로든 기꺼이 수평적이고 열린 관계로 대화하고 그 안에서 즐거움을 찾지요. 대화를 통해 아이는 생각의 깊이를 키웠고, 저는 아이와의 단단한 관계를 얻었습니다.

이번 파트에서는 아이의 생각을 키우기 위해 일상에서 어떤 방식으로 대화했는지, 자극을 주기 위한 질문법은 무엇인지 등 대화가 가져오는 마법 같은 힘에 대해서 이야기합니다.

Chapter 01

말은 어떻게 생각을 키울까

아이가 열 살 무렵이던 어느 날 별자리 관련 책을 보고 있던 아이가 말했습니다. "엄마, 나 전갈자리 맞아? 여기 보니까 전갈자리는 말이 없고 조용하다는데 나는 말이 많잖아!" '아이 스스로도 말이 많다고 생각하는구나' 싶어서 웃음이 먼저 터졌습니다.

저희 아이는 정말 말이 많습니다. 말을 하지 말라고 하는 게 일종의 벌로 느껴질 정도로 침묵을 힘들어 합니다. 친한 친구들의 면면을 보면 다들 수다스럽습니다. 한자리에서 대화로만 몇 시간씩 노는 게 가능할 정도입니다.

친구들과 무슨 할 말이 그렇게도 많냐고 물으면 '할 말이 왜 없느냐'고 도리어 반문합니다. 학교 이야기, 친구 이야기, 좋아하는 게임 이야기, 공통의 취미 이야기, 심지어 최근 이슈가 되고 있는 뉴스나 사회적 문제에 대해서도 이야기를 한다고 합니다. 이런 수다가 단지 수다로만 끝나는 것이 아니라 결과적으로는 새로운 무언가를 도모하는 수단이 되기도 한다는 것이 놀라웠습니다. 긴 수다 끝에 '아, 그럼 우리 그거 한번 해볼까?' 하고 누군가 제안을 하면서 상황은 시작됩니다. 말의 힘이 아이디어를 만들고, 실행까지 하게 만드는 셈입니다.

유아기부터 초등까지, 아이 생각을 유도하는 엄마의 대화

저희 아이에게 '말'은 그 어떤 장난감이나 도구보다 즐거운 일을 만들어내는 수단입니다. 말을 잘하고 못하고의 문제를 떠나 말을 하는 것도 다른 사람의 말을 듣는 것도 좋아해서 가능한 일입니다. 아이가 말하고 듣기를 좋아하게 된 것은 절대적으로 대화의 힘입니다.

우리 부부, 그리고 학교 들어가기 전까지 주 양육권자였던 외할머니, 외할아버지 모두 아이와 말로 놀아주는 재주가 제법 있었습니다. 말귀를 알아듣는지 못 알아듣는지 알 수 없을 때부터 끊임없이 눈을 맞추며 이야기를 해주었고, 말문이 터진 다음부터는 어떻게 하면 아이랑 한마디라도 더 해볼까 하는 마음으로 대화를 시도하곤 했습니다. 돌아보면 그 자체로 아이에게 굉장한 자극이 되었겠구나 싶지만 당시에는 교육적 목적을 생각할 것도 없이 그 자체로 즐거웠습니다. 어른의 말에 대한 아이의 다양한 반응을 살피는 일은 즐거웠고, 어쩌다 아이가 내뱉는 단어 하나, 말 한마디가 주는 놀라움도 있었습니다. 그 어린아이가 말을 하고 내 말을 알아듣고 조금씩 대화가 가능해지는 상황이 신기하기만 했거든요. 그러다 보니 아이와 세상 온갖 것들을 소재로 몇 시간이고 '말'로 놀아주는 일이 전혀 힘들지 않았습니다.

기억나는 일화가 있습니다. 아이가 5세 무렵, 함께 지하철을 타고 가는데, 아이는 자신이 타고 있는 지하철 안에서 다른 지하철이 지나가는 모습을 보는 게 신기했던 모양입니다. 창 쪽으로 몸을 돌려 앉아 내내 오가는 지하철을 구경하고 있던 아이는 반대 방향으로 가는 기차 속도를 보며 "엄마, 저 기차는 왜 우리 기차보다 빨라?"라는 질문을 했습니다. 저는 "우리는 앞으로 가고 있고 저 기차는 반대로 가니까 그렇게 느껴지는거야"라고 친절하게 설명을 해주었습니다. 그런데 다음 기차가 지나가니 같은 질문을 합니다. "조금 전에 말해줬잖아"라고 할 수도 있었지만 좀 더 쉽게 설명을 해줘야겠다는 생각이 들어 "지금 우리가 타고 있는 기차도 원래 저만큼 빨라. 그런데 우리가 타고 있어서 잘 못 느끼는거야"라고 말해 주었지요. 몇 분 후, 또 몇 분 후 두세 번 더 같은 질문을 하는 아이에게 저는 비슷하지만 다른 대답을 하기 위해 노력했습니다. 마지막 질문에는 더 이상 설명할 말이 없어서 "진짜 그렇네. 저 기차는 엄청 급한 일이 있나봐! 혹시 화장실에 가고 싶은 건 아닐까?" 하고 동화적 상상력을 발휘했습니다. 아이는 깔깔 웃었고 주변에 있던 승객들도 모두 미소를 지었지요.

아이는 어릴 때부터 생각이 많은 편이었습니다. 그 생각들은 다양한 호기심으로 발현되기도 했고, 사람들과의 관계적인 부분에서 성숙한 면모로 발휘되곤 했습니다. 무슨 일이든 무심하게 넘기지 못하고, 생각을 통해 의미를 부여하고 마음에 남기다 보니 예민한 성격으로도 연결되었습니다. 육아를 하는 입장에서 아이의 예민함은 힘든 부분이었지만 저는 아이의 깊은 정서가 좋았습니다. 덕분에 아이와는 다양한 주제로 대화가 가능했고, 그것은 다시 아이의 생각을 자극하는 매개체가 되었습니다. '대화 → 자극 → 생각 → 표현 → 자극 → 더 깊은 생각 → 더 성숙한 표현'의 선순환이 일어난 것입니다. 이렇듯 생각은 언어와 깊은 연관이 있습니다. 생각을 위한 자극이 되는 요소들은 언어적인 것도 있고 비언어적인 것도 있지만, 머릿속에서 생각을 구체화하고 발전시키고 표현해 내는 데는 언어가 끼치는 영향이 큽니다. 나아가 아이의 전반적인 두뇌 성장이며 발달, 유치원과 학교로 이어지는 사회생활에서도 언어가 발휘하는 힘은 대단합니다. 요즘 아이의 언어 발달을 화두로 한 교육이 많은 관심을 받는 이유도 그런 맥락에서일 겁니다.

아이와 가장 많은 시간을 보내는 주 양육권자의 언어가 아이의 언어 발달에 영향을 준다는 사실은 모두 알고 있습니다. 그러나 언어적 자극은 단지 말을 잘하고 못하는 발달 차원의 문제만이 아니라 사고의 성장에도 아주 중요합니다. 부모의 말, 그리고 아이와의 언어적 소통을 통해 아이의 생각도 자라게 되는 것이지요. 즉, 부모와 자녀 간에 이뤄지는 대화의 중요성은 단순히 관계적 측면만의 문제가 아닌 겁니다.

대화는 어느 날 갑자기 되는 게 아닙니다. 아이가 말을 못하는 시기에 대화가 안 된다는 이유로 침묵을 지키는 부모였다면 아이 말문이 터진 뒤라고 해서 갑자기 폭발적으로 말 상대가 되어주는 게 쉽지 않습니다. 어쩌다 대응을 해주긴 하겠지만 의무감에서 비롯된 행동이기 쉽습니다. 태어나는 그 순간부터 아이의 발달이 시작이 되듯 언어 또한 마찬가지입니다. 아이가 말을 하지 못하는 유아기부터 시작되는 부모와의 대화가 언어와 생각의 발달을 이끕니다.

안심Touch

앞서 잠시 언급했지만 저는 아이가 전혀 말을 하지 못할 때부터 아이를 상대로 말을 많이 하는 부모였습니다. 아이의 말문이 터지기 전에는 일방적으로 이야기를 많이 했습니다. 아이가 저를 보고 있지 않아도 아이가 보고 있는 방향이나 사물을 소재로 설명을 하거나 느낌을 말하거나 때로는 아이의 입장에서 어떤 생각을 할지 유추해서 말로 꺼내 놓기도 했습니다. '아이에게 언어 자극을 주어야겠다' 마음 먹고 이야기를 꺼내는 순간뿐만 아니라 기저귀를 갈거나 외출 준비를 하는 등 숱한 일상에서도 그 상황에 대해 아이가 듣건 말건 이건 이렇고 저건 저렇고, 말과 행동을 함께 했습니다. 아이는 지속적으로 엄마의 말 자극 속에서 살아온 셈입니다. 아이가 한두 마디를 할 정도가 되면서 아이와 말하는 게 더 재미있어졌습니다. 열 마디 말에 아이가 겨우 한 마디 말로 반응을 하더라도 대화를 이어나갈 에너지는 충분했던 겁니다.

어느 정도 대화가 통하는 시기에는 아이가 말을 많이 할 수 있는 방향으로 대화를 유도했습니다. 제 경험으로는 다섯 살부터 학교에 들어가기 전까지 해당하는 시기입니다. 그 전까지가 주로 엄마의 말을 듣는 시기였다면 스스로 문장을 말하고 기본적인 일상 대화가 가능한 이 시기엔 아이가 말을 하고 싶다고 느끼도록 하는 것이 무엇보다 중요했습니다. 그래서 이때는 물음표를 입에 달고 살았습니다. 설명하던 어투에서 질문하는 어투로 바꾸었죠. 단순하게 사물이 무엇인지 묻는 것부터 아이의 느낌과 생각을 묻는 것까지 해야 할 질문은 주변에 널려 있습니다. 말이 하고 싶은 아이는 해야 할 답을 찾기 위해 적절한 단어를 떠올리고 문장을 만들기 위해 어휘를 찾고 표현하는 방법까지 끊임없이 생각을 할 수밖에 없습니다. 엄마가 생각과 느낌을 묻고 있으니 자기 감정이 무엇이고 어떤 생각을 하는지도 머릿속으로 생각하게 될 테고요.

초등학교에 입학할 때쯤이 되자 우리의 대화도 날개를 달았습니다. 학교,

친구, 책, 가족, 음식, 날씨, 동물 등 대화의 주제로 오르지 못할 것은 아무것도 없었습니다. 꾸준히 말로 자극을 받아온 아이는 이 시기에 비로소 언어와 언어를 통한 표현의 측면에서 독립적이고 자발적인 존재가 돼 있었습니다. 누군가 먼저 말을 걸어주거나 질문하기 전에 먼저 이야기를 시작하고 질문을 던지기도 하며 말하는 즐거움, 대화의 기쁨을 아는 아이가 되어 있었습니다.

초등학교 고학년인 지금의 대화 수준은 어른들의 그것과 다를 바 없습니다. 대화의 주제 또한 더 다양해져서 어린 시절처럼 아주 유치한 농담부터 시작해 사회적 문제에 대한 각자의 생각과 의견에 이르기까지 극과 극을 오가기도 합니다. 학교에서 보내는 시간이 많아져 예전만큼 대화에 쏟을 시간이 부족할 만한 데도 우리는 틈을 놓치지 않고 무슨 말이든 주고받습니다. 말을 주고받는 것이 곧 즐거운 놀이인 동시에 소통이고 때로는 감정의 표현이 되어주는 셈입니다.

아이와의 대화 자체를 즐긴다는 가치는 변함이 없지만 그렇다고 그 안에서 아이에게 줄 수 있는 말의 자극을 고민하지 않는 것은 아닙니다. 오히려 초등 고학년 시기는 할 수 있는 이야기가 많아지므로 다양한 언어 자극이 가능해집니다. 이미 언어적으로 성숙해진 아이에게 제가 던져줄 수 있는 자극은 소재적 측면과 어휘적 측면 정도입니다. 친구와 대화하듯 시종일관 깔깔거리며 대화하다가도 또래 사이에서 좀처럼 하지 않을 대화의 주제를 맥락 사이에 자연스레 끼워 넣는다거나 대화 중에 일부러 어려운 어휘나 적절한 사자성어 등을 활용하기도 합니다. 아이의 호기심을 불러일으켜 다른 생각, 깊은 생각을 해보도록 유도하거나 모르는 어휘에 대해 묻고 알려주고 이해하는 과정을 통해 표현력을 넓히기 위함입니다.

어휘 사용이 풍부해지는 것은 사고와도 관련이 있습니다. 그런데 보통은 일상에서 대화할 때 쓰는 언어가 제한적이지요. 어른이라고 해도 다르지 않습니다. 그래서 전문가들은 독서를 통한 어휘력 학습과 확장이 중요하다고 말합니다. 책 속에는 일상에서 쓰지 않는 다양한 어휘가 등장하고, 또 같은 어휘라해도 일상의 쓰임과 책 속 표현이 달라 주는 자극도 다르기 때문입니다. 그러나 독서보다 1차적으로는 일상에서 대화를 많이 하는 상대, 즉 엄마(부모)의 역할이 절대적입니다. 아이들은 모방을 통해 많은 것을 습득하는데 부모의 언어에 가장 많이, 자주 노출되기 때문이지요.

저희 아이가 잘 쓰는 표현 중에 '태반'이라는 단어가 있습니다. 어느 날 대화 중에 제가 '거의', '대부분'이란 표현 대신 일부러 '태반'이라는 한자어 표현을 썼습니다. 아이는 즉각 그 뜻을 궁금해 했고 저는 의미에 대해 알려주면서 '아이들은 잘 쓰지 않는 고급 어휘'라고 부연 설명을 해주었습니다. 아이는 그 단어가 꽤 흥미로웠던 모양입니다. 그 후로 '거의'라는 표현을 쓸 일이 있을 때면 늘 '태반'이라고 하더라고요. 반드시 어려운 어휘만이 자극을 주는 역할을 할 수 있는 건 아닙니다. 같은 상황에서도 다른 단어를 쓰고 다양한 방식으로 표현해 보는 것만으로 충분히 가능합니다. 아이가 어리다면 이런 방식이 훨씬 효과적입니다.

관련해서 최근 저희 집 풍경을 하나 더 소개하겠습니다. 장래 희망 중 하나가 뮤지션인 아이가 즐겨보는 음악 오디션 프로그램이 있습니다. 참가자가 노래를 할 때 대기실에 있는 또 다른 참가자들의 다양한 반응이 목소리와 자막으로 나오는데 가장 많이 나오는 표현이 '대박', '미쳤다', '찢었다'입니다. 짧고 굵게 '너무 놀람'을 과장되게 표현하는 것이라는 건 알겠는데 자꾸 보다 보니

'왜 다들 매번 똑같이 표현할까'라는 생각이 들었어요. 마침 아이도 방송을 보며 온갖 감탄사를 쏟고 있었기에 아이에게 그런 생각을 말로 꺼내기 좋은 타이밍이었습니다. 그러면서 심사위원 중 매번 천편일률적이지 않고 심지어 시적이면서도 쏙쏙 이해되는 표현으로 심사평을 하는 몇몇 심사위원들의 멘트를 '좋은 예'로 들어 찬사를 표했지요. 그 후 우리 가족은 방송을 보면서 자기만의 '심사평'을 해보기로 했습니다. 참가자의 실력에 대한 평은 물론이고, 각자의 감정까지 구체적이면서도 다양한 어휘를 사용해 표현해 보기로 한 것입니다. 처음엔 어색해 하던 아이가 엄마 아빠가 쏟아내는 평을 들으면서 말을 보태기 시작했습니다. 이제는 방송을 보며 누가 먼저랄 것도 없이 각자의 심사평, 나아가 심사평에 대한 심사평까지 하며 '말잔치'가 벌어집니다. 대화 상황이 아니라 TV를 보는 일상적인 과정에서도 얼마든지 생각을 유도하고 그 생각을 표현하게 할 수 있습니다. 아이가 '재미있는 일'로 받아들일 수만 있다면 아주 훌륭한 자극이 될 수 있습니다.

생각하고 판단하고 표현하며 길러지는 종합사고력

어떤 사물이나 일에 대해 생각하고 표현하는 것은 그 자체로 즐거운 대화이자 동시에 또 다른 생각을 위한 매개가 되어 주지만, 다른 이유에서도 자기 생각과 느낌을 말로 잘 표현하는 일은 상당히 중요합니다. 아이들의 첫 사회생활인 어린이집이나 유치원, 그리고 이후 학교에 들어가게 되면서 맺는 사회적 관계는 다양하고 복잡해집니다. 언제나 자신을 보호해 주던 부모라는 울타리를 벗어나면 예기치 않은 많은 일들이 일어나지요. 친구와의 관계, 선생님

안심Touch

과의 관계에서 크고 작은 일들이 끊임없이 일어납니다. 자신과 주변에 일어나는 일들에 대해 아이는 생각하고 판단하고 또 필요에 따라 본인의 의사를 정확히 표현할 수 있어야만 합니다. 그것만으로 충분한 대처가 되지 않을 때는 부모님에게 도움을 요청하기도 해야 합니다.

또래 관계에서는 그나마 괜찮은데 아이들은 특히 어른을 상대로는 자기 감정이나 의사를 적극적으로 표현하지 못할 때가 많습니다. 보육, 교육 현장의 어른들이 절대적 존재로 느껴지기 때문일 수도 있고, 말 잘 듣는 아이가 착한 아이라는 아주 오래된 프레임을 알게 모르게 학습했기 때문일지도 모릅니다.

우리 아이도 어릴 때 보육 기관에서 '말을 잘 듣는 아이'로 통했습니다. 아이가 4세 때의 일입니다. 어린이집 졸업을 앞두고 상담을 갔을 때, 담임 선생님이 아이를 표현하기를 '선생님들이 정말 좋아할 아이'라며 '유치원에 가도, 초등학교 입학해도 선생님들에게 사랑받는 학생이 될 것'이라고 말씀하셨습니다. 분명 칭찬으로 한 이야기였겠지만 마음이 복잡했습니다. 그 행간에 혹시 아주 조금이라도 '선생님 말씀에 토 달지 않고 순종적으로 잘 따르는 아이'라는 의미가 담겨 있는 것은 아닌가 하는 생각 때문이었습니다.

유치원 5세 반 시절, 이런 일도 있었습니다. 아이를 재우면서 여느 때처럼 책을 읽어주고 있었는데 마침 유치원 생활과 관련된 이야기책이었습니다. 아이는 뭔가가 생각났는지 갑자기 '유치원 선생님이 무섭다'며 이불 속으로 얼굴을 파묻었지요. 유치원에서 어땠는지 물을 때마다 늘 '좋았다'고만 답하던 아이의 입에서 나온 예기치 못한 말에 깜짝 놀라 무슨 일인지 자세히 물었습니다.

상황인즉 이랬습니다. 바닷속 그리기를 했는데 아이가 새 한 마리를 그려

넣자 선생님은 바로 '새는 바닷속에 있으면 안 된다'며 지적을 했다고 합니다. 그것만으로도 아이는 충분히 위축됐을 텐데 그걸로 끝이 아니었습니다. 선생님은 아이를 자기 자리가 아닌 교실 맨 앞 자리, 그것도 책상이 아닌 바닥에 앉게 한 후 선생님 그림을 잘 보면서 따라 그리라고 했다고 합니다. 아이는 그 상황을 자신이 잘못해서 벌을 받은 걸로 인식하고 있었습니다. 무엇이든 마음껏 펼쳐야 할 나이에 어른의 사고와 지식에 맞지 않다고 해서 지적부터 하고 보는 상황을 이해하기 어려웠지만, 그래도 아이 앞에서 선생님을 비판할 수는 없으니 이렇게 말해 주었지요. "바닷속에도 새가 있을 수 있는데? 펭귄 알지? 펭귄도 일종의 새야. 수영도 얼마나 잘하는데! 엄마 생각엔 네가 아주 잘 그린 것 같은데 선생님이 뭔가 헷갈리신 것 같아."

새는 하늘의 동물, 물고기는 바다의 동물, 이런 지식을 알려주고 싶었던 의도가 있었을 겁니다. 하지만 아이에게 왜 그렇게 그렸는지 먼저 생각을 물어본 다음에 선생님 의견을 제시하는 방식만 취했더라도 좋지 않았을까 하는 아쉬움이 들었습니다. 또 한편으론 그런 생각도 들었어요. 선생님이 지적할 때 왜 그렇게 그렸는지 아이가 먼저 자기 의견을 당당하게 말할 수 있었더라면 어땠을까 하고 말입니다.

그 일을 겪으며 어떤 경우라도 상대가 누구라도 자기 의견과 느낌을 정확히 말할 수 있는 아이로 커야 한다는 생각을 절실히 하게 됐습니다. 생각을 하는 것도 중요하지만 그 생각이 머릿속에만 머물지 않고 표현하는 능력도 중요하다는 것을 절감한 것입니다. 아이와 대화가 가능해진 시기부터 아주 사소한 일이라도 아이의 의견을 묻던 습관은 그 이후로 '필요'에 의해 더 강해졌습니다. 외식 메뉴를 고르고 어디에 가고 싶은지와 같은 단답형의 대답이 필요한 질문뿐만 아니라 어른의 판단과 결정이 절대적으로 필요하다고 생각되는 순간에도 아이에게 의견과 생각을 묻고 의견을 취합해 결론을 내리는 방식을 고수했습니다. 그러다 보니 아이는 어떤 상황이 발생했을 때 스스로 '판단'을 하기 위한 생각과 고민을 하고 자기 의사를 전달하는 모든 과정에 익숙합니다.

유치원 그림 사건 이후로도 몇 번의 비슷한 경험을 한 뒤 유치원을 옮기는 게 어떨까 고민이 됐을 때도 아이에게 가장 먼저 물었습니다. 중간에 기관을 옮기는 일은 아주 중요한 일이고, 부모 입장으로서는 물을 것도 없이 옮겨야 하는 충분한 이유가 있었지만, 그래도 아이가 반대 의사를 밝히면 내용을 들어보고 존중할 생각이었습니다. 당시 아이는 "지금 유치원도 나쁘지 않지만 그래도 다른 곳이 더 좋을지도 모르니 옮기고 싶다"며 찬성 의사를 구체적으로 표현했습니다. '지금 유치원 나빠', '다른 데 갈래' 하는 무조건적인 감정 표현이 아니라 왜 그렇게 생각하는지 이유까지 표현하는 것을 보면서 아이에게 묻기를 잘했다는 생각이 들었습니다.

같은 이유로 아이가 학령기가 되고 학습이나 배움이 필요한 상황이 발생했을 때도 늘 아이 의견이 결정하는 데 중요한 근거였습니다. 어쩔 수 없이 아이에게 이런저런 환경을 만들어주고 기회를 제공하는 것은 부모이겠지만 그래도 자기 삶의 주체로 크기를 바라는 마음, 그리고 스스로 원하지 않으면 배움의 가치는 크지 않다는 제 개인의 신념까지 더해진 결과입니다.

어른들은 아이의 생각을 지레짐작하거나 그것이 아이를 위한 길이라는 생각으로 일방적인 결정을 내리는 오류를 범할 때가 많습니다. 이런 습관이 계속되면 아이는 자기 자신의 생각보다 부모 혹은 어른의 생각과 판단에 의지하는 존재로 자랄 수밖에 없습니다. 자기 결정권은 물론 자존감에도 영향을 끼칠 수 있지요. 그러니 묻고 의논하고 합의하는 절차를 거치며 아이가 자기 의견을 자연스럽게 표현하고 또 존중받고 있다는 느낌을 받도록 해야 합니다. 게다가 즉흥적인 감정 기반이 아니라 이유를 토대로 결정을 내린다는 것은 종합적인 사고 과정을 필요로 하는 일인 만큼 아이의 생각을 키우기 위한 방법으로서도 효과적입니다. 대화 끝에 합의에 이르는 과정이 아이에게 알게 모르게 중요한 사회적 기술을 터득하게 하기도 하고요.

지금도 우리 가족은 아이가 뭔가를 새로 시작할 때 반드시 함께 의논하고 결정하는 과정을 거칩니다. 어릴 때부터 의견을 밝히는 데 익숙해진 아이는 어떤 문제가 됐든 분명한 자기 생각을 밝힙니다. 제안하는 사람이 부모라고 해서 무조건적으로 받아들이지 않지요. 자기 주장이나 고집과는 다른 의미입니다. 이유와 근거가 분명한 의견이니까요. 그럼에도 불구하고 아이의 의견을 백퍼센트 수용해 줄 수 없을 때도 많습니다. 그때 우리는 시간이 걸리더라도 서로 의견 차이가 좁혀지는 지점을 목표로 대화하고 의논하고 최선의 합의점을 찾기 위해 노력합니다. 그 상황을 숱하게 겪어본 아이도 자기 생각만을 고집하지 않습니다. 존중을 통해 얻어내는 결과의 의미와 가치를 알기 때문입니다.

Chapter 02

대화를 습관으로 만드는 일상의 모든 방법

부모와 자녀 간에 이뤄지는 대화의 중요성에 대해서는 이미 많은 전문가들이 숱하게 이야기한 바 있습니다. 교육 관련 서적에서도 빠지지 않고 등장하는 주제가 바로 엄마와 아이의 대화입니다. 특히 그중에서도 교육 전문가들이 중요하다고 여기는 때는 언어가 본격적으로 형성되기 이전, 즉 이른 유아기부터 언어가 발달하고 더불어 사고까지 깊어지는 초등학교 저학년까지입니다. 언어 자극에 가장 민감하게 반응하고 또 두뇌 발달이며 정서 함양과 같은 언어가 끼치는 다양한 영향이 이 시기에 집중적으로 이뤄지기 때문이지요. 아이가 언어를 접할 수 있는 여러 환경 중에서도 '엄마'가 단연 첫 번째로 손꼽히는 이유는 가장 친밀한 관계이자 가장 많은 시간을 보내는 상대이며 따뜻한 반응을 통해 아이에게 언어적 자극과 정서적 자극을 함께 줄 수 있기 때문이 아닐까 생각합니다.

"책으로 육아를 배웠어요"라는 고백은 초보 엄마들이 많이들 하는 말입니다. 30대 중반 뒤늦게 엄마가 된 저도 비슷했습니다. 경험치가 전무한 상황에서 책장에 꽂힌 육아 관련 서적들은 그 존재만으로도 필요할 때 언제든 튀어나와 '짠'하고 힘을 발휘해 줄 것만 같았습니다. 당시 책을 보면서 숱하게 밑줄을 긋기도 했지만, "이런 건 다 아는 기본 중의 기본 아니야?"라며 크게 실망한 적도 많았습니다. 책이 아닌 현실을 통해 육아를 배우며 내 아이 성향에 맞춘 저만의 육아 원칙도 생겨났습니다. 그 과정에서 깨달은 게 있습니다. '누구나 다 아는 그 쉬운 부분'이 사실은 가장 어렵다는 것을.

아이와의 대화 역시 그 중요성을 모르지 않지만 문제는 이 당연한 것들이 당연하게 얻어지지 않는다는 사실입니다. 현실에서 아이와의 대화를 잘 이끌어가는 일이 생각만큼 쉽지 않기 때문입니다.

대화에도 적용되는 '1만 시간의 법칙'

대화에 관한 생각과 현실의 괴리가 생기는 이유 중 하나는 '대화'에 대한 인지의 차이에서부터 발생합니다. 주변에 보면 "나는 평소 아이와 대화가 잘 된다"고 하시는 분들도 막상 깊이 들어가면 '대화'가 아닌 일방적인 '말'을 하고 있을 때가 많습니다. 대화를 하는 것과 말을 하는 것은 큰 차이가 있습니다. '나는 어른이고 부모니까 내 말이 옳고 너는 아이니까 내 말을 들어야 해!'라

안심Touch

는 가치관을 기저에 깔고 하는 대화는 대화가 아니지요. 이런 식의 대화를 대화라고 인지하고 있는 부모님들은 어느 순간 '말 잘하던 아이가 갑자기 입을 닫았다'라고 하소연하는 상황에 직면하게 될 겁니다. 정작 깊은 대화가 필요한 순간이 되면 대화를 할 수 없게 되는 것이지요. 차라리 처음부터 대화가 없었다고 인정한다면 후회 혹은 반성이라도 할 텐데 스스로는 잘해왔다고 믿었으니 당황스러운 마음도 충분히 이해됩니다.

반면 아이 입장에서 생각해 볼까요? 아이에게 '따라야 하는 부모의 말', '받아들여야만 하는 부모의 말'은 일종의 지시이지 주고받는 소통이 아닙니다. 이런 대화 상황만을 경험하며 자란 아이라면 어쩌면 '대화' 자체에 대한 잘못된 선입견을 갖게 될 수도 있습니다.

자녀와의 대화법을 거론할 때 강조되는 것 중 하나가 '습관화'입니다. 이에 대해서는 그 누구도 이견을 제시할 수 없습니다. 어느 날 갑자기 '우리 대화하자'라고 마주 앉는다고 해서 대화가 잘될 리 없습니다. 혹시라도 '아이와 대화를 해보려고 몇 번이나 제안하고 시도하고 열심히 노력했는데도 아이가 전혀 대화하려고 하지 않는다'라고 좌절하는 부모님이 계시다면 그동안 아이와 어떤 방식으로 대화를 해왔는지 반드시 자신을 돌아봐야 합니다.

어릴 때부터 부모와 대화하는 습관이 형성되어 있지 않다면 아이에게는 대화 자체가 어려울 수밖에 없습니다. 또 하나 대놓고 '대화하자'라고 멍석부터 까는 부모님이라면 분명 어떤 목적을 가지고 대화하려는 분위기를 강하게 풍기고 있을 것이라는 사실입니다. "네 생각은 어때?"라고 묻고 있을지는 몰라도 아이에게 어떤 '대답'을 강요하는 불편하고 어색한 대화인 것입니다. 아이 입장에서는 지루한 시간, 또 다른 공부 혹은 부모의 교육이라고 여겨질 겁니다. 당연히 마주 앉기는 하는데 제대로 된 대화가 되기 어렵겠지요.

반대로 어릴 때부터 대화가 잘되는 관계는 대화 자체가 일상 속에 스며들어 있습니다. 자신도 모르는 사이 오랫동안 대화가 반복되고 반복되며 저절로 몸에 익은 '습관'이 되는 것입니다. 대화 자체가 강한 습관이 돼 있다면 설령 어떤 이유로 한동안 대화하지 않고 지내는 시기가 있다 하더라도 언제든 다시 상대와 마주 앉을 수 있게 됩니다. 대화가 습관으로 쌓이는 데 들인 오랜 시간 동안 서로 믿음과 신뢰가 형성되기 때문입니다.

'1만 시간의 법칙'이라고 들어보셨을 겁니다. 어떤 분야의 전문가가 되기 위해서는 최소한 1만 시간 정도의 훈련이 필요하다는 법칙으로, 강력한 습관의 힘, 꾸준한 노력의 중요성 등을 설명할 때 자주 등장하곤 합니다. 1만 시간은 매일 3시간을 기준으로 하면 약 10년이, 하루 10시간을 기준으로 하면 3년 정도가 걸리는 시간입니다. 물론 여기서 '1만 시간'이란 상징적인 의미로 그만큼 긴 시간을 의미하지만, 어떤 한 가지 일을 이 정도의 끈기와 열정으로 지속할 수 있다는 것 자체만으로도 박수를 받아 마땅한 일이라는 생각이 듭니다.

이 법칙은 대화 습관에도 그대로 적용할 수 있습니다. 대화에 1만 시간을 들인 아이와 부모의 관계가 어떠할지는 짐작할 것도 없습니다. 그 정도의 시간을 대화에 할애한다는 건 그저 '일상적'이라고 밖에는 설명할 수 없습니다. 목적과 의도를 지닌 '대화'는 보통 길지도 않고 세월이 오래 쌓인다고 해도 절대로 1만 시간에 이를 수 없습니다.

얼마 전 아이와 '1만 시간의 법칙'에 대해 대화를 한 적이 있습니다. 아이에게 개념 설명을 해주면서 우리 둘이 해온 '대화의 시간'을 대략 따져보기로 했습니다. 2021년 11월을 기준으로 아이가 만 11세가 되었으니 대화 시간을 하루 평균 2시간으로만 잡아도 이미 1만 시간에 육박했다는 계산이 나왔습니다.

거기다 주말이나 방학에는 거의 종일 대화가 깔려있다고 해도 과언이 아니니 우리는 이미 1만 시간을 돌파하고도 남았다는 결론에 이르렀지요. 아이가 어릴 때, 말문이 터지기는커녕 언어라는 개념 자체가 없을 때부터 아이 눈을 맞추며 끊임없이 말하고 반응해 주고 소통하던 시간도 대화 시간에 당연히 포함시킨 결과입니다. 내친 김에 요즘은 하루에 몇 시간이나 대화하는지도 가늠해 보았습니다. 아침에 눈 뜨는 순간부터 잠들기 직전까지 틈틈이 대화를 지속하기 때문에 정확히 계산하는 자체가 어려웠지만, 대개 집중적인 대화가 이뤄지는 등하교 시간과 잠들기 전 대화 등을 중심으로 따져 보니 아무리 보수적으로 잡아도 2시간 30분 이상은 족히 되는 것 같았습니다. 아이와 저는 '1만 시간의 법칙에 근거했을 때 우리는 대화의 경지에 이르렀다'는 결론을 내리며 '우리가 어떤 상황에서 무슨 주제로든 대화할 수 있는 이유'가 거기 있다는 훈훈한 자화자찬으로 대화를 마무리했습니다. 제가 늘 "아이의 사춘기가 두렵지 않다"고 자신만만하게 이야기하는 이유도 기본적으로는 대화를 통해 쌓은 신뢰에 있습니다.

대화를 오래 지속할 수 있는 힘은 재미다

아이는 저를 상대로 자신의 온갖 이야기를 들려줍니다. 친구 이야기, TV 프로그램 이야기, 책 이야기, 지금 만들고 있는 게임 스토리며 제가 잘 이해 못하는 분야의 테크니컬한 이야기까지 화제가 끊이지 않습니다. 잘 모르는 분야면 대화가 통하기 어려울 수 있는데 전혀 그렇지 않습니다. 왜냐하면 제가 늘 흥미로운 반응을 보여주기 때문입니다. 심지어 특정 기간 동안에는 엄마에게 학교생활에 대해서 빠짐없이 알려주고 싶어서 메모장에 키워드를 적어오기까지 했습니다. 메모장에 적힌 단어를 보며 그날의 학교생활을 시시콜콜 브리핑하는 아이 덕분에 저는 아이와 아이 주변에서 일어나는 일들에 대해 모르는게 없다고 자부할 정도였습니다. 학교생활에 대한 상담에서도 담임 선생님께서 궁금한 것을 물어보라고 하실 때마다 "이미 다 알고 있어서 없습니다"라고 당당히 말하면 오히려 선생님이 당황하실 정도였지요.

어떤 때는 제가 아이에게 많은 이야기를 해줍니다. 대화라는 게 기브 앤 테이크이긴 해도 반드시 모든 상황에서 50대 50일 수는 없고 그런 강박을 가질 필요도 없습니다. 누구든 할 이야기, 하고 싶은 이야기가 있으면 하고 상대는 잘 들어주면서 소통하면 됩니다. 그러는 중에 질문도 오고 가고 대화 주제도 확장될 수 있습니다.

아이와 제가 '우리는 1만 시간을 넘어 대화의 경지에 이르렀다'고 자부할 수 있는 건 이처럼 일상 속에서 대화하는 것 자체가 강력한 습관이 됐기 때문입니다. 습관이 됐으니 어떤 대화든 잘될 수밖에 없고 또 그러다 보면 그 습관은 더욱 두터워지게 되는 것이지요.

대화를 습관으로 만드는 것과 들이는 시간은 당연히 비례합니다. 습관이란 개념 자체가 반복을 통해 얻어지는 것이니까요. 그런데 우리가 공부나 운동과 같은 것들을 습관으로 만들 때와 대화를 습관으로 만들 때는 분명한 차이가 있습니다. 공부나 운동 등은 목표와 목적을 가지고 매일 얼마만의 시간을 투자해 꾸준히 계획적으로 하는 게 최적의 방법이지만 대화는 그렇지 않습니다. 일단 '습관을 만들어야지' 하는 목적을 머릿속에 집어넣고 매번 의식적으로 하는 순간 실패하기 쉬워집니다. 왜 그럴까요? 즐겁지 않기 때문입니다.

즐거움이란 오래 지속할 수 있는 가장 큰 힘입니다. 게다가 같은 시간을 투자해도 즐겁게 하면 효과가 배가되니 꾸준함에 즐거움이 더해지면 그야말로 강력한 무기가 되는 셈입니다. 공부나 운동은 즐겁지 않더라도 목표 하나에 의지해 습관을 만들어갈 수 있는 반면 대화는 그럴 수 없습니다. 백 번 양보해 노력만으로 대화 습관을 만들었다고 해도 우리가 대화를 통해 기대하는 것들을 얻기는 어렵습니다. 이런 대화 습관은 위태로워서 언제든 문이 닫혀도 이상할 게 없습니다. 그렇기 때문에 아이와의 대화는 무조건 즐거운 것이어야 합니다. 그래야 습관으로 만들 수 있고 자발적 대화가 가능해집니다. 그런데 여기서 말하는 '즐거움'을 단지 재미있고 유머러스한 것만으로 오해해서는 안 됩니다. 대화의 본질적인 즐거움은 깊이에서 나옵니다. 서로 마음의 문을 열고 진심으로 소통하는 매개로서의 대화가 즐거운 대화이지요.

제 경우, 아이가 유아기였을 때 가장 단순하게는 선택권을 주는 질문부터 생각이나 의견을 묻는 것으로 대화 습관의 기초를 쌓았다면, 초등학교에 입학하면서부터는 본격적으로 대화의 즐거움을 깨닫게 하는 시기가 돼 주었습니다. '어떻게 하면 이 대화를 재미있게 이끌어갈 수 있을까' 하는 의식 자체를 하지 않고 이런 소재 저런 소재를 투척하며 대화를 즐거운 놀이로 만들었습니다. 대화할 수 있는 모든 시간에 어떤 소재나 주제로든 때론 짧게 때론 길게 대화하기를 주저하지 않았는데 비교적 긴 대화가 오고 갈 수 있는 상황에서 아이는 대화에 빠져들며 흥미로워했습니다.

저는 아이의 등하교 시간을 십분 활용했습니다. 유치원에 다닐 때까지만 해도 유치원 버스를 타고 다니느라 긴 대화를 할 틈이 없었는데, 학교에 다니기 시작한 후 도보로 통학하면서 주기적으로 대화할 수 있는 시간이 확보된 것입니다. 학교까지 가는 시간이 길어야 15분이었지만 그 정도 시간이면 충분했습니다. 길을 가다 마주치는 풍경이며 날씨, 색깔, 오고 가는 사람들, 학교생활, 친구, 가족, 그날 아침 일어난 일 등 할 수 있는 이야기는 너무 많았지요. 하늘에 떠 있는 구름 모양 하나만 가지고도 15분은 모자랐고, 저 멀리 눈물을 훌쩍거리며 걸어가는 다른 아이를 보게 되면 "왜 우는 걸까?"라는 질문 하나로 15분은 훌쩍 지나갔습니다.

아이가 커가면서 대화의 소재는 조금 달라졌겠지만, 이런 습관은 5년째 계속되고 있습니다. 지금 다니는 학교까지 가는 데 길어야 20~25분이 걸리지만 등하교를 합치면 무려 40~50분이라는 엄청난 시간이니 이 시간 동안 대화를 통한 수많은 역사가 일어나기에 충분합니다. 자동차 안이라는 환경은 오롯이 둘이서만 이야기할 수 있다는 장점이 있어서 서로의 대화에 더 집중하게 만들었습니다. 딱히 '오늘 어떤 이야기를 해야지'라고 작정같은 것을 할 필요도 없었지요. 가끔 아이가 먼저 대화 주제를 던질 때도 있지만 주로 아침 등교할 때 대화는 제가 먼저 이끄는 편입니다. 어떤 날은 전날 꾼 꿈 이야기로 시작했고, 어떤 날은 그날 있을 학교 행사 이야기도 하며 또 어떤 날은 아이의 걱정거리를 눈치채고 마음을 풀어주는 대화를 시도하기도 했습니다. 그러려면 그날그날 아이의 기분이 어떤지 오늘 무슨 일정이 예고돼 있는지 등을 파악할 필요가 있습니다. 아이가 말하지 않아도 미리 마음 상태를 짐작하고 대화를 이끌어가면 효과가 배가되기 때문입니다.

경우에 따라서는 아무것도 모르는 척 하면서 하고 싶은 말을 전달하기 위한 의도된 대화를 할 때도 있습니다. 아무리 아이라고 해도 하고 싶지 않은 이야기도 있을 수 있습니다. 대화가 일상이고 습관이 돼 있어도 굳이 자기 감정을 솔직하게 드러내고 싶지 않은 순간도 있을 테고요. 그때는 그 마음을 지켜주면서 보듬어주는 대화의 기술도 필요합니다.

저 또한 아이의 자존심을 지켜줘야 할 필요가 있거나 감정을 최대한 건드리지 않는 게 좋겠다고 판단될 때, 때론 훈계가 필요하지만 훈계가 아닌 방식으로 하고 싶을 때, 하고 싶은 말을 하기 위해 화제를 에둘러 시작하는 방식을 시도하곤 합니다. 그럴 때 아이는 "엄마가 그걸 어떻게 알았어?" 하고 놀라거나 "사실 이런 일이 있었는데…" 하고 속내를 드러냅니다. 아니면 말로 하지는 않지만 표정만 봐도 '마음속에 맺혀 있던 게 어느 정도 풀렸구나' 알 수 있는 순간도 있고요. 재미있고 유쾌한 대화로 아이의 기분을 좋게 해주는 것도 좋지만 엄마와의 대화가 가지는 강력한 힘은 바로 이런 순간에 발휘된다고 생각합니다.

이런 일이 있었습니다. 아이가 4학년일 때 방과 후 축구 수업을 함께 받고 있는 3학년 남자 아이가 지속적으로 아이에게 비난의 말을 하면서 상처를 준 적이 있습니다. 어느 날 또 같은 일이 일어났습니다. 학교 수업을 마치고 돌아오는 차 안에서 아이는 그날 그 아이가 했던 말들을 전달했습니다. 같은 팀이 돼 경기를 치르다 아이가 실수하거나 하면 "너 때문에 졌다"느니 "축구도 못하면서 도대체 축구반에는 왜 들어온 것이냐"면서 큰 목소리로 공개적으로 망신을 줬다고 했습니다. 그 상황을 전하는 아이는 풀이 죽어 있었고 그렇게 좋아하던 축구가 싫어진다고까지 했습니다. 어떤 위로의 말을 해줘야 할지 한참을 망설이던 저는 이렇게 반응했습니다. "그랬구나. 그런데 그 아이는 정말 너무 안타깝다. 같이 축구하는 다른 친구들이 다들 안 좋아한다고 그랬지? 왜 그런 식으로 말하고 행동해서 다른 친구들이 자기를 싫어하게 만들까? 학교에서 많은 시간을 친구들과 보내는데 좋아해 주는 친구가 없으니 그 아이는 너무 안됐어." 비난 받아 화가 나는 나에서 비난해서 안타까운 너로 포인트를 옮기는 대화를 한 것이지요. 아이는 그 말끝에 별다른 대꾸를 하지 않았습니다. 엄마가 함께 화를 내주지 않아서 기분이 상했을지도 모르지만, 저는 그 침묵을 '공감'으로 받아들였습니다. 그날의 대화는 결과적으로 아이가 다시 같은 상황을 겪더라도 상처받는 대신 쿨하게 넘길 수 있는 힘을 주었습니다.

엄마와의 대화를 통해 유쾌한 경험을 했거나 위로를 받았거나 답을 찾은 경험이 있는, 다시 말해 깊이 있는 대화의 즐거움을 알게 된 아이는 살면서 꾸준히 먼저 대화를 청해 올 겁니다. 무슨 주제가 됐든 대화하는 자체를 즐거워하는 저희 아이는 "우리 뭐하고 놀까?"라는 질문 끝에 "대화할까?"라고 답할 때가 종종 있습니다. 일상에서 틈틈이 하는 대화 말고 본격적인 깊은 대화를 하자는 얘긴데, 아이에게 대화란 즐거운 놀이 그 자체라는 증거입니다.

대화 속 주인공은 아이여야 한다

아이가 대화를 즐겁게 받아들이기 위해서는 어떤 소재와 주제를 택하느냐가 중요합니다. 아이 입장에서 전혀 흥미롭지 않거나 관심 밖의 얘기라면 그저 지루한 시간이 될 수밖에 없을 테니까요. 아이들은 대체로 자기 중심적인 이야기를 좋아합니다. 여기서 '자기 중심적'이란 이기적이라는 뜻이 아니라, 아이를 그 중심에 두고 진행되어야 한다는 뜻입니다.

아이를 중심에 둔 대화, 그것이 즐겁게 대화하는 방식이자 지속 가능한 대화의 핵심입니다. 아이의 세계관이 자신으로부터 주변으로, 더 넓은 세상으로 확장되고, 어떤 상황 어떤 주제로든 기꺼이 대화할 수 있을 만큼 강력한 습관이 되기 전까지는 대화 사체에 대한 흥미 유발을 위해 이러한 기조를 유지할

안심Touch

필요가 있습니다. 대화 테이블에 마주 앉을 때 부모와 자녀는 동상이몽이기 쉽습니다. 부모가 듣고 싶은 이야기와 아이가 하고 싶은 이야기가 다를 수 있는 것이지요. 대화 습관이 형성되고 아이로부터 이야기를 끌어내는 자신만의 기술을 터득한 다음에는 어떤 화제로 시작하든 원하는 방향으로 끌고 갈 수 있지만, 대화 자체가 익숙하지 않은 상황이라면 서로 기분만 상하고 끝날 수도 있습니다.

아이 친구 엄마 중에 저희 아이가 저에게 시시콜콜 이야기를 잘해 준다며 부러워하던 이가 있었습니다. 학교에서 일어나는 일의 대부분을 저에게 전해 들을 때마다 '같은 학교 같은 반에서 지내는데 어떻게 이렇게 정보 차이가 심하느냐'며 과묵한 아이에게 서운함을 표기하기도 했습니다. 저는 아이의 마음이 가장 말랑말랑해지는 때가 언제인지 생각해 보고 그때를 공략해서 부드럽게 대화를 시도해 보라고 조언했습니다. 며칠 뒤 전해 들은 바로는 시작은 좋았으나 끝내 언성을 높이고 끝났다고 했습니다.

전말은 이러했습니다. 좋아하는 간식을 먹고 기분이 좋아진 아이를 보며 '이때다' 싶었던 엄마는 앞에 마주 앉아 학교생활에 대해 이런저런 질문을 했다고 합니다. 엄마의 질문 공세를 당하던 아이는 결국 "엄마, 자꾸 그렇게 질문하면 나 이제 앞으로 한마디도 안 해준다"라며 엄마 마음을 상하게 했던 모양입니다. 그 말을 듣고 감정이 상한 엄마는 "그래, 치사하다, 하지마!" 하고 자리를 박차고 일어났다고 했습니다.

처음에 아이가 평소답지 않게 이런저런 이야기를 해줬다는 걸 보면 대화의 물꼬를 트는 데는 성공적이었던 것으로 보입니다. 대화가 지속될 수 없었던 이유는 엄마가 듣고 싶은 이야기와 아이가 하고 싶은 이야기가 달라서였을 겁니다. 엄마 입장에서는 그간 듣지 못한 학교생활을 알고 싶다는 마음에 질문을 이어나갔겠지만 정작 아이에겐 본인의 관심사가 아니었을 수 있습니다. 엄마의 호기심과 궁금증을 채워주는 대화보다는 자신이 좋아하는 취미, 놀이 등에 대해 말하고 싶었을지 모릅니다. 어쩌면 엄마가 어떤 의도를 가지고 일부러 대화를 시도한다는 느낌을 받아 마음이 온전히 열리지 않았을 수도 있습니다.

아이가 이야기하고 싶어하는 화제를 중심으로 대화를 시작하고 끌어가야 하는 이유가 여기에 있습니다. 아이가 원하는 대화의 주제가 설령 부모 입장에서는 그다지 궁금한 것들이 아닐 수 있습니다. 그렇다 해도 말끝마다 반응해 주고 눈빛을 반짝거리며 관심을 보이면 아마 아이는 더 신이 나서 말하고 싶어질 겁니다.

그런 맥락에서, 아이와 대화할 때 부모는 어느 정도 연기를 할 필요도 있습니다. 재미가 없어도 많이 웃어주고 깜짝 놀랄 만한 일이 아니어도 놀라는 척해주고 아이가 무심한 척 이야기해도 과한 칭찬이 필요한 법입니다. 별로 웃기지 않는 일에도 박장대소하는 저를 보면서 저희 아이는 가끔 물을 때가 있어요. "내 말이 그렇게 웃겨?" 저는 대답합니다. "당연하지. 엄청 웃겨. 너는 말을 참 재미있게 잘하는 것 같아. 너랑 대화하는 게 너무 즐거워."

아이를 중심에 둔 대화라고 해서 모든 소재가 아이로부터 비롯되는 것은 아닙니다. 대화가 일상이 되다 보면 주위의 온갖 것들을 다 소재로 삼게 됩니다. 그러나 이런 경우에도 대화는 아이를 중심으로 흘러가야 지속할 수 있습니다.

간단하게 한 가지 예를 더 들어보겠습니다. 흔히 날씨 이야기를 한다 해도 날씨 자체나 기상 현상이 주인공이 되는 게 아니라 아이의 행동, 느낌, 상상, 기대와 같은 것들이 대화를 끌어가는 주축이 되어야 합니다. 갑자기 폭설이 내린 상황에 대화한다고 가정해 볼까요? 이때 예고도 없이 눈이 많이 오는 현상, 올 겨울 날씨, 꽁꽁 언 도로에 대한 걱정 등으로 대화하는 것이 아니라, 예고 없이 눈이 많이 오는 것에 대한 '아이의 반응', ' 아이가 좋아하는' 겨울 날씨, 눈 쌓인 길로 나가 '하고 싶은 것' 등이 대화에 올라야 하는 것입니다. 전자의 경우라면 엄마의 혼잣말로 끝날 수 있지만 후자의 경우는 대화가 무한 대로 뻗어나갈 수 있지요. 아이 입장에서 말이 하고 싶어지는 상황인 것입니다. 그러다 보면 어느 겨울날의 행복했던 경험 혹은 눈 때문에 고생했던 기억이 튀어나올 수도 있고 아예 맥락을 바꿔 기후변화와 같은 환경 이야기로 전환될 수도 있는 것입니다.

무조건 "안 돼"라고 말하면 대화는 닫힌다

아이 중심의 주제로 대화하려면 부모는 아이를 끊임없이 관찰해야 합니다. 요즘 좋아하는 게 무엇인지, 어떤 친구와 친하게 지내는지, 관심을 갖는 분야는 무엇인지, 어떤 상황에서 잘 웃고 반대로 어떤 상황에서 힘들어하는지 일상 속에서 지켜보며 마음에 저장해 두어야 합니다. "너 요즘 ○○ 좋아하는 것 같던데?"라고 지나가는 말로 한마디만 툭 던져도 아이는 눈빛이 달라집니다. 대화하기 좋은 타이밍이 되는 것입니다.

'친구 같은 부모'는 모든 부모님들의 바람입니다. 그런데 막상 대화할 때 지극히 어른의 관점과 입장만 고수한다면 '친구'가 되기 어렵습니다. 아이들이 가장 대화를 많이 하고 쉽고 편안하게 풀어놓는 상대가 친구인 이유는 관심사가 같고 같은 눈높이에서 반응해 주기 때문일 겁니다. 아이와 친구처럼 지내고 싶다면 내 아이의 관심사에 대해서 끊임없이 공부하고 연구해야 합니다.

아이가 대화 소재를 제공하기를 기다리지만 말고 엄마가 먼저 타이밍을 만들어가야 하는 것입니다.

나의 관심사도 아니고 잘 모르는 분야라 할지라도 아이가 좋아하고 흥미를 느끼는 것이라면 일부러 관심을 가져야 합니다. 주변에 아이돌에 대해서 꿰고 있는 부모님 한 분이 있었습니다. 특정 시기 이후 아이돌 그룹 이름이나 노래조차도 잘 모르는 저와 달리, 심지어 나이가 저보다 한참 많은 그분은 멤버들 각각의 특징들까지 모르는 게 없었습니다. 그분에게는 초등학교 고학년과 중학생인 두 명의 아들이 있었는데 아이들이 한창 K팝과 아이돌 그룹에 빠져있다고 했습니다. 아이들 대화가 마치 외계어처럼 들리던 엄마 입장에서는 그 대화에 끼려면 알아야 한다고 생각했다고 합니다. 처음에는 대화를 위해 공부를 하는 심정이었지만 나중에는 저절로 좋아지는 단계까지 이르게 됐다고 합니다. 이후 세 모자 간에 얼마나 대화가 잘됐을지는 물어보나마나입니다. 아이들의 관심사가 다른 데로 옮겨가면 그 어머니는 다시 공부하기를 주저하지 않을 겁니다.

저 또한 비슷한 경험이 있습니다. 중고등학생 시절에 듣던 올드팝 이후 팝 음악에 대해 관심이 전무했던 저는 아이의 관심사를 공유하기 위해 팝에 관심을 갖기 시작했습니다. 10살이 막 되자마자 특정 계기로 팝 음악에 마음을 홀딱 빼앗긴 아이는 이후 음악이라곤 오직 팝만 들었습니다. 그때까지 주로 접했던 클래식 음악은 마음속에서 자리를 잃었고, 팝 가수며 빌보드 차트 인기곡을 줄줄이 꿰고 있을 정도였습니다. 자신이 좋아하는 곡을 들어보라고 추천하기도 하고 그 아티스트에 대한 스토리와 곡에 얽힌 이야기까지 시시콜콜 들려주며 엄마가 함께 들어주기를, 관심 가져주기를 유도했지요.

못마땅한 구석이 없었다면 거짓말입니다. 팝에 빠져들던 초창기, 말 그대로 밥만 먹으면 음악을 검색하고 듣는 데 여가 시간을 거의 다 쏟았으니까요. 아침에 일어나 책부터 집어 들던 아이가 음악부터 틀어대고 책 보는 시간이 자연스레 줄어드니 걱정이 이만저만 아니었습니다. 제발 다른 데도 관심을 보이며 균형감을 유지하면 좋겠다는 바람이 간절했지만 아이를 말릴 수가 없었습니다. 팝이라는 새로운 세계를 발견한 그 순간 아이 눈빛이 얼마나 반짝거렸는지를 기억하고 있었기 때문입니다. 얼마나 좋으면 저럴까 싶어 일단 아이가 하고 싶은 대로 내버려두고 대신 옆에서 귀를 기울이기로 했습니다. 듣고 나서 감상평을 물어오면 나름대로 성실하게 답을 해주기도 했고, 아이가 궁금한 게 있으면 함께 검색을 하며 알아보기도 했습니다. 서점에 갈 때마다 책과 함께 아이가 좋아하는 CD도 고를 수 있게 해줬습니다.

놀랍게도 어느 순간 아이만큼이나 팝을 좋아하는 제가 보였습니다. 아이에게 요즘 어떤 곡이 좋은지 먼저 추천을 부탁하기도 했습니다. 라디오에서 공통적으로 좋아하는 노래가 나오면 아는 대로 힘껏 따라 부르기도 했고, 영어 발음이 잘 들리지 않아 콩글리쉬로 대처하는 저를 보면서 아이가 박장대소하기도 했습니다. 코로나19로 인해 학교도 가지 못하고 집 안에서 우울한 날들을 보낼 때도 저희 집 공식 디제이(DJ)인 아이의 신나는 음악 선곡에 맞춰 말도 안 되는 댄스를 함께 추며 우리만의 즐거움을 찾기도 했지요.

아이는 엄마가 진심으로 자신이 좋아하는 일에 관심을 가져주고 함께 해주려고 노력한다는 사실을 잘 알고 있습니다. 그게 음악만이 아니라 코딩이 됐든 게임이 됐든 애니메이션이 됐든 또 다른 관심사가 생길 때마다 무조건 어른의 머릿속 잣대로 판단해서 말하지 않는다는 것을 알고 있지요. 그래서 모든 것을 있는 그대로 오픈하고 때로는 의견을 구합니다. 잘 모르는 분야라서 조언을 해줄 수 없는 상황이더라도 저는 "난 몰라"라거나 "네가 알아서 해"라고 말하지 않습니다. 대신 "엄마가 한번 알아보고 나중에 이야기해 줄게"라고 말하지요. 그러면 아이는 기다립니다. 엄마가 그저 시간을 벌기 위해서라거나 귀찮아서 말만 그러는 게 아니라 약속을 지킬 것이라는 사실을 알기 때문입니다.

팝에 빠져든 이후 비슷한 일이 반복될 때마다 저는 당장 "하지 마"라고 하는 대신 먼저 지켜보고 관심을 가졌습니다. 정말 말려야 하는 순간이 올지도 모르지만 아무것도 모른 채로 무작정 반대부터 하기보다 제대로 알고 나면 대화를 통해 슬기롭게 해결할 수 있을 것이라는 믿음이 생겼기 때문입니다. 어쩌면 좋지 않다, 나쁘다라고 생각했던 판단이 알고보니 틀렸을 수도 있고요.

대표적으로 게임이 그렇습니다. 코딩을 배우기 시작하면서 아이는 자연스레 게임에 입문했습니다. 그런데 코딩을 통해 직접 만든 게임을 하는 것은 괜찮다고 생각했지만, 다른 게임까지 접하게 된 것은 심히 염려가 됐습니다. 아이는 '게임을 만들기 위해서는 게임을 알아야 한다'는 논리를 펼쳤는데 아무리 생각해도 고작 10살 나이에 온라인 게임을 시작하는 것은 빨라도 너무 빠르다는 생각을 떨칠 수가 없었습니다. 주변에서 숱하게 들었던 '게임에 빠진 아이들' 사례가 내 아이의 이야기가 되는 것은 아닌지 걱정이 끊이지 않았지요.

어떤 일에든 무조건 "안 돼"라고 말하지 않는 엄마에 대해 잘 알고 있던 아이는 먼저 자신이 하고 있는 게임은 무엇인지, 내용이 어떠한지, 친구들 사이에 얼마나 인기가 많은지, 어떤 시스템으로 작동되는지까지 자세히 알려주고 보여주며 끊임없이 게임을 소재로 대화를 시도했습니다. 내용을 구체적으로 확인하고 나니 걱정이 덜 되었습니다. 저는 게임의 룰이나 장치 중에 신박한 내용이 있으면 오히려 감탄하고 더 잘해보라고 격려하는 등 일부러 긍정적 반응을 취하기도 했습니다. 어떤 때는 옆에 앉아 게임하는 것을 지켜보며 과몰입한 듯 훈수를 두거나 코멘트를 하기도 했고요. 그럴 때면 아이는 평소보다 더 신이 났습니다. 엄마와 함께 게임을 하고 있다는 기분이 들었을 겁니다. 평소 엄마의 태도를 잘 아는 아이는 어쩌다 제가 게임 시간이 길어진다고 야단을 치거나 스스로 통제할 수 있는 능력을 길러야 한다고 목소리 톤을 높여 이야기해도 반박은커녕 반성하고 잘 받아들입니다. 엄마가 그럴 때는 그럴 만한 이유가 있다고, 타당하다고 여기기 때문입니다. 만일 잘 알지도 못하면서 무턱대고 '게임은 나쁜 거야. 절대 안 돼'라고 했다면 어떻게 됐을까요. 아이가 완전히 수긍하며 포기했을까요. 엄마가 허락하는 나이가 될 때까지 게임을 쳐다보지도 않고 지냈을까요. 아니, 게임만이 아니라 이후 비슷한 상황이 생기면 먼저 터놓고 이야기를 하고 싶었을까요.

게임의 경우처럼 부모 입장에서는 충분히 걱정할 만한 측면이 있는 분야라면 더더욱 공통의 관심사로 만들기 위한 노력이 필요하다고 생각합니다. 정확히 모르고 지적만 하는 건 아이 입장에서는 받아들이기 어려울 수 있을 겁니다. 타당한 근거도 없이 부모의 말에 설득당하지도 않겠지요. 마지못해 부모의 말을 받아들일 수는 있지만 일시적일 겁니다. 함께 즐기는 상황까지는 가기 어렵더라도 적어도 관심을 갖고 노력해야 아이와 비로소 대화가 가능하고 필요할 때 적절한 조언도 할 수 있게 됩니다.

아이를 관찰하면서 관심사와 흥미를 발견하고 또 모르는 분야에 대해 공부하는 태도는 아이와의 대화를 끌어가기 위한 것이기도 하지만 부모의 관심과 애정을 드러내는 수단이기도 합니다. 부모가 늘 나를 애정 어린 시선으로 지켜보며 지지하고 함께 해준다는 사실을 알고 있는 아이는 자라는 동안 부모를 마음 깊이 의지하고 신뢰하게 되겠지요.

아이들은 많은 경험을 통해 성장해 나갑니다. 그 경험이 모두 좋을 수만은 없습니다. 부모 입장에서는 나쁜 것은 철저히 차단하고 좋은 것만 주고 싶겠지만 그럴 수 없습니다. 아니, 그 판단 자체가 늘 옳다고 자신할 수 없습니다. 어떤 경험이 되었든 다양한 것들을 접하는 사이 아이들은 자신의 세계를 넓혀가게 되고 나아가 미래에 대한 생각도 많아질 겁니다. 그 과정에서 자기 자신에 대한 질문과 고민이 끊임없이 일어나게 될 테고요. 이 시기에 부모님과 늘 터놓고 대화할 수 있다면, 그 대화가 아이에게 힘을 주고 최선의 판단을 위한 에너지가 되어줄 수 있다면 그보다 더 좋을 수는 없을 겁니다.

대화에도 티피오(TPO)가 있다

아이의 관심사를 함께 공유하고 존중해 주는 일이 늘 아름다운 결론으로 이어지지 않을 수도 있습니다. 좁혀지지 않는 의견 차이가 대화를 통해 잘 해결되면 좋은데 그렇지 못하고 결국 단호한 태도가 필요할 때도 있습니다. 안타깝게도 야단을 치는 것으로 상황을 끝내게 될 때도 있지요.

'야단 한 번 안 치고 아이를 키웠다'고 하는 경우도 듣긴 했는데, 육아를 하다 보면 아이를 야단쳐야 하는 상황이 숱하게 벌어지는 게 보편적입니다. 평소 대화가 잘되는 것과는 별개의 문제입니다. 그런데 아이를 혼내고 훈계하는 일은 그 행위를 하는 어른에게도 스트레스이고 에너지가 소모되는 일이라 가능한 횟수를 줄이는 게 서로에게 좋습니다. 효과적인 측면을 따져도 두말하면 잔소리입니다. 그러려면 언제 어떤 방식으로 야단을 칠 것인가를 전략적으로 생각해 볼 필요가 있습니다. 물론 상황에 따라 그 순간을 피하지 말아야 할 경우도 분명 있습니다. 전략을 생각하다 때를 놓치면 아이가 심각성을 인지하지 못할 수도 있으니까요. 다만 촌각을 다투는 문제가 아니라면 가장 적절한 타이밍이 언제일지 고민하는 게 좋습니다. 서로의 관계를 해치지 않으면서 전달력을 강하게 하려면 훈계는 짧고 굵을수록 좋다는 생각입니다.

저는 즉각적으로 야단을 칠 필요가 있지 않다면, 평소 하고 싶은 훈계 등은 마음속에 담아두었다가 아이와 사이가 가장 좋은 순간, 차분한 상황에서 꺼내는 편입니다. "○○에 대해서 생각해 봤는데 말이야", "사실 엄마가 이 얘기는 꼭 하고 넘어가야 할 것 같아"하며 오랫동안 고민하고 생각한 결과라는 점을 알려주는 식입니다. 감정적으로 안정감 있는 상태에서 하는 이런 식의 말들은 대부분 아이가 잘 받아들입니다. 즉흥적, 감정적으로 대응하는 것이 아닌, 진정성 있는 엄마의 태도가 아이의 눈에도 보이는 것입니다. 혹시라도 아이가 기분 나쁠 수 있는 지적일 때는 목소리 톤을 더 따뜻하게 신경써서 합니다. 이런 이야기를 하는 까닭은 '너를 진심으로 걱정하고 사랑하기 때문'이라는 의도를 아이가 진심으로 받아들일 수 있도록 하기 위함입니다.

이렇듯 아이와 하는 모든 대화에도 티피오(TPO)가 있습니다. 시간(Time), 장소(Place), 상황(Occasion)을 뜻하는 티피오(TPO)는 옷을 입는 기본 원칙을 나타낸 패션용어이지만, 대화의 맥락에도 그대로 활용됩니다. 위에서 이야기한 훈계나 야단을 쳐야 하는 무거운 '목적'을 가진 대화라면 더더욱 그렇습니다. 상대에 대한 배려 없이 할 말이 있다고 하고 싶을 때 불쑥 내뱉는 것은 효과도 없고 서로 감정만 나빠질 뿐입니다. 입장을 바꿔 생각하면 쉽게 이해가 갑니다. 직장 상사가 생각나는 대로 자기 할 말을 쏟아내면 듣는 사람이 얼마나 황당할까요. 그런 상황에서라면 아무리 애정 어린 말을 해준다고 해도 고맙게 받아들이기 어렵습니다. 훌륭한 리더라면 당연히 '언제', '어디에서', '어떤 상황'에서 말하는 게 좋을지를 먼저 고민할 겁니다. 그리고 화법에 대해서도 세심하게 신경을 쓰겠지요. 상대에 대한 배려인 동시에 같은 말도 효과적으로 잘하는 능력인 것입니다.

저는 아이와 대화할 때 티피오를 꽤 신경씁니다. 물론 생활 속에서 틈틈이 하는 모든 대화까지 그럴 수는 없습니다. 하지만 훈계나 조언 같은 특별한 목적을 가진 대화가 필요할 때나, 일상에서 집중적인 대화가 가능한 때는 보다 효과적인 대화를 위한 시간과 장소, 상황에 따라 '하면 좋은 말'과 '하지 않을 말'을 가리고 고민하는 편입니다.

제 경우, 아이와 매일 고정적으로 집중적인 대화가 가능한 시간은 아침과 오후 등하교하는 시간과 잠들기 전 잠자리에서의 대화 등입니다. 늦잠을 잘 수 있는 주말 아침에는 침대에서 뒹굴거리며 한참 수다 떠는 시간도 가집니다. 밥상머리에서 대화가 오갈 때도 있습니다.

이렇게 아이가 온전히 대화에 집중하고 있는 시간에는 하고 싶은 말을 하기에 최적의 타이밍입니다. 하지만 아이 마음의 편안한 상태를 해치지 않도록 목소리 톤을 부드럽게 하고 화법에 신경을 쓸 필요가 있습니다. 아이의 반응을 살펴가면서 하려던 말을 더 깊이 있게 진행할지 말지 결정하는 순발력도 필요하고요.

되도록 하루를 여는 아침 등굣길에는 심각한 이야기보다 기분을 좋게 하는 화제들을 꺼내는 편입니다. 아이의 학교 가는 길이 밝고 경쾌했으면 좋겠단 생각에 웃을 수 있는 대화들을 유도하려고 하지요. 시간상 이야기의 깊이는 제한적일 수 있지만 소재는 무궁무진합니다. 창밖을 통해 보이는 풍경들, 심

안심Touch

지어 돌멩이 하나, 날벌레 한 마리도 명랑하게 아침을 열기 위한 가벼운 화젯거리로는 충분합니다. 어떤 화두로 시작하든 결론적으로는 기분 좋은 하루, 희망찬 하루, 즐거운 시작, 기대와 설렘 등을 채워주기 위한 방향성을 유지합니다. 맥락상 논리적일 필요는 없습니다. 한두 번 크게 웃을 수 있는 대화라면 더 좋고 아이가 살며시 미소만 지어줘도 아침 대화로는 성공적입니다.

하루는 학교 가는 길에 분뇨 수거차 몇 대를 연속으로 본 적이 있습니다. 별 것도 아니지만 저는 상황을 만들어냈습니다. "와, 오늘 뭔가 운이 좋을 건가 봐. 엄마 어렸을 때 똥차를 보면 재수가 좋다는 말이 있었거든. 오늘 몇 대나 본거야? 기대해 봐. 오늘 좋은 일이 있을지도 몰라." 우리 서로 그게 말이 안 된다는 것을 알고 있지만, 아이는 토를 달지 않았습니다. 엄마의 목소리 톤이 들떠 있었으므로 어쩌면 '진짜 그럴지도 몰라'라면서 슬그머니 마음속으로 어떤 기대를 품었을지도 모릅니다. 그날의 대화는 결국 저의 어린 시절 이야기로까지 확장됐습니다.

아침 대화라고 항상 가벼운 톤만을 유지하는 건 아닙니다. 그날 학교에서 중요한 일정이 있거나 그로 인해 아이 표정에서 걱정스런 마음이 읽히는 등 때에 따라서는 아침이라도 무거운 주제로 대화하곤 합니다. 그럴 땐 아이 마음을 달래주고 긴장을 풀어주기 위한 방향으로 이야기를 끌어갑니다. 아이 마음을 먼저 읽고 격려와 지지로 용기를 주면 그 대화만으로 아이는 무엇이든 겪어도 괜찮다는 마음가짐을 갖게 되었습니다. 그리고 결국 "걱정했는데 막상 별 게 아니었어"라며 잘 이겨내곤 했지요. 아침의 대화가 주로 엄마가 이야기를 주도하고 이끌며 아이의 행복한 하루를 열어주는 시간이라면, 하교 때는 아이가 수다를 떨 수 있도록 장을 만들어주는 시간입니다. 아이는 차에 타는 순간부터 시작해 집에 도착할 때까지 그날 학교에서 있었던 아주 사소한 일들까지 빼놓지 않고 이야기해 줍니다. 선생님 이야기, 친구 이야기, 그날 먹은 급식 이야기, 수업 시간 중의 크고 작은 에피소드까지 신이 나서 이야기합니다.

사실 유치원이든 학교든 매일 반복되는 일상이기 쉽습니다. 부모님들이 궁금한 마음에 "오늘 뭐했어?"라고 물을 때 대부분의 아이들은 '좋았어' 혹은 '재미있었어'라는 단답형으로 끝내고 말지요. 말을 하기 싫어서가 아닙니다. 아이에겐 매일 같은 일상이니 특별히 전해야 할 일이 없다고 생각하는 겁니다. 그런데 저희 아이는 사소한 일상들마저 시시콜콜 알려줍니다. 생각해 보니 제가 아이의 말에 반응을 굉장히 잘하는 사람이기 때문이 아닐까 싶었습니다. 저는 "아 그랬어? 그랬구나, 좋았겠네, 재밌었겠다" 식의 보통 어른들이 보이는 반응을 잘 하지 않습니다. 마침표로 끝나는 감탄사나 공감으로 반응하지 않고 더 구체적인 내용을 질문하거나, 그 다음의 이야기에 호기심을 보이거나, 아이보다 더 과장된 감정을 드러내며 웃고 놀라기도 합니다. 언젠가 아이가 그런 말을 했습니다. 엄마가 반응하는 것을 보면 너무 즐겁다고요. 별것 아닌 일들을 별것인 것마냥 받아주니 모든 일상을 공유하고 싶은 마음이 드는 모양입니다.

밥상머리에서 하는 대화는 또 그 시간과 상황에 맞는 대화들이 있습니다. 저희 아이는 책을 보면서 밥을 먹는 좋지 않은 습관을 가지고 있어서 매 식사 시간에 깊은 대화를 하기는 어려울 때가 많습니다. 그럴 때 저는 읽고 있는 책에 대해 물어보거나, 아니면 좋아하는 게임이나 뮤지션 같은 화제를 던져서 아이가 책장에서 눈을 떼도록 만들곤 합니다. 매번 그럴 수는 없어서 보통 식사 시간이 짧은 날은 책 읽는 데 집중할 수 있게 해주기도 하지만, 아빠까지

합세해 온 식구가 제대로 마주 앉아 제법 긴 시간 동안 식사가 이뤄질 때면 가족이 함께 하면 좋을 주제를 꺼내기도 합니다.

예를 들면 이번 휴가는 어디로 갈 것인가, 어떤 스타일의 여행을 할 것인가, 다가오는 방학은 어떻게 보낼 것인가와 같은 계획을 논하거나, 우리가 공통적으로 기억하는 어떤 추억들을 꺼내 얘기하기도 합니다. 할머니, 할아버지 등 다른 가족들의 일상이나 소식을 공유하며 관련된 이야기를 나누기도 하고, 아는 사람이 겪은 흥미롭거나 놀랍거나 특이한 경험 같은 것들을 대화 주제로 올릴 때도 있습니다. 그것도 아니면 각자의 생각을 들어보고 싶은 가벼운 질문을 던질 때도 있습니다. 아이와 토론 수업할 때 일부러 '아빠 의견 들어오기' 같은 숙제를 내주곤 하는데, 그것도 좋은 밥상머리 대화의 주제가 됩니다.

하루를 마무리하는 시간도 효과적인 대화가 이뤄지기에 좋은 타이밍입니다. 잠자리 대화는 대부분 가정에서 공통적으로 주어지는 시간인 만큼 만일 바쁜 일과 때문에 다른 기회를 활용하기 어렵다면 잠자리 대화를 십분 이용하면 좋습니다. 더구나 잠들기 전 몸도 마음도 편안한 상태를 유지하면 어떤 화제가 됐든 아이 마음에 온전히 흡수할 수 있으니 더욱 좋습니다.

아이가 아주 어릴 때부터 잠자리에서 책을 읽어주는 습관을 가진 저희는 잠자리에서 책을 읽고 관련된 이야기를 하는 편입니다. 아이가 크면서부터는 매일 읽던 책이 일주일에 두세 번 정도로 횟수가 줄었는데, 책을 읽지 않는 날이면 그날 하루를 평화롭고 따뜻하게 마무리하기 위한 이야기들을 하기도 합니다. 아침 혹은 오후에 하다가 못다한 이야기를 이어서 마무리하기도 하고, 그날 혹은 예전에 읽었던 좋은 책, 감동적인 노래가사, 오늘 하루를 겪으며 느낀 것들을 도란도란 주고받기도 하지요. 짧게 서로가 서로에게 말로 쓰는 일기라고 해야 할까요.

이외에도 수많은 대화의 티피오가 발생할 겁니다. 때로는 말 없이 침묵하는 것도 서로를 위한 가장 좋은 대화일 때도 있을 겁니다. 피터 드러커가 "의사소통에서 가장 중요한 것은 말하지 않은 것을 들을 수 있는 능력"이라고 말했던 것처럼 때로는 아이의 침묵 속에서 하고 싶은 말을 들어주는 것도 필요합니다. 매번 '이럴 때는 이렇게'라고 매뉴얼을 정할 수도 그럴 필요도 없습니다. 위에서 들려드린 제 경우도 대체로 그렇다는 것이지, 어기면 큰일 나는 절대 규칙을 지키는 심정으로 그렇게 하지는 못합니다.

또한 아이 성향에 따라 가족들의 분위기와 관심사에 따라 대화의 소재도 주제도 방향성도 천차만별일 수 있습니다. 다만, 기억할 것은 아이와의 대화를 더욱 즐겁게 만들고 경우에 따라 효과적 측면까지 높이기 위해서는 시간과 장소, 상황을 세심하게 고려하고 배려하는 대화가 이루어져야 한다는 점입니다. 같은 대화도 티피오를 고민하고 가장 효과적인 타이밍을 찾아낸다면 일단 절반의 성공입니다.

'아무 말 대잔치' 목적 없는 대화로 시작하라

어릴 때부터 아이와의 대화를 습관처럼 일상처럼 해온 덕분에 저에게는 목적지에 따른 다양한 대화 내비게이션이 머릿속에 존재합니다. 그 목적지란 대개는 아이의 감정을 변화시켜야 할 필요성이 있거나 해주고픈 조언 등을 보다 효율적으로 전달해야 하는 상황들입니다. 어디서 누군가로부터 배운 것들이 아닙니다. 아이와의 수많은 대화의 길을 가본 경험을 통해 얻어진 결과입니다.

안심Touch

그런데 생각해 보면, 우리가 아이와 대화를 할 때 이렇게 '목적성'을 띠어야 하는 순간이 얼마나 많이 있을까 싶습니다. 즐겁고 행복한 대화의 경험을 떠올려 보라고 하면 어른인 우리들조차 대개는 우연한 상황에서 벌어지는 의도치 않은 대화를 통해 얻은 소중한 감정들일 때가 많습니다. 목적을 가진 대화는 서로 부담스러울 수밖에 없습니다. 특별히 부모와 아이의 대화처럼, 주로 그 목적을 갖는 이가 부모인 경우에는 더욱 그렇지요.

주변에 아이와 대화하는 게 힘들다는 분들이 더러 있습니다. 구체적으로 어떤 점이 힘든지를 물어보면 대부분 대화를 길게 이어나가는 게 쉽지 않다고들 합니다. 대화의 중요성, 아이의 성장에 미치는 영향을 잘 알다 보니 잘하고 싶어서 노력은 하는데 짧은 몇 마디로 끝나고 만다는 것이지요. 그럴 때 저는 이렇게 물어봅니다. '아이와의 대화를 길게 잘 이어나가야 한다', '내가 엄마고 아빠고 어른이니까 대화를 주도하고 이끌어가야 한다', '부모로서 아이에게 좋은 말들을 해주어야 한다', '대화가 아이 사고 발달에 큰 영향을 끼친다는데 책임감을 가져야 한다' 등 이런 식의 부담감, 의무감을 늘 마음속에 담아둔 채 대화에 임하는 건 아닌지 말입니다. 그런 고민을 한다는 것 자체는 긍정적입니다. 대화를 잘해보고 싶은 의지의 발현이니까요.

대화가 힘들다는 분들의 또 한 가지 공통점은 '이 대화 끝나고 무슨 질문을 해야 할까?'라는 고민이 머릿속에서 끊이지 않는다는 것입니다. 영어 고수들이 조언하는 최고의 영어 학습법 중 하나가 '상대의 말을 잘 들어라'입니다. 영어를 잘하는 상대와 대화를 할 때 잘 듣는 것만으로도 엄청난 공부가 되기 때문입니다. 문법이며 표현력이며 발음까지 경청하는 태도만 가져도 많은 도움이 된다는 겁니다. 문제는 대부분의 한국인들이 원어민과 대화할 때 '아, 이 다음에 나는 무슨 말을 하지?'라는 고민을 하고 머릿속 '번역기'를 돌려 문장을 만드느라 정작 상대가 하고 있는 말에는 귀 기울이지 않는다는 사실입니다.

외국에 3년 넘게 거주했던 저는 그야말로 그 상황을 뼈저리게 경험했습니다. 초창기 외국인들을 만날 때마다 무슨 말이라도 해야 한다는 강박으로 상대방이 말할 때 듣는 데 집중하기보다 '내 문장'을 만드느라 바빴습니다. 그런데 어느 날 자꾸 대화를 놓치고 있는 제가 보였습니다. 대화의 목적이 그 사람들과 좋은 관계를 맺기 위함인데 자꾸 '영어'라는 언어 자체에 초점을 두니 이것도 저것도 다 놓치게 되는 것이었습니다. '완벽한 문장, 문법, 표현으로 말해야 한다'는 강박을 버리고 나니 비로소 편해졌습니다. 상대의 말을 경청하는 중에 할 말이 문득 생각나기도 하고 상대방이 썼던 표현을 응용하는 요령도 생겼습니다. 또 '아, 이 상황에서 이런 문장을 쓸 수도 있구나. 이런 반응을 하면 되는구나' 하는 깨달음과 함께 즐겁게 대화하고 진짜 살아있는 영어 공부까지 가능했지요.

아이와의 대화 역시 여기서 힌트를 얻을 수 있습니다. 아이와의 대화를 성공적으로 잘 이끌어야 한다는 부담에서 비롯되는 '다음에 무슨 말 하지?'라는 고민을 털어버려야 합니다. 시쳇말로 '아무 말 대잔치'를 한다고 생각해 보세요. 대화가 늘 길어야만 하는 것도 아니고, 반드시 교육적으로 좋은 말을 할 필요도 없으며 아이 발달에 도움이 되는 대화를 고집할 필요도 없습니다. 말을 잘하고 못하는 것, 배경지식이 많고 적음도 대화 상황에서 고민할 요소가 전혀 아닙니다.

아이가 엄마, 아빠와 대화할 때 기대하는 것은 말 잘하는 부모님의 모습이 아닙니다. 오히려 완벽하게 준비돼 있지 않으면 좀처럼 대화에 나서지 않는 부모님을 본다면 '엄마 아빠가 나와의 대화를 불편한 것, 일과 같은 것이라고 생각하는구나'라고 느낄 수도 있을 겁니다. 아이는 내 이야기를 잘 들어주고 공감하고 적극적으로 반응하고 나에 대해 궁금해 하며 무슨 말이든 다 나누고 싶어하는 부모님의 모습을 기대할 것입니다. 그런 대화를 가능케 하는 최적의 방법이 '목적 없는 대화'입니다. 대화를 통해서 아이에게 무언가를 주려고 하지 마세요. 나중에 목적성을 가진 대화가 필요한 순간이 반드시 오지만, 목적 없는 즐거운 대화를 통해 서로 감정을 공유하고 관계를 단단히 쌓아간다면 걱정할 일이 없습니다.

목적 없는 대화는 단순히 말 잔치를 넘어 결과적으로 굉장히 창의적인 대화로 발전할 가능성 또한 높습니다. 어떤 의도나 특정 방향성을 향해 나가는 대화가 아니다 보니 의식의 흐름을 따라 화제가 옮겨가면서 계속 딴 길로 빠지게 됩니다. 그러다 보면 어느새 뜻하지 않은 대화의 지점까지 가 있게 되는데 그 안에서 아이의 생각과 사고도 확장되고 엉뚱 발랄한 아이디어가 솟아나기도 하는 겁니다.

창의력 전문가들이 말하는 '아이 창의력 키우기'에 관한 조언을 보면 '대화를 많이 하라', '놀이하듯 대화하라'는 이야기들을 많이 합니다. 또한 여행이나 체험학습 등 다양하고 풍부한 경험도 중요한 밑거름이 된다고 하고요. 사실 이 정도는 우리가 너무 많이 들어온 것들이라 모두 알고 있는 사실입니다. 개인적으로 이 조언들을 한번에 그것도 효과적으로 실천할 수 있는 방법이 목적 없는 대화라고 생각합니다. 내비게이션을 보고 단시간에 목적지를 찾아가는 여행과 발길 닿는 대로 떠나는 여행이 주는 즐거움은 큰 차이가 있습니다. 가는 과정을 즐기다 보면 몰랐던 풍경도 마주하고 뜻밖의 사실도 알게 되고 익숙하던 것들도 다시 보입니다. 때론 예기치 못한 고난도 겪고 문제 해결을 위해 힘을 모으며 결국 성장해 있는 나를 발견하게 됩니다.

저에게도 아이에게도 평생 잊지 못할 '아무 말 대잔치'의 기억이 있습니다. 2020년 가을, 어느 날 저녁 책을 읽고 있던 제 옆으로 아이가 다가왔습니다. 프랑스 혁명의 역사를 미술사로 풀어낸 책이었는데 아이가 관심을 보이며 무슨 책인지 물었지요. 흥미를 보이는 아이에게 저는 프랑스 혁명이 어떻게 시작됐으며 우리가 걸작 혹은 명작이라고 알고 있는 그림과 그 그림을 그린 예술가들이 미술을 통해 어떻게 혁명에 일조했거나 적극 동참했는지를 책 속 그림을 보여줘 가며 읽은 대로 이야기해 주었습니다.

그림을 보더니 아이는 파리 루브르 박물관과 오르세 미술관에 갔던 기억을 꺼냈습니다. 책의 맥락에서 벗어난 우리는 한참 동안 그때 여행이 어땠는지 기억나는 작품들은 무엇인지 등에 대해 수다를 떨었지요. 디즈니랜드에 한번 더 가보고 싶었는데 못 가서 너무 아쉽다는 것, 거기서 체험한 4D 스타워즈 체험관은 진짜 놀랍도록 생생했다는 것 등 구체적인 기억을 꺼내며 즐거워하다가 대화는 파리가 너무 지저분해서 놀랐다는 데로 옮겨갔습니다.

그러다 저는 의식의 흐름대로 떠오른 사실, 향수와 프랑스의 지저분함의 상관관계를 화제로 꺼냈죠. "진짜?"를 몇 번이나 외치며 눈이 휘둥그레진 아이는 파리 지하철역 플랫폼에서 벽에다 볼일 보던 아저씨를 보고 소스라치게 놀란 기억을 소환하며 제 말에 더 몰입했고, 우리는 이후 중세의 화장실 문화, 배설물을 어떻게 처리했는가, 향수의 발명과 역할 등에 대해 인터넷 검색까지 해가면서 시간 가는 줄 모르고 이야기를 나누었습니다. 집안에 화장실이 없었던 시대에 창밖으로 오물을 쏟아내는 장면, 지나가다 오물 날벼락을 뒤집어쓴 사람들, 오물을 피하려고 생겨난 게 하이힐과 우산이었다는 글과 그림들을 찾아보는 동안 아이가 얼마나 깔깔대며 웃었는지 지금도 그날의 대화 기억이 생생합니다.

안심Touch

프랑스 역사를 이야기해 주겠다는 목적을 갖고 시작한 대화가 아니었어요. 아이가 호기심을 보였고 그 호기심에 반응하는 대화들을 하다 보니 우리는 그날 언어를 통해 파리 여행의 기억을 다시 나누고, 거슬러 상상 속 중세 역사 여행과 흥미로운 사실들까지 체험할 수 있었던 것입니다. 지적 호기심을 채운 것뿐만 아니라 지난 여행의 행복했던 장면도 떠올리고 똥 얘기 오줌 얘기로 박장대소하기도 하면서 완벽하게 즐거운 대화를 할 수 있었지요. 제가 애초에 '아 잘됐다, 이 기회에 프랑스 혁명이나 중세 역사 이야기를 좀 해줘야겠군' 했다면 불가능한 여정이었을 겁니다. 의도되지 않은 순간에 목적 없이 시작된 대화는 자체적으로 생명력을 갖고 흐르고 흘러 풍성한 대화를 완성해 주었습니다. 목적 없이 계획 없이 떠난 여행에서 때론 오히려 더 큰 감동과 잊지 못할 순간들을 만나듯 말입니다.

위기 상황에서는 솔직함이 무기다

다 알겠는데 그럼에도 불구하고 대화 자체가 쉽지 않은 분들도 분명 있을 겁니다. '그래 목적 없이 대화하면 즐겁다고 했었지', '일단 아무 말이나 해보자' 하고 호기롭게 시작은 했는데 생각보다 즐겁지도 않고 대화가 이어지지 않을 수도 있습니다. 그렇게 중간 실패의 경험을 하고 나면 다음번에 다시 시작할 용기가 나지 않겠지요. '역시 나는 대화에 재주가 없어', '우리 아이는 성향상 대화하는 걸 좋아하지 않는 것 같아', '아이가 좀 더 큰 다음에 하는 게 좋겠어'라며 그만둘 합리적 이유를 찾을지도 모릅니다.

아이들과의 대화는 어디로 튈지 알 수가 없습니다. 대화를 잘 이어가던 아이가 도대체 알 수 없는 이유로 입을 닫아버릴 수도 있고, 대답 자체가 부모의 짜증을 유발해서 대화를 이어가고 싶은 맘을 사라지게 할 수도 있고, 난감한 질문으로 부모를 당황스럽게 할 수도 있습니다. 그런데 이런 위기 상황은 누구에게나 찾아옵니다. '내가 이렇게 노력하는데 너는 그런 반응을 보이다니' 하며 실망감을 드러내거나 '어른이 말하는데 태도가 그게 뭐야'라며 화를 내는 것은 '이제 앞으로 대화하지 말자'는 것과 다를 바 없습니다.

그런 상황에서는 잠시 심호흡으로 마음을 가다듬고 차라리 그 상황에 대한 솔직한 감정을 표현해 보세요. 대신 야단을 치는 태도로 마음을 완전히 닫게 만드는 말이 아니라, 갑자기 말하기 싫어진 이유라도 있는지, 기분이 나빠진 상황이 있었는지 속내를 물어보는 말을 해야 합니다. 타당한 이유가 있을지도 모르고 때론 납득하기 어려운 이유일지도 모릅니다. 그래도 아이의 마음을 받아주어야 합니다. 만일 대화 중에 엄마가 어떤 실수를 했거나 자기도 모르게 아이의 마음을 다치게 하는 말이 있었다면 사과를 할 필요도 있겠지요. 엄마도 대화에 서툰 사람이라는 것에 대해 솔직한 말로 이해를 구하며 '우리는 대화할 때 평등한 관계'라는 느낌을 줄 필요도 있습니다.

"엄마가 그러려고 한 말은 아니었는데 마음이 상했다면 미안해."

"엄마도 말하는 방법이 서툴 때가 많아. 우리 누구나 실수하잖아. 이해해 줄 수 있지?"

"그런데 엄마도 네가 갑자기 태도가 바뀌어서 솔직히 많이 당황스럽고 마음이 안 좋았어. 앞으로 엄마가 더 노력하겠지만 비슷한 일이 또 생길지도 몰라. 그때는 나한테 먼저 말해 줄 수 있을까?"

이런 말은 오히려 위기를 기회로 만들어줄 수 있습니다. '엄마도 나와 똑같구나'라는 생각에 아이는 더 편한 마음으로 대화에 참여하게 될 수 있습니다.

아이가 갑자기 당황스러운 주제나 질문을 꺼내더라도 대화를 중단하기보다 그 상황을 해결하기 위한 방법을 고민해 봐야 합니다. "이건 엄마도 잘 모르는 이야기니까 다음에 다시 이야기하면 어떨까?"라고 일단 상황 정리를 할 수도 있고, "처음 듣는 이야기인데, 네 생각을 먼저 말해 줄 수 있어?"라고 물을 수도 있습니다. 잘 모르는 정보나 지식에 대한 질문에 답하지 못한다고 해도 그 상황을 어색해 할 필요도 없습니다. 오히려 모를 때는 어떻게 하는지 함께 공부할 수 있는 기회로 삼으면 됩니다. 책을 찾아보거나 인터넷 검색을 하거나 아니면 "네가 찾아보고 엄마한테 알려줄 수 있어?"라고 아이에게 권한을 주는 것도 좋습니다.

중요한 것은 대화 중 일어날 수 있는 모든 위기 상황에서도 아이와의 대화를 지속하겠다는 의지를 보여주고 그 대화가 즐겁다는 것을 표정으로 언어로 드러내주는 것입니다. 부모가 끈을 놓지 않으면 아이는 절대 이유 없이 먼저 입을 닫지 않으니까요.

자극을 만드는 엄마의 질문들

일상적인 대화 속에서 우연히 얻는 효과도 분명 크지만 때로는 부러 아이에게 자극을 주는 대화를 시도하고 생각이 꼬리에 꼬리를 물고 자라나도록 옆구리를 콕콕 찔러줘야 할 때도 있습니다. 아이가 관심을 가질 만한 화두를 던지고 호기심 어린 질문을 하고 "한번 생각해 봐"라며 계기를 만들어주는 것으로 아이에게 생각의 씨앗을 심는 것이라 볼 수 있습니다. 결국 인생에서의 모든 답은 본인이 찾아야 하기에 어릴 때 생각하는 방법, 생각하는 즐거움, 그로 인한 단단한 마음과 건강한 정신까지 갖출 수 있도록 부모가 이끌어주는 과정이 필요한 것입니다.

저는 주로 일상적 대화 속에서 이런저런 질문을 던지는 것으로 '자극'을 만들어주고자 했습니다. 그중에는 아이가 생각해 봤으면 하는 문제들도 있었고, 정말로 아이의 생각이 궁금해서 던지는 질문들도 있었습니다. 어른의 생각이 무조건 아이들의 그것보다 현명하고 나을 것 같지만 실은 꼭 그렇지도 않지요. 어떤 때는 '아이가 이렇게 답하겠지' 하고 어느 정도 예상된 질문을 던졌다가 '어떻게 이런 생각이 가능할까' 혹은 '이런 시선도 가능하구나' 하고 놀랄 때도 많습니다. 세상 경험이 많지 않은 아이들은 그만큼 생각의 폭이 좁을 수 있지만, 반대로 생각하면 언제든 어른들의 생각이 처한 '경험적 한계' 밖으로 뛰쳐나갈 수 있기도 합니다. 아이들은 경험만으로 모든 걸 재단하지 않고 상상이라는 어마어마한 무기가 있으니까요. 어른들이 불가능하다고 생각하는 모든 것들이 아이들의 세계에서는 가능하기도 한 이유입니다.

무심한 듯 툭툭 생각거리를 던져라

테슬라의 CEO 일론 머스크가 더 똑똑해지고 싶은 열망에 찾아갔다는 브레인 코치 짐 퀵은 최근 저서 〈마지막 몰입〉에서 자신의 한계를 설정하지 말고 어린이처럼 배워야 한다며 "지구에서 가장 빠른 학습자는 어린이다. 그 이유는 남들이 자신을 어떻게 생각하든 크게 신경 쓰지 않기 때문"이라고 말하기도 했습니다. 학습자로서뿐만이 아니라 생각의 측면에서도 딱 들어맞는 이야기라고 판단됩니다. 아이들은 생각할 때 또 그 생각을 밖으로 표현할 때 어떤 한계도 두지 않습니다. '이렇게 말하는 건 비현실적이야'라고 한다든가 '내가 이런 말을 하면 저 친구가 어떻게 반응할까' 따위를 계산하지 않는단 것입니다.

우리 눈에 보이는 하늘을 뚫고 가야 더 넓은 미지의 세계, 우주가 있는 것처럼 위대한 생각 혹은 발견이란 한계를 뛰어넘는 것에서 비롯되는 것임을 우리는 알고 있습니다. 아이들은 언제든 이처럼 위대한 발견이 가능한 생각을 하는 존재인 거고요. 그러나 생각은 무한하되 생각할 거리는 분명 제한적일 수 있습니다. 어른의 삶에 비하면 굉장히 단순하게 구성된 아이의 생활 패턴 때문일 겁니다. 그렇기 때문에 부모는 의도적으로라도 생각을 확장시켜 주는 자극을 주어야 합니다. 스스로 '저 하늘 너머에 무엇이 있을까?'라고 마음껏 상상하는 유아기를 지나 본격적으로 생각을 구체화하는 나이대라면 더욱 그러합니다. 아이가 미처 생각하지 못할 영역을 툭 건드려 준다면 아이 머릿속에는 또 하나의 깊은 생각 우주가 생기게 됩니다.

　생각에 자극을 주는 방법에는 여러 가지가 있습니다. 평소 알고 있던 배경지식이나 경험이 대화 중에 자극의 기재로 사용될 수도 있겠고, 책이나 뉴스 같은 매체를 통해 알게 된 내용을 공유하는 것도 좋은 방법입니다. 개인적으로는 대체로 후자의 방법을 활용하는 편입니다. 그중에서도 다양한 분야의 뉴스 등을 보면서 떠오른 생각이나 주제들을 아이의 눈높이에 맞춰 가볍게 던져주곤 합니다. 이런 식으로요.

　"엄마가 오늘 새벽에 어떤 교수님 인터뷰 기사를 읽었는데, 그분은 올해 101세가 되신 분이야. 100년 넘게 사는 동안 깨달은 '행복이란 무엇인가'에 대한 기사였는데 너무 재미있더라."

　"100살이 넘었다고? 우리나라에서 가장 나이가 많아?"

　"음 글쎄, 아마 아닐 걸."

안심Touch

"근데 행복이 뭐라고 했어?"

"행복한 사람과 행복하지 않은 사람들에 대해 이야기했는데 참 지혜롭다는 생각을 했어. 나중에 직접 읽어보면 좋을 거야. 그런데 너는 행복이 뭐라고 생각해? 언제 행복해?"

"노는 거지. 놀 때 행복해."

"그 선생님은 나이가 들어서도 항상 일과 공부를 해야 건강하고 행복하다고 말씀하셨어. 생각해 보니 그 공부란 게 네가 말하는 '노는 것' 하고도 비슷할 수 있겠다. 너는 그냥 놀지 않고 코딩, 책 읽기, 음악 만들기 등 뭔가를 하면서 노니까. 나중에 네가 직접 인터뷰를 읽고 행복에 대해서 다시 한번 이야기해 보자."

어느 날 아침, 학교 가기 전 간단히 아침을 먹고 있던 아이와 나눈 대화입니다. 바쁜 아침 시간이라 차분히 마주 앉아 밀도 있게 이뤄진 대화도 아닙니다. 주방에서 일을 하며 왔다 갔다 하는 사이에 아이와 나눈 이야기들이지요. 잠도 덜 깬 아이를 앞에 두고 무거운 이야기를 하는 건 대화 티피오에도 맞지 않으니 가볍게 아이가 관심을 가질 만한 포인트를 강조하면서 말을 이어 나갔습니다.

시간은 채 5분도 되지 않았는데 저는 아이에게 '행복이란 무엇인가'라는 화두를 던지고 싶은 의도를 깔고 있었습니다. 그게 무엇이든 좋은 내용의 기사를 나누고 싶은 마음도 컸지만, 하루를 시작하는 그때가 바로 해당 기사가 담고 있던 주제인 '행복'을 이야기하기에 최적의 타이밍이라 생각했던 것입니다. '엄마가 이런 내용의 기사를 읽었어'라고 일방적인 설명으로 끝낼 수도 있었지만 저는 아이가 행복이라는 화두에 대해 생각해 보기를 바라는 마음으로 '행복이란 게 그렇대!'라는 느낌표 대신 '행복이란 무엇인가?' 하는 물음표를 던진 것입니다.

아이에게 생각할 거리를 던질 때 엄마의 이 물음표는 굉장히 중요한 역할을 합니다. 마침표나 느낌표는 상황을 종결시키지만 물음표는 답을 찾는 과정을 동반하고 있는 것이니까요. 그게 정답인지 아닌지는 중요하지 않습니다. 답을 찾기 위해 생각하는 과정 자체가 이미 훌륭한 답이 됩니다.

부모는 아이들에게 끊임없이 질문으로 자극을 줄 필요가 있습니다. 질문이 생각을 만드는 데 좋다는 건 우리 모두 아는 사실입니다. 그래서 아이들에게도 늘 질문의 중요성을 강조하면서 질문하는 습관을 기르라고 조언하기도 합니다.

아이 스스로 질문하는 능력을 갖추는 것이 최고의 목표겠지만, 그 단계로 가려면 우선 부모가 질문을 통해 생각의 씨앗을 틔워줄 수 있어야 합니다. 질문하는 부모를 보면서 '질문하는 법'을 자연스레 터득하는 계기도 될 테고요. 또 부모가 질문을 던지는 행위는 단순히 생각을 유도하는 것을 넘어 대화할 수 있는 기회까지 제공해 주니 관계적 측면에서도 효과적입니다.

일상에서 부모가 질문할 수 있는 기회는 숱하게 많습니다. '네', '아니오' 혹은 단답형의 정답이 있는 질문이 아니라 생각을 하게 만드는 질문 말입니다. 질문의 깊이가 달라지면 생각의 질도 달라지겠지만 그렇다고 '철학적인 생각'을 위한 질문을 억지로 짜내는 것도 힘든 일입니다. 그럴 때는 엄마부터 생각의 전환을 하면 됩니다. 매번 마침표로 끝나던 말을 물음표로 바꿔보는 것입니다. 화분에 물을 주면서 "물을 열심히 주고 있는데 이 화분은 왜 잎이 말라가고 있을까?"라고 말할 수 있고, 길을 가다가도 "왜 여기만 눈이 녹지 않았지?"라고 질문으로 바꿀 수 있는 식이지요. "물을 줬는데도 잎이 시들시들하네"라거나 "다른 데는 다 녹았는데 여기만 아직 눈이 안 녹았네"라고 말할 수도 있는 상황을 질문으로 처리한 것뿐인데도 아이는 곰곰이 생각을 하게 될

안심Touch

겁니다. 그렇다고 "학교에서 돌아온 뒤에는 무엇부터 하는 게 좋겠니?"처럼 엄마가 원하는 답을 유도하기 위한 질문은 곤란합니다. '왜 그렇지?', '무엇 때문일까?', '그것 참 신기하네'와 같은 생각 시스템을 작동시키는 질문이라야 비로소 자극을 만드는 질문이라고 할 수 있습니다.

앞서 제가 아이에게 던졌던 '행복이란 무엇인가'라는 질문은 사실 굉장히 깊고 철학적인 질문이었습니다. 그럼에도 불구하고 아이가 지루하거나 따분하게 받아들이지 않았던 이유는 행복이라는 개념 자체가 우리의 일상 속에서 익숙한 언어였기 때문입니다. 평소에 '행복해'라고 말하거나 '행복하다'라는 감정만 느끼던 아이에게 느닷없이 행복이 무엇이냐고 물었으니 아이는 머릿속으로 오만 생각을 해야만 했겠지요. '놀 때 행복하다'라는 단순한 답변에도 거기서 "그렇구나"라고 대화를 끝내버리는 대신 보다 근본적인 행복에 대해 생각해 보기를 권하는 것으로 이어서 생각할 거리를 던져두었고요.

며칠 후 다시 '행복이란 무엇인가'에 대해 생각하는 바를 나눌 기회가 있었습니다. 행복이라는 일상의 익숙한 말이 오히려 생각하기 어려웠을 텐데도 아이는 깊은 고민의 흔적이 엿보이는 답을 내놓았습니다.

"행복이란 건 자기가 하고 싶은 걸 할 때 느끼는 감정이라고 생각해. 이 교수님처럼 공부하는 게 좋은 사람은 그게 행복이고 엄마처럼 글 쓰는 걸 좋아하면 글을 쓸 때 행복하겠지. 어떤 사람은 책을 읽으면서 행복하다고 느낄 테고, 그러니까 각자 다 다른 행복이 있는 거야. 그게 내 경우에는 자율적으로 놀 때 행복한 거고."

질문을 던질 때 아이가 어떤 답을 할지에 대한 예상은 전혀 하지 않았습니다. 어른들에게 물어도 선뜻 답이 나오기 어려운 질문이지만 그저 아이가 '행복이 뭘까?'라는 질문만 되새길 수 있어도 그 자체로 훌륭한 답이라고 생각했으니까요. 만일 아이가 "생각해 봤는데 잘 모르겠어. 너무 어려워"라고 말했더라도 "맞아 그게 어쩌면 답이야. 행복은 정답도 없고 어려운 거야"라고 말해 주었을 겁니다. 생각을 하는 과정 자체로 그날 제가 던진 질문은 그 몫을 다한 것입니다.

앞으로 아이는 커갈수록 더 깊은 사유를 할 기회들을 얻게 될 겁니다. 그때 12살 당시 자신이 받았던 질문과 답을 기억하고 돌아본다면 그것으로도 의미가 있지 않을까요. 이런 질문들을 받고 생각해 보는 기회를 자주 가진 아이라면 성장하는 과정에서 자기 스스로도 끊임없이 질문을 던지며 더 깊은 생각의 그릇을 키워가게 될 겁니다.

호기심을 자극해 생각을 확장하라

부모가 아이에게 질문을 통한 자극을 줄 때 '좋은 질문'이란 이처럼 자신에 대한 생각으로부터 시작돼 확장성을 갖거나, 반대로 폭넓은 생각으로부터 시작해 결국은 자기 자신으로 귀결되는 질문이 좋습니다. 아이의 생각을 키우는 것은 단지 생각이라는 우주 자체를 깊고 넓게 만들기 위함도 있지만 자기 자신의 성장으로 연결되어야 하는 것이니까요. 행복의 보편적 개념이니 근원적 가치 등을 생각해 보는 일도 의미가 있지만 무엇보다 '그렇다면 나의 행복은?' 하고 자기 자신에게로 옮겨와 고민하는 것이야말로 아이의 내면을 성장시키는 과정이 될 겁니다.

자극을 위한 질문이 갖춰야 할 또 한 가지 조건은 바로 호기심입니다. 여기에는 아이가 평소 관심 갖는 분야, 좋아하는 대상에 대한 호기심을 불러일으킬 수 있는 질문뿐만 아니라 앎에 대한 탐구, 즉 지적 호기심을 자극해 주는 질문도 해당될 수 있습니다. 제가 뉴스 콘텐츠를 아이의 생각을 자극하기 위한 주요 매체로 활용하는 이유가 후자에 해당됩니다. 연일 새로 쏟아지는 뉴스들은 다양한 세상에서 벌어지는 수만 가지 이슈들을 다루고 있습니다. 단순한 사실 전달만을 목적으로 하는 것도 있지만 때로는 전문가의 의견, 깊이 있는 정보, 실제로는 도저히 만나보기 힘든 훌륭한 이들의 인생과 역사도 담겨 있습니다. 책을 통해 우리가 가보지 못한 곳을 가고 해보지 못한 경험들을 간접으로 하는 것과 마찬가지로 뉴스 안에서도 같은 경험을 할 수 있는 것이지요.

전직 기자였던 저는 습관적으로 아침 시간을 일정 부분 기사 읽기에 할애하는 편입니다. 세상 일에 관심 많은 이유도 있겠지만 저 자신부터 여러 뉴스 콘텐츠를 통해 자극을 얻고 지적 호기심을 채우기도 하기 때문입니다. 보통 사람부터 위대한 사람들까지 그들의 내면을 들여다보는 깊고 심층적인 인터뷰는 가장 좋아하는 콘텐츠이고, 사회, 문화, 경제에 이르기까지 많은 분야의 정보와 뉴스를 접하는 자체가 즐거운 일입니다. 독일살이를 하는 동안 주로 유럽 뉴스를 열심히 봤던 배경으로 예전보다 글로벌 이슈에도 관심이 많아졌고, 우주와 첨단 과학, 테크 쪽에 관심 많은 아이 덕분에 그쪽 분야 이슈까지도 챙겨보게 되었습니다.

이렇게 호기심을 유발하는 분야, 궁금하던 이슈에 대한 기사들을 빠르게 속독해서 읽는 동안 '아, 이건 아이랑 얘기해 봐야겠다'거나 '이 주제에 대해 아이는 어떤 생각을 할까?' 혹은 '이거 재미있는 이슈네, 알려주면 좋아하겠다' 등의 생각이 머리를 스쳐 갑니다. 혼자 읽지만 아이와 공유할 이야깃거리들을 늘 마음속에 저장해 두고 있는 것입니다. 그러다 적당한 시점이 오면 그때 보따리를 풀어놓습니다. 흥미로운 대화 소재가 필요하거나 마침 관련된 주제를 이야기하던 상황에서 아이 눈이 반짝거릴 만한 이야깃거리를 투척하는 것이지요.

새롭고 흥미로운 이야기를 접하며 받는 자극들은 꽤 오래 가기도 해서 나중에 시간이 흐른 뒤 다시 대화의 주제가 될 때도 많습니다. 아이가 먼저 "그래서 그때 그 일은 어떻게 되었대?"라고 후속 내용을 묻기도 하고, 반대로 자신이 검색해서 정보를 얻은 후에 저에게 알려주는 경우도 있습니다.

아침 등굣길에 '유전자 가위'라는 소재로 대화를 나눴던 적이 있습니다. 그로부터 한참 시간이 흐른 어느 날 아이는 뜬금없이 이런 질문을 했습니다. "근데 유전자 가위 말이야. 작년에 박사님 두 분이 노벨상을 받았다고 했는데 어떤 분야였어?" '노벨화학상'이라는 제 대답 끝에 아이는 다시 질문했습니다. "화학상? 왜 화학상이지? 유전자 가위 기술은 화학 분야는 아닌 것 같은데." 그러고 보니 미처 생각하지 못했던, 그러나 타당한 호기심이고 질문이었습니다. 의료 분야의 획기적 성과처럼 생각하기 쉬운데 막상 화학상을 받았다고 하니 그 이유가 무척 알고 싶어졌지요.

그날 우리는 다시 노벨상의 분야들에 대해 찾아보고 대화하면서 나름의 결론을 내리는 심도 깊은 대화를 했습니다. 노벨 위원회가 수상의 이유로 밝힌 "두 수상자가 발견한 크리스퍼 유전자 가위는 기초 과학 분야의 혁명을 일으켰을 뿐 아니라 의료 분야에 혁신을 일으켰다"라는 대목을 찾아 읽으면서 의료 분야보다는 기초 과학 분야가 먼저인 것 같다는 데 동의했고, 다른 기사들을 찾아보며 유전자 관련 연구는 화학 분야의 몫이라는 것도 알게 되었지요.

안심Touch

나아가 물리학이니 생물학이니 화학이니 하는 과학의 모든 분야들이 실은 다 개별적 분야라기보다 서로가 연결돼 있는 것 같다는 의견도 주고받았습니다. 저 스스로도 재미있었고 아이도 흥미를 느낄 만한 분야라는 생각에 공유했던 내용이 결과적으로 아이의 지적 호기심을 더 자극했고, 결국 함께 찾아보고 공부하며 새로운 사실을 알게 되는 즐거움으로 연결된 것입니다. 엄마 혼자의 힘으로는, 일상에서 벌어지는 생활 속 질문만으로는 이뤄내기 어려운 깊이인 것이지요.

생각 근육을 키우는 매개체는 일상에 널려 있다

아이들마다 좋아하는 매체가 다 다릅니다. 어떤 아이는 뉴스에 아예 관심이 없을 수도 있을 겁니다. 그런 아이에게 엄마의 '목적'만으로 뉴스 속 이슈를 들이밀고 질문한다고 해서 아이가 스스로 생각 활동을 해줄 리 없습니다. 그럴 때는 아이가 좋아하는 매체를 활용해서 생각을 나누고 대화의 동기를 찾는 게 좋습니다. 그래야만 아이가 자발적으로 대화에 나서게 될 테니까요. TV 프로그램이나 영화, 혹은 유튜브 영상 콘텐츠, 게임이 될 수도 있습니다. 좋은 콘텐츠를 찾아내고 그렇지 않은 것들을 걸러내는 필터링 작업이 필수이긴 하지만, 잘 찾아보면 생각을 키우고 지적 자극을 주는 데 도움이 되는 자료들이 꽤 많습니다.

저희 아이가 애정하는 유튜브 채널 중 하나가 '팩트 체크' 채널입니다. 우리가 상식이라고 믿고 알고 있는 것들에 대해 진짜인지 아닌지를 알려주는 콘텐츠를 주로 다루고 있습니다. 아이는 그 채널을 통해 흥미롭고 놀라운 정보들을 많이 얻고 있는데, 새로운 사실을 발견하게 될 때마다 의기양양하게 "엄마, 그거 알아?"라며 질문을 던지고 적극적으로 대화를 시작하곤 합니다.

대부분의 아이들이 열광하는 게임 안에서도 생각해 볼 만한 질문을 찾을 수 있습니다. 문제는 많은 부모님들이 '나는 게임을 잘 몰라'라는 생각에 아예 접근할 생각을 하지 않는다거나 게임하는 아이 자체를 못마땅하게 여겨 대화의 소재로까지 올리고 싶지 않다고 여긴다는 겁니다. 그런데 막상 관심을 갖고 보면 단순히 게임 내용뿐만 아니라 진행 방식, 작동 원리만 봐도 대화할 거리가 많습니다.

어느 날이었습니다. 그날도 아이는 자신이 좋아하는 로블록스 게임 '타워오브 헬'을 하며 놀고 있었습니다. 제목 그대로 '지옥의 타워'인데 아이의 캐릭터를 포함한 수많은 게임 캐릭터들이 타워를 올라가느라 점프하고 달리고 그러다 떨어지고 다시 오르기를 반복하고 있었습니다. 예전에 아이가 설명하기를 로블록스 게임 콘텐츠 중 10대 인기 게임에 든다고 하더니 그렇게 수많은 캐릭터들이 북적거리고 있는 게 이해가 되었습니다.

항상 하던 게임이고 늘 보던 장면이라 특별히 눈이 갈 것도 없었는데 그날따라 캐릭터들이 움직이는 패턴이 눈에 띄었습니다. 제 생각에는 당연히 캐릭터들이 서로 부딪치면서 넘어지고 그 충격 때문에 아래로 떨어지는 등 경쟁을 통해 타워에 오르도록 구조가 설계돼 있을 거라고 예상했습니다. 그런데 자세히 보니 그 좁은 외나무 다리에서 아무리 많은 캐릭터들이 모여 있어도 누구하나 넘어지거나 굴러 떨어지지를 않는 것이었습니다. 그런가 보다 하고 넘어갈 수도 있었지만 궁금증을 느낀 저는 아이에게 그 이유를 물어보기로 했습니다. 아이는 자신이 게임할 때 옆에서 말 걸고 관심 가져주는 것을 좋아하기 때문에 일부러 그 순간을 놓치지 않고 질문하기로 한 것입니다. 아이는 이렇게 대답했습니다.

"이 게임 안에서는 캐릭터가 캐릭터를 뚫고 통과해 지나갈 수 있게 설계돼 있어. 그러니까 누가 누구를 밀거나 떨어뜨릴 수 없지."

역시나 '아 그렇구나' 하고 대화가 끝날 수도 있었겠지만, 저는 그 말이 너무나 놀라웠습니다. 게임 안에서의 '승리'란 누군가와의 경쟁 혹은 싸움을 이긴 후에 찾아오는 것이라고만 생각했는데 그건 철저히 그런 환경에 익숙한 어른의 부끄러운 편견일 뿐이라는 생각이 들었습니다. 그 틈을 놓치지 않고 연이어 아이의 생각을 들어볼 만한 질문을 던졌습니다.

"와, 그렇구나. 그런데 그러면 누가 누구를 이기고 하는 게임도 아닌데 왜 다들 그렇게 열심히 타워를 올라가는 거야? 그게 재미있어?"

아이는 말했습니다.

"꼭 누구를 이겨야 돼? 이건 그냥 자기 자신하고 경쟁하는 거야. 각자 자기 목표를 향해서 제일 높은 곳에 올라가기 위해 노력하는 거야. 마지막 단계까지 가는 게 진짜 어려운데 조금씩 단계를 올라가면서 느끼는 성취감이 있어."

순간, '게임 안에 인생이 있네'라는 생각이 들었습니다. 게임 중인 아이에게 더 깊이 있는 질문으로 방해할 수가 없어서 저는 다만 "와, 게임 규칙도 이렇게 철학적일 수가 있구나! 그래 자기 자신과 싸워서 성취한다는 건 정말 멋진 일인 것 같아"라는 말로 마무리했습니다. 게임 중에 오고 간 짧은 대화였지만 아이도 저도 생각을 하게 만드는 의미 있는 대화였지요.

영화나 다큐멘터리, 텔레비전 프로그램 같은 영상 매체도 아이들이 가장 쉽고 편하게 접근할 수 있는 매체입니다. 아이가 어리다면 평상시 시청하는 애니메이션을 보는 중에도, 보고 난 뒤에도 관련해서 이런저런 대화를 시도할 수 있습니다. 아이의 판단을 묻기도 하고 의견을 듣기도 하며 질문을 통해 아이가 마음껏 상상의 나래를 펼치도록 할 수도 있습니다.

대부분의 부모님들은 아이에게 미디어 콘텐츠를 노출시키는 데 부정적입니다. 미디어라는 플랫폼 자체에 관한 것도 있겠지만 분명히 아이 연령대에 해당하는 프로그램이나 콘텐츠라고 하더라도 편협한 사고를 드러내거나 아이들의 의식을 한 방향으로 몰아간다는 이유로 보여주기를 꺼리는 경우가 있습니다. 그 걱정을 충분히 이해합니다. 아직 가치관 형성이 완전하지 않은 상태에서 혹 좋지 않은 영향을 끼치지 않을까 염려스러울 수밖에 없지요. 그런데 저는 생각이 조금 다릅니다. 오픈을 하되 대화를 통해 그 안에서 아이가 건강한 의식을 형성하고 자기 판단을 할 수 있는 가치를 만들어가야 한다고 생각합니다. 언제까지나 아이를 통제만 할 수는 없습니다. 부모의 울타리 밖을 넘어가는 때가 반드시 옵니다. 그렇게 되는 게 건강한 독립이기도 하지요. 혼자 보도록 내버려두지 말고 함께 보고 대화의 소재로 삼는다면 훨씬 더 풍부한 사고를 가능하게 하는 매개체가 되어줄 수 있습니다.

TV와 관련해 저희 가족에게도 몇 달 전부터 새로운 일상이 생겼습니다. 주말마다 다큐멘터리를 한 편씩 보고 관련해서 이야기를 나누는 것입니다. 간혹 온 가족이 화제가 되는 영화나 다시 보면 좋을 영화를 관람하기는 했지만, 다큐멘터리 시청을 정례화하게 된 데는 아이의 의사가 한몫했습니다. 환경 문제에 관심이 많은 같은 반 친구가 틈날 때마다 자신이 봤던 다큐멘터리 이야기를 해주며 아이로 하여금 흥미를 유발시킨 모양이었습니다.

친구의 추천작을 시작으로 주말 하루 한 편의 다큐멘터리를 보기 시작했습니다. 평소 말이 많은 집안 풍경답게 가만히 화면을 보고만 있을 리 없습니다. 중간중간에도 끊임없이 자기 생각을 말하고 질문을 하고 말과 말이 오고 갑니다. 다큐가 끝난 뒤에는 자연스레 보면서 들었던 각자의 생각과 소감, 그리고 우리에게 남겨진 질문과 생각할 거리에 대해 얘기합니다. 저는 그 시간이 정말 행복하게 느껴집니다. 같은 것을 봤지만 우리는 어떤 장면에선 전혀 다른 것을 느끼기도 하고, 서로의 대화 속에서 미처 알아차리지 못했던 것들까지 깨닫게 되기도 합니다. 여행에서 자연으로, 환경으로, 그리고 인간에 관한 문제로 아이의 관심사가 확대되고 사고가 깊어지는 건 말할 것도 없습니다.

친구의 추천작이기도 했던 다큐멘터리 '씨스피라시(seaspiracy)'를 본 후에는 환경에 대한 아이의 세계가 더 넓어졌습니다. 바닷속 세계와 지구, 그리고 우리 이 세 관계에 대해 지금껏 생각하지 못했던 것들을 끊임없이 일깨워주고 질문을 던지는 '씨스피라시'를 두 번 반복 시청하면서 우리는 그간 우리가 생각했던 환경 문제가 얼마나 좁은 시각이었는지 깨달았습니다. 의미 있는 자극을 잔뜩 받은 아이는 그후로도 순간순간 다큐 속 장면들을 소환해 내곤 합니다. 아이의 생각이 조금 더 깊어졌고 가치 형성에도 지대한 영향을 끼쳤음을 느끼고 있지요.

주제는 인간의 삶으로 확대됐고 우리의 대화도 인간의 삶과 죽음과 같은 본질적인 문제로 옮겨가기도 했습니다. 가장 기억에 남는 다큐멘터리는 '딕 존슨이 죽었습니다(Dick Johnson is dead)'였습니다.

오랫동안 다큐멘터리를 만들어온 커스티 존슨이 자신의 아버지인 딕 존슨의 죽음에 대해 다루는 다큐입니다. 그런데 좀 오묘합니다. 픽션이기도 하고 논픽션이기도 합니다. 정신과 의사였던 아버지가 치매 증상을 보이기 시작하면서 감독인 딸은 마음이 복잡해집니다. 그리고 아버지의 죽음에 대해 '영화'를 만들기로 합니다. 딕 존슨은 다양한 방식으로 죽는 상황을 '촬영'하고 마침

내 연출된 자신의 장례식을 문틈으로 들여다보기도 하지요. 중간중간 딕 존슨의 젖은 눈이 포착되는데 때론 그 이유를 알 것도 같고 때로는 복잡다단한 깊이를 알기 어렵기도 합니다.

울컥하는 감정을 다스리며 시청을 끝낸 후 무엇보다 어린아이가 이 깊은 세계관을 제대로 이해할 수 있었는지, 아이 입장에서 바라본 죽음은 어땠는지 너무 궁금했습니다. 아이는 죽음에 대해 유쾌한 접근을 하는 다큐멘터리 속 장면들이 인상적이었다고 말했습니다. 실제로 다큐 속에는 상상 속의 천국도 나옵니다. 먼저 간 아내와 신나게 춤을 추는 장면은 행복해서 눈물이 날 지경이지요. 또 하나, 아이는 딕 존슨이 죽음에 대해 긍정적으로 생각하는 태도가 무척 감동적이었다고 말했습니다. 아닌 게 아니라 '사람은 누구나 죽는다'라는 피할 수 없는 진실 앞에서 목전에 다가온 죽음을 대하는 딕 존슨의 의연함은 어른인 저에게도 감동과 여운을 남겼습니다. 다행히 죽음이라는 어려운 주제를 아이는 그다지 무겁게 받아들이지 않은 것 같았습니다. 저는 아이가 죽음 속에서 삶을 혹은 삶 속에서 죽음을 생각해 봤으면 하는 취지로 이런 질문을 남겼습니다.

"자신의 장례식을 볼 수 있었던 딕 존슨은 정말 행복한 분인 것 같아. 우린 누구도 그럴 수 없잖아. 연출된 장면이지만 장례식에 참석한 모두가 진심으로 딕 존슨을 그리워하고 사랑하는 마음과 감정을 보여주고 있었잖아. 우리가 만일 각자의 장례식을 볼 수 있게 된다면, 그 장면은 어땠으면 좋을까? 그 장면을 생각해 본다면 지금 우리가 어떻게 살아야 할지에 대한 답을 어느 정도 알 수 있을지 몰라."

다소 어려울 수 있는 말이지만 저는 아이가 어느 정도 이해하리라 생각했습니다. 독일에 거주하는 동안 도심 곳곳에 있는 공원 묘지를 많이 접했기 때문입니다. 독일 거주 막바지 우리가 머물던 집 바로 앞에는 큰 규모의 시립 공원 묘지가 있었는데 사실상 매일 아침마다 그곳으로 산책을 하러 갔고 그때마다 저는 아이에게 삶과 죽음, 산 자와 죽은 자의 연결에 대한 이야기를 많이 들려주었습니다. 아침마다 묘지를 둘러보며 우리는 누군가의 인생 스토리를 상상하기도 하고, 촛불 켜진 묘지 앞에서는 가족의 마음을 떠올리고, 묘지 앞에 우두커니 앉아있는 할아버지를 보며 그리움 혹은 쓸쓸함이라는 감정의 실체를 지켜보기도 했습니다. 산책길에 마주치는 모든 것들이 아이의 세계관을 넓히고 깨달음을 주고 생각의 깊이를 만드는 훌륭한 매개가 되어주었던 것이지요.

일상을 벗어나면 새로운 시각이 열린다

마음만 먹는다면 이렇게 일상에서든 미디어를 통해서든 깊고 단단한 생각 근육을 키울 수 있는 대화 소재를 찾을 수 있지만, 바쁘고 복잡한 현실에서 그럴 마음의 여유가 도저히 생기지 않을 수도 있을 겁니다.

아무래도 쉬운 쪽은 일상을 벗어나보는 쪽이겠지요. '길 위의 학교'라 불리는 여행 말입니다. 사실 여행만큼 생각의 우주를 확장하는 좋은 방법도 없습니다. 평소와 달리 보이는 것들, 마주치는 사람들, 낯선 체험을 통해서 일상에서 품어보지 못했던 생각, 호기심에 찬 질문들이 쏟아져 나오니까요. 여행지에서 사진을 찍고 추억을 남기는 것도 좋겠지만 아이와 감상을 나누고 기쁨을 공유하고 보고 듣고 느끼는 모든 것을 소재 삼아 이야기를 나눠 보세요. 꼭 멀리 가는 것만이 능사는 아닙니다. 그저 심리적으로 일상 탈출이라고 느낄 수만 있다면 어디든 훌륭한 목적지가 될 수 있습니다.

'잃어버린 시간을 찾아서'를 쓴 프랑스의 소설가 마르셀 프루스트는 말했습니다. "진정한 여행이란 새로운 풍경을 보는 것이 아니라 새로운 시각을 갖는 것이다"라고. 어쩌면 이 말은 어른들에게만 해당되는 것일지도 모르겠습니다. 아이들은 이미 어디서든 새롭게 볼 준비가 돼 있다는 생각이 드니까요. 평소에는 팽팽하게 옥죄고 있는 긴장의 끈으로 인해 그 시각을 받아줄 여력이 없었을 수 있지만 여행지에서만큼은 아이 눈높이에 맞춰 같은 시각으로 세상을 보고 대화해 보기를 권합니다. 여행을 통해 아이의 세계는 더 확대될 것이고, 생각 우주도 더 크게 열릴 겁니다.

Chapter 04

논리적 사고를 만드는 설득 화법

오랜만에 파주 출판단지에 갔다가 돌아오는 길이었습니다. 저녁 식사 시간에 맞춰 출발했는데도 토요일 저녁 막히는 도로 사정으로 도착 시간이 계속 늘어나고 있었습니다. 저녁 식사가 많이 늦어질 것은 불 보듯 뻔한 상황이었습니다. 운전하는 남편의 옆자리에서 저는 머릿속으로 냉장고 속 재료를 떠올리며 가능한 한 빨리 준비해서 먹을 수 있는 메뉴가 무엇인지를 고민하고 있었습니다.

그때였습니다. 뒷자리에 앉은 아이가 불쑥 말했습니다. "오늘 저녁으로 라면 먹을까?" 내심 반가운 제안이었습니다. 남편도 그런 눈치였지만 둘다 침묵하며 서로의 눈치를 보고 있었습니다. 한창 성장기인 아이에게 라면을 먹이고 싶지 않다는 마음에 아이가 라면을 메뉴로 제안할 때마다 선뜻 '그러자'고 말하는 법이 없는 우리는 침묵을 통해 서로에게 '좋은 제안이기는 한데 어떻게 하면 좋을까?'라고 말하고 있었습니다. 어쩌다 한번이면 그렇게 고민하지는 않았을 텐데 시도 때도 없이 라면 노래를 부르는 아이니 어떻게 말해야 할지 망설여졌습니다.

오늘 저녁, 라면을 꼭 먹어야 할 이유

망설이는 상황을 읽은 아이는 얼른 덧붙였습니다. "우리 여행 갔다 돌아올 때는 항상 라면을 먹었잖아. 그러니까 오늘도 먹어야지." 나름 생각해낸 근거를 말하며 노력하는 모습이 가상하게 느껴졌습니다. 그 순간, 머릿속에 떠오른 것이 있었습니다. 물론 결과적으로는 라면을 먹게 될 것 같기는 했지만, 아이가 시작한 부연 설명을 좀 더 해보도록 하면 어떨까 하는 것이었습니다.

오래전 잡지사에서 교육 콘텐츠를 담당할 때 인터뷰차 만났던 어떤 분의 사례가 떠올랐습니다. 당시 교육계에서 핫한 전문가들을 만나 공부 노하우부터 인성, 태도, 관계 나아가 부모 교육에 이르기까지 정보를 전해 듣는 동안 '나중에 아이를 낳으면 활용해 보리라' 마음속에 저장해둔 내용들이 많았는데 라면 먹자는 아이 제안에 번뜩 경제교육전문가 한 분이 떠오른 것입니다. 아이에게 어릴 때부터 경제교육을 시켜야 한다고 강조하던 그분에게 이런 질문을 했었습니다. "그래서 실제로 자녀분들에게 어떤 교육 방법을 쓰고 계신가요?"

그분은 말했습니다. 아주 사소한 것 하나도 그냥 사주시 않는다고. 사야할 이유와 논리를 정확히 제시하면서 부모를 설득하게 만든다고. 더 자세히는 '꼭 사야하는 이유'를 한 10가지 정도 적어오게 한 후 읽어보고 그 설득 논리가 통하면 사주고, 실패하면 얻지 못하는 것이라고 했습니다. 당시 이야기를 들을 때는 한편으로 '뭘 그렇게까지 해야 하나', '매번 그렇게 접근하면 아이가 오히려 반발할 것 같은데'라는 생각이 들었습니다. 그럼에도 불구하고 '참 재미있는 대화 방법'이라는 생각이 들었지요. 불필요한 소비를 줄이는 효과, 경제 관념의 시작 같은 표면적 효과는 뒤로 하더라도 그저 아이가 어떤 논리를 펼칠지 그것만으로도 흥미롭게 느껴졌습니다. 아이가 장난감 하나를 갖기 위해서 어떤 이유를 대며 설득의 논리를 쏟아낼지… 그중엔 진짜 말도 안 되는 이유도 있을 테고 절박한 감정도 드러나겠지요. 그 인터뷰 당시 결혼도 하지 않은 상태였던 저는 혼자 이 신박한 대화법을 써먹게 될 훗날을 기약했습니다.

그리고 '그 훗날'이 드디어 찾아온 것입니다. 저는 아이에게 제안했습니다.

"좋아, 그러면 우리가 오늘 저녁에 왜 라면을 먹어야 하는지를 네가 한번 잘 설득해봐. 엄마 아빠는 반드시 라면이어야 할 이유를 모르겠거든. 그런데 또 먹을 수 있을 것 같기도 해. 그러니까 네가 우리 좀 설득해줘."

아이는 황당해 했습니다. 라면 하나 먹자는데 설득을 해보라니 치사한 마음도 들었을 겁니다. 하지만 저는 알고 있었습니다. 라면을 먹기 위해서라면 이 치사한 상황도 감수할 것이란 걸 말입니다. 미안하지만 아이의 그 애절한 라면 사랑을 이용하기로 한 것이지요.

한참을 생각하던 아이는 주절주절 뭔가를 말하기 시작했습니다. 라면은 맛있다, 우리는 맛있는 걸 먹어야 한다, 여행 후에는 라면을 먹었다, 오늘도 짧았지만 여행 중의 하나였다 등등의 설명이었습니다. 그쯤에서 설득될 생각이었다면 애초에 이런 '판'을 깔지도 않았겠지요.

"음, 뭔가 좀 부족한데? 그 정도 이유라면 꼭 라면이 아니어도 되지 않아?"

아이의 목소리에 눈물이 섞이기 시작했습니다. 억울할 때 울먹거리는 버릇이 있는데 그 상황도 무척 억울했던 모양입니다. 그즈음 운전을 하며 저와 아이의 대화를 듣고 있던 남편이 상황을 눈치채고 살짝 힌트를 주었습니다.

"지금 시간이 어떻게 되지?"

아이는 아빠의 말에서 '반짝' 아이디어를 얻었는지 전열을 다듬고 다시 논리를 펴 나가기 시작했습니다.

"지금 7시가 넘었잖아. 내비게이션에 집까지 20분 남았다고 나오는데 주차장에 주차하고 올라가면 7시 반이나 되어야 집에 들어갈 거야. 그때부터 엄마가 저녁을 준비하려면 시간이 많이 걸리잖아? 그러면 너무 늦게 저녁을 먹어야 하니까 건강에도 좋지 않아. 그리고 나도 문제집 풀고 할 일이 있는데 밥을 늦게 먹으면 시간이 없어서 안 좋을 것 같아."

'설득의 상황'을 제시했을 때 기대했던 답이 드디어 나왔습니다. 남편과 저는 고민할 것도 없이 동시에 "좋아"를 외쳤죠. 거기서만 끝나도 결론은 아름다웠겠지만, 저는 아이가 그 상황을 좀 더 유머러스하고 즐겁게 받아들이도록 만들고 싶다는 생각을 했습니다. 결과적으로 아이의 설득이 통했고 원하는 라면을 먹게 됐으니 만족했겠지요. 그러나 라면 하나 먹기 위해 힘들고 까다로웠던 기억으로서가 아니라 엄마 아빠와의 즐거운 대화 경험으로 남았으면 좋겠다고 생각했어요.

"와, 너무 설득을 잘했는데! 그런데 사실 엄마는 이런 답을 원했어. '엄마, 내가 사랑하는 엄마가 저녁을 준비하느라 너~무 힘들잖아. 내가 라면을 좋아해서 먹자고 하는 게 아니야. 엄마가 저녁 준비하는 고생을 안 하도록 그래서 제안한 거지. 절대로 내가 먹고 싶어서 그런 건 아니야'라고 말이야."

들고 있던 아이는 깔깔 웃어대기 시작했습니다. 그 웃음 속에서 '다음 번엔 저런 방법을 써봐야지' 하는 아이의 깨달음을 읽었던 것도 같습니다.

라면 먹는 것 하나로 그렇게 우리는 꽤 오랜 시간을 즐겁게 이야기했습니다. 생각과 그 생각이 자라는 과정은 그리 거창한 것이 아니라고 믿습니다. 라면 먹는 일 하나로도 아이는 어떤 이유를 생각해야 하는지, 어떻게 말해야 하는지, 심지어 그 상황을 유머러스하게 풀어가는 방법까지 대화를 통해 배웠을 겁니다.

아닌 게 아니라 아이는 그 후로 '설득'에 관한 굉장히 자신감 있는 태도를 보이곤 했습니다. 별일도 아닌데 매번 "엄마, 내가 설득해 볼까?"라며 원하는 것을 언제든 쟁취할 수 있다는 듯 여유만만한 태도를 보이곤 했지요. 그 말인 즉, 부모와 아이가 반목하는 상황에 처했을 때도 감정이 상한 채 입을 닫고 포기하는 것으로 끝내 버리지 않는다는 뜻이기도 합니다. 서로 의견이 다르고 때로 갈등이 생긴다 해도 대화할 여지가 남게 되는 것입니다. 나아가 자신의 생각을 관철시키기 위해 생각하고 논리를 만들고 효과적인 화법을 고민하게 됩니다.

라면 하나를 먹기 위해 나름의 논리력을 펼치며 엄마 아빠에게 긍정의 답을 받아내기 위해 노력한 그날 아이의 태도는 충분히 가상했지만, 그보다 기뻤던 것은 아이가 대화가 닫혀버릴 수 있는 상황에서도 지속 가능한 대화로 이어나갈 수 있는 방식을 배우고 깨달았다는 사실 때문이었습니다.

설득적 화법을 스스로 배울 수 있는 절호의 기회

이 설득의 대화법은 더 어린아이들에게도 충분히 적용이 가능한 방법입니다. 원하는 물건을 갖기 위해 떼쓰는 아이는 지극히 보편적인 태도입니다. 갖고 있어도 비슷한 것을 또 사고 싶어하기도 하고 정말 쓸모라고는 1도 없을 것 같은, 아니 오히려 유해하게만 느껴지는 것을 사달라고 조르기도 합니다. 이럴 때 부모님들의 반응은 아이에게 사줄 수 없는 이유를 최대한 인내하며 설명하거나 단호한 태도로 "안 돼" 한마디로 끝내고 마는 식으로 나뉠 것입니다. 전자의 경우라 해도 역시 아이가 바로 수긍하는 경우는 드물 겁니다. 결국에는 "안 돼"라는 일방적 말로 끝나는 상황이 훨씬 많지요.

그럴 때는 '설득의 대화'를 적용해 볼 수 있습니다. 원하는 이유가 무엇인지, 그게 어떤 좋은 점이 있는지, 그걸 갖게 되면 아이에게 혹은 우리 가족에게 어떤 장점이 있는지 등을 아이에게 설명해 보도록 하는 것입니다. 아마도 원하는 것을 갖기 위한 목적이라면 아이들은 머리를 굴려 생각을 쥐어짜내 설득의 말들을 쏟아낼 것입니다. 그렇게 잠시 갖고 싶다는 강한 욕망을 뒤로 하고 부모님을 이해시키기 위한 생각을 거듭하는 과정에서 어쩌면 스스로 그다지 필요하지 않다는 점을 깨닫게 될지도 모를 일입니다. 반대로 부모는 아이의 그럴싸한 설득에 넘어가 예상에 없던 지출을 하게 될지도 모릅니다. 하지만 그런 상황이라면 기꺼이 기쁜 마음으로 지갑을 열 수 있지 않을까요? 어떤 식으로 결론이 나든 부모님 입장에서는 손해볼 게 없습니다.

기억할 것은 설득적 화법을 적용하더라도 즐겁게 흘러가야 한다는 사실입니다. 우리 아이도 그랬겠지만, 별것도 아닌 일에 매번 '설득해 보라'고 하면 아이 입장에서는 황당하고 치사한 생각이 들 겁니다. 처음에는 좀 해보다가

안심Touch

별로 먹히지 않는다 싶으면 포기해 버릴지도 모르지요. 그 다음부터는 아예 그런 상황 자체를 만들지 않고 대화를 닫아버릴 수도 있습니다.

설득도 대화 기술의 하나입니다. 대화를 닫기 위한 방법이 아니라 그 문을 더 넓게 열기 위한 수단이 되어야 합니다. 그럼 어떻게 해야 할까요? 설득 화법을 시작할 때는 아이 설명이 조금 부족해도, 논리력이 좀 떨어져도, 백퍼센트 납득이 되지 않는다 하더라도 그 노력을 가상히 여기고 때때로 져줄 필요가 있습니다. 설령 그게 '팩트'라 해도 "그게 말이 되니?", "논리가 없잖아!", "설득을 못했으니 들어줄 수 없어"라는 말로 상처를 주면 안 됩니다. 모자란 부분에 대해서는 친절하게 설명해 주면서 "하지만 잘했고 너의 노력이 충분했으니 들어줄게"라고 격려할 수 있어야 합니다.

뿐만 아니라 이 상황을 온전히 아이에게만 맡겨 놓기보다 함께 해주는 자세도 필요합니다. 처음엔 그저 당황스러울 수밖에 없는 아이에게 은근한 힌트를 던져주면서 조금씩 생각을 더해가도록 조력자 역할을 해줘야 하는 것입니다. 제 남편이 아이에게 시간을 묻는 것으로 대답의 실마리를 제공해 준 것처럼 말입니다. 엄마와 아빠부터 설득 화법으로 대화하는 장면을 보여주는 것도 좋은 학습이 될 수 있습니다. 보다 잘 설득하기 위해서, 상대의 마음을 얻기 위해서 논리를 만들기 전에 상대방이 처한 상황이나 성향 등을 파악하고 그 틈을 파고들면 훨씬 효과적이라는 '팁'을 줄 수도 있을 겁니다. 아이와 저의 라면 대화에서 그랬듯이 때로는 논리보다 '감정'에 호소하는 것도 좋은 방법이라는 설명도 가능하겠고요.

아이에게는 '절대 사주지 않기 위한' 혹은 '네가 원하는 것을 들어주지 않기 위한' 방법으로서가 아니라 '들어주기 위해서' 설득의 과정이 필요하다는 것도 알려주어야 합니다. 그러면 아이는 더욱 열심히 생각을 굴릴 테고 결국 자신의 노력으로 원하는 것을 얻어낸 후에는 무척 뿌듯한 마음이 들 겁니다. '평소엔 그냥 "안 돼" 한마디로 끝났을 텐데 내가 이렇게 설명을 하니까 엄마 아빠가 들어주네?' 하고 깨닫는 순간 성취감은 물론이고 동기부여도 확실히 되겠지요. 비슷한 상황을 거듭하는 동안 생각하는 능력은 물론 보다 설득적인 화법을 구사하기 위한 노력을 할 수도 있습니다.

제안하는 능력, 설득을 위한 논리력이 어릴 때부터 서서히 쌓인다면 훗날 아이의 사고 체계가 얼마나 단단해져 있을지는 충분히 짐작됩니다. 가장 가까운 관계인 부모와 자녀 사이에서는 좀처럼 '설득'이라는 대화가 끼어들기 어렵지만, 의도적으로라도 즐거운 설득을 대화 속에 자연스레 녹인다면 아이는 학교생활 그리고 더 훗날의 사회생활을 하기 위한 강력한 무기 하나를 갖추게 되는 것입니다.

그럼에도 불구하고 여전히 '뭘 그렇게까지 해야 하나' 싶다면 과정의 즐거움을 생각해 보세요. 아이가 자신이 원하는 걸 갖기 위해서 도대체 어떤 논리와 비논리의 말들을 쏟아낼지 그것만으로 기대되지 않나요? 아이들의 언어란 때론 놀라울 때가 많습니다. '어떻게 이런 생각을 할 수 있지?'라며 뜻밖의 논리에 화들짝 놀라 저절로 지갑이 열리게 될지도 모르고, 말도 안 되는 이야기들을 풀어놓아서 한바탕 웃음꽃이 필 수도 있습니다. 그리고 설득의 경험이 쌓여가는 동안 아이는 떼를 쓰거나 무조건 해달라는 식의 태도를 버리게 될 수도 있습니다. 어느 쪽이든 해볼 만하지 않나요?

안심Touch

아이를 바꾸는 어른들의 대화법

"아이는 날마다 엄마와 아빠를 지켜보고 있습니다. 당신은 어릴 적에 힘들어하시는 부모님을 보면서 아무것도 도울 수 없어 안타까웠던 적 없나요? 아이는 부모가 생각하는 것 이상으로 부모를 기쁘게 하려고 날마다 애쓰고 있습니다. 이런 아이를 위해서라도 가장 가까운 배우자와의 대화를 소중히 여겨 진심으로 웃는 부모가 되어 주세요."

가족소통전문가로 알려진 아마로 히카리의 저서 〈아이의 두뇌는 부부의 대화 속에서 자란다〉의 첫 페이지에는 가족들의 모습을 그린 일러스트와 함께

148 생각이 자라는 아이

위와 같은 문장이 등장합니다. 책을 본격적으로 읽기도 전에 저는 '아이는 날마다 엄마와 아빠를 지켜보고 있습니다'라는 문장에서 페이지를 멈추고 한참을 들여다 봤습니다. 책의 맥락은 굳이 말이 필요 없었습니다. 일러스트 속 아이 표정을 통해 '엄마의 정성과 아빠의 따뜻함을 아이는 읽을 수 있다'는 메시지를 전달하고 있었지요.

하지만 저는 반대의 경우를 떠올리며 생각이 많아졌습니다. 아이가 지켜보는 부모의 상황이나 표정은 언제나 따뜻할 수만은 없습니다. 부모 사이의 냉랭한 분위기, 싸늘한 언어, 배려 없는 태도 등이 오히려 아이를 움츠러들거나 긴장하게 만들고 심지어 두렵게 만들 수도 있으니까요. 실제로 우리 주변에 이런 사례는 너무나 많습니다. 언뜻 보기엔 아무 문제가 없어 보이는 가정이라 해도 속내를 보면 부부의 갈등으로부터 시작돼 부모와 자녀 간의 문제로 확대된 경우들이 있습니다.

인기 TV 프로그램인 '요즘 육아 금쪽같은 내 새끼'(채널A)를 시청하다 보면 부모가 만들어내는 분위기와 태도가 아이에게 얼마나 중요한지 다시 한번 느끼게 됩니다. 그럴 때마다 저는 마음속으로 떠올리는 말이 있습니다. '문제 있는 아이는 없다. 문제 있는 부모가 있을 뿐.'

대화 많은 부모가 만들어내는 정서적·사고적 변화

저는 말의 가치에 대해 중요하게 생각합니다. 여기서 말이란 유창한 언어, 교양 있고 품격 있는 언어 등과는 다소 다른 범주입니다. 그런 것이 중요하지 않다는 뜻이 아니라 그보다 상대의 따뜻함을 읽을 수 있는 말이 지닌 힘과 가치를 높이 평가하는 것입니다.

일반적으로 우리가 '따뜻한 가정'이라고 할 때 어떤 기준으로 하는 말일까요? 한 집안의 분위기를 구성하는 요소들은 많겠지만 그중에 말이 중요한 부분을 차지합니다. 가족 구성원들 간에 대화가 얼마나 많은가, 그리고 그 대화의 온도가 얼마나 따뜻한가.

엄마가 된 후 다른 건 몰라도 아이가 따뜻한 말이 만들어내는 가정 안에서 자랄 수 있기를 바랐습니다. 아이를 키우면서 애정 어린 말과 표현을 하는 건 두말할 필요 없이 중요하지만, 늘 그럴 수만은 없습니다. 누구보다 객관적이고 이성적인 태도를 유지해야 할 상황도 생기고, 때론 따끔한 지적이나 조언을 해야 할 필요도 있습니다. 다만, 야단을 맞거나 날카로운 말을 듣게 되더라도 '부모가 나를 사랑한다'는 확신이 있고, 평소 가정에 흐르는 말의 공기가 일관되게 온기를 품고 있다면 크게 상처 받지 않고, 아이 스스로 받아들일 수 있을 거라고 생각했습니다. 일관성을 갖기 위해서는 일단 가족 구성원 간에 오고 가는 말이 많아야 하지요.

그런 면에서 저희 부부의 점수는 꽤 괜찮은 편이라고 자부합니다. 우선 저희는 대화가 정말 많습니다. 아이가 어릴 때는 대부분의 맞벌이 가정이 그러하듯 각자 일이 주는 무게로 바쁘게 사느라 일단 시간적 한계 때문에 마주 앉아 대화할 기회가 많지 않았습니다. 세 가족이 오롯이 함께 보내는 시간이 일주일에 고작 주말 이틀 중 하루 정도였지만 다행인 건 그 시간만큼은 둘 다 최선을 다하려고 노력했다는 점입니다. 엄마와 아빠라는 역할뿐 아니라 둘 사이에도 밀린 이야기를 하느라 많은 대화가 오고 갔지요. 설령 그것이 아이를 키우는 문제, 집안을 운영해 나가는 현안과 관련된 것들이었다 해도 우리는 서로가 서로에게 말하고 질문하고 의견을 구하며 많은 대화를 쏟아냈습니다. '우리가 대화하는 분위기를 아이가 지켜보고 있을거야'라는 의식 때문에 일부러 보여주기 위함은 결코 아니었습니다. 하지만 알게 모르게 부모의 언어가, 부모 사이에 흐르는 기류가 아이에게 영향을 끼칠 것이라는 사실만큼은 항상 인지하고 있었지요.

최근 몇 번 아이와 함께 '금쪽같은 내 새끼'를 시청하게 된 때가 있었습니다. 부부 사이에 그리고 부모와 자녀 사이에 따뜻한 대화가 단절된 몇몇 경우를 보면서 아이는 이렇게 말했습니다. "우리처럼 대화를 많이 하면 될 텐데!" 아이는 '우리는 대화가 많은 가족'이라는 자부심이 있습니다. 여기에는 아빠와의 대화, 엄마와의 대화만이 아니라 엄마와 아빠 둘 사이에 일어나는 일상의 많은 대화도 당연히 포함돼 있습니다.

아이가 그런 자부심마저 갖게 된 분위기의 시작은 독일에서부터입니다. 독일에서도 남편의 일은 여전히 많았지만 재택근무 환경이 주는 일상 대화의 기회가 정말로 많아졌습니다. 게다가 남의 나라에 살다 보니 오로지 가족에게 의지해 매 순간 힘을 합쳐 해결해야 할 일이 많았고, 또 다른 업무라는 약속과 술자리 등이 거의 없어 여가 시간 조절이 가능하다는 점도 많은 대화를 만들어냈습니다.

대화의 주제는 차고도 넘쳤습니다. 아이와 학교 이야기는 물론이고 독일 현지 이야기, 한국의 뉴스와 가족들 소식, 날씨, 이웃들 이야기, 다양한 정보, 주말 계획, 심지어 식사 메뉴를 어떤 걸로 정할 것인가에 대해서까지 우리의 대화는 끊이지 않았습니다. 그 사이에 웃음이 오가고 감탄사가 넘치기도 하지만 때로는 골치 아픈 일로 한숨짓기도 하고 의견 차이로 치열한 대화가 오갈

안심Touch

때도 있었습니다. 그런 순간에도 아이는 부모의 대화로 인해 눈치를 보거나 위축되지는 않았습니다. 저는 그게 평소의 따뜻한 공기가 주는 믿음과 신뢰 때문이라고 생각했지요.

어릴 때 예민한 성격으로 집안 어른들의 걱정을 사기도 했던 아이는 이 시기에 성격이 몰라보게 바뀌었습니다. 급격하게 달라진 환경이 혹 아이의 예민함을 더 날카롭게 만들지 않을까 걱정이 많았던 우리 부부로서는 그런 변화가 반갑고도 놀라웠습니다. 시간이 흐른 뒤 아이가 변화한 이유에 대해 우리가 내린 답은 가족의 변화였습니다. 물리적으로 함께 보내는 시간이 많아진 것은 물론이고, 그 시간을 보내는 방법에 결정적 이유가 있다고 판단했습니다. 아이와의 관계에서 끊임없는 관심과 사랑의 표현, 서로의 모든 일상을 공유하는 소통, 무한한 지지와 격려가 있었고, 부모가 항상 대화할 준비가 되어 있고 아주 사소한 일부터 의논하고 공유하는 모습을 바로 옆에서 지켜보면서 아이 마음에도 변화가 찾아온 것입니다.

대화가 많은 분위기가 아이 마음을 편안하게 하고 정서적인 변화를 이끌어 냈다면, 부부의 대화에 늘 아이를 동참시킨 것은 생각의 변화에도 영향을 끼쳤습니다. 대화의 양이 많다는 건 아이가 있으나 없으나 일관됐는데 그러다 보니 우리는 아이 앞에서 할 말과 하지 않을 말을 구분하지 않는 편이었습니다. 가리지 않고 말을 막 한다는 뜻이 아니라, 아이 앞에서 하지 말아야 할 불편한 화제라면 둘이 있을 때도 거의 하지 않는다는 뜻입니다. 달리 말하면 모든 대화에 아이를 참여시킬 준비가 돼 있는 것이지요. 설령 그것이 어른들의 화제이거나 다소 어려운 내용이라 해도 아이가 옆에서 '그게 무슨 말이야?' 하고 끼어들면 친절하게 설명해 주고 아이의 의견이나 생각을 묻기도 하며 함께 대화했습니다.

보통 부모님들이 많이 쓰는 "너는 몰라도 돼"라는 말은 적어도 저희 집에서는 없는 문장입니다. 설령 정말로 아이가 몰라도 되는 문제라면 아이가 없는 데서 대화하는 게 맞겠지요. 그래서인지 아이는 어른들의 대화에 동참하는 게 익숙하고 또 즐깁니다. 그 화제가 국내외 정세며 경제, 사회를 넘나드는 다소 어려운 주제라 하더라도 관심을 갖고 기꺼이 동참합니다. 그러는 사이에 질문도 하고 자기 의견을 말하기도 하고요. 집에 손님이 올 때도 아이는 오랜 시간 이어지는 대화 자리를 벗어나지 않고 경청했습니다. 어쩌다 아이다운 발언을 할 때면 대화 분위기가 더 훈훈해지는 효과도 있었고, 들어도 무슨 말인지 이해가 되지 않을 때는 손님들이 가고 난 뒤 "아까 그 말, 무슨 뜻이야?"라고 설명을 요구하기도 했지요.

어른들과의 대화가 아이의 생각을 자극하고 사고를 풍부하게 한다는 것을 경험적으로 터득한 저희 부부는 때로 아이를 대화에 참여시키고 싶어서 '상황 연기'를 할 때도 있습니다. 아이가 관심 갖고 참여해 줬으면 하는 주제가 있지만 막상 '우리 이걸로 대화해 보자'라는 부담을 주고 싶지 않을 때 쓰는 방법입니다. 아이가 옆에서 듣고 있다는 것을 알면서도 모른 척 저희끼리만 대화합니다. 호기심을 자극하는 것이지요. 그럴 때는 오히려 더 재미있게 대화하려고 되지 않는 연기를 합니다. 목소리 톤도 높여가며 "정말? 그런 일이 있었다고?"라며 아이의 마음을 끌어당기지요. 십중팔구 아이는 관심을 보이며 자연스레 대화에 참여하게 됩니다.

특히 학습에 관련한 주제일수록 이 방법을 씁니다. 무엇이든 자발적인 태도가 가장 우선시되어야 한다고 믿는 저희 부부는 공부에 관해서는 '이거 해라'라는 말을 지양합니다. 일단 권하고 의견을 듣고 결정을 하는 과정을 거치는 중에 아이가 절대적으로 반대하는 상황에 처하면 그 긍정적 효과에 대해 '부

안심Touch

부만의 대화 연기'를 합니다. 직접 여러 번 설득해도 안 되는 경우, 아이를 의식하지 않는 척하면서 저희끼리 '얼마나 좋은데!'라며 열띤 대화를 하고 있으면 아이는 간접적으로 그 대화를 듣는 것만으로 마음이 열리곤 했습니다.

간접적 대화가 좋은 순간은 또 있습니다. 바로 아이를 칭찬할 때입니다. '간접 칭찬'의 효과는 앞서 거론한 책에도 소개되어 있는데 "누군가 나에게 직접 하는 말에는 다른 의도나 다정한 거짓말(겉치레, 빈말 등)이 섞이지만, 나에 대한 간접적인 말에는 말하는 사람의 진심이 담겨 있다고 믿기 때문"에 간접적으로 들은 칭찬에 더 큰 영향을 받고 오래 가슴에 담아둔다는 것입니다.

좋은 말은 간접적으로 하는 게 더 효과적일 수 있다는 계산을 했던 것은 아닌데 저는 오래 전부터 그런 방식의 칭찬을 하고 있었습니다. 아이에게 일어나는 좋은 일들, 칭찬 받아 마땅한 상황을 시간상 남편보다 먼저 알게 되는 제가 나중에 남편 앞에서 아이 자랑을 늘어놓는 식이었습니다. 그럴 때 옆에서 자신에 관한 이야기를 듣고 있는 아이의 표정은 직접 칭찬을 들었을 때보다 훨씬 큰 기쁨으로 가득 차 있곤 했습니다.

간접 칭찬의 효과 "우리 아이는 진짜 어메이징해"

부부간의 대화가 아니더라도 특히 칭찬에 있어서는 어른들의 간접 대화 방식이 보다 효과적이라는 생각이 듭니다. 아이가 동석한 자리에서 누군가 자녀에 대해 칭찬할 때 함께 맞장구를 치며 칭찬을 해준다면 듣고 있는 아이는 다른 어른의 칭찬은 물론이고 내 부모의 인정까지 받는 느낌이 한꺼번에 들 겁니다.

그런데 사실 이 부분이 우리에게는 어색한 부분입니다. 우리나라처럼 겸손이 미덕인 나라에서 누군가 내 아이 칭찬을 하면 일단 낮추는 언어가 먼저 튀어나오는 게 습관처럼 되어 버렸으니까요. 저도 그랬습니다. 누군가 아이의 칭찬을 하면 사실이건 아니건 일단 '아니에요~'라는 부정의 말부터 시작하곤 했습니다. 아이가 옆에 있건 없건 마찬가지였지요. 그 상황이 이상하다고, 그럴 필요가 없다고 깨닫게 된 것은 다른 외국인 엄마들과 교류를 하게 되면서였습니다.

어느 날 아이의 절친 중 한 명이었던 그리스 친구 엄마와 이런 대화를 나눈 적이 있습니다. 그 친구는 아래로 동생이 둘 있었는데 볼 때마다 동생들을 잘 챙기고 학교에서도 의젓하기로 소문난 아이였습니다. 늦둥이 막내를 낳고 오랜만에 학교에 모습을 드러낸 친구 엄마와 인사를 하며 저는 이렇게 말했습니다.

"네 아들은 정말 늘 의젓하더라. 우리 애도 형 같다는 얘길 자주 하던데? 동생들한테도 좋은 형일 것 같아."

진심에서 우러나온 칭찬이기도 했고 오랜만에 만난 그녀와 짧게 인사하는 순간 가볍게 던질 수 있는 말이라서 꺼낸 이유도 있었습니다. 그런데 그 말 끝에 기다렸다는 듯 튀어나오는 그녀의 대답이 놀라웠습니다.

"맞아, 우리 애는 정말 어메이징한 아이야. 아들로서도 형으로서도 너무나 훌륭해."

낯선 자극에 몇 초간 할 말을 잃었습니다. 한국 부모들 사이의 대화와는 패턴이 달랐으니까요. 같은 상황이 한국 부모들 사이에 일어났다면 '그렇지도 않아요'라거나 '집에서는 동생이랑 싸워요'라거나 '그 정도는 아니에요'라고 손사래부터 치지 않았을까요? 그 아이가 정말로 완벽하게 훌륭한 아이라서 엄

안심Touch

마가 그렇게 표현할 수밖에 없었던 건 아닐 겁니다. 하지만 그 엄마는 '내 아이의 좋은 면'을 먼저 떠올리고 상대의 칭찬에 절대 공감한 것이지요. 당시 대화에서 칭찬의 당사자가 옆에 있지 않았지만 아마도 그 엄마는 아이가 있는 자리에서도 똑같은 반응을 했을 겁니다. 남들 앞에서 엄마가 "우리 아이는 너무 훌륭해"라고 말해줄 때 어쩌면 아이는 세상을 다 가진 것 같은 느낌이 들 수도 있겠지요. 그리고는 정말로 그런 아이가 되기 위해서 더 노력할지도 모를 일입니다.

독일에 살면서 비슷한 상황을 수도 없이 겪었습니다. 학부모들과 아이들 이야기를 하다 보면 칭찬이 오가는데 모두가 한결같이 "우리 아이는 정말 그래"라면서 일단 고맙게 받은 뒤 "그런데 네 아이도 훌륭하잖아"라고 칭찬으로 되갚는 패턴이 반복됐습니다. 처음엔 낯설기만 했던 이 상황은 점점 더 편안하고 좋은 자극이 되었습니다. 어쩌면 자신의 아이에 대해서 저토록 자신감 있게 "내 아이는 진짜 훌륭해!"라고 말할 수 있는 부모의 태도와 마인드가 아이를 진짜 그렇게 만들고 있는지도 모른다는 생각도 들었습니다. 한마디 말이 아이를 어떻게 바꿀지는 아무도 모르는 일입니다.

여전히 한국 부모들과 대화하는 상황에서는 머뭇거리게 되는 면이 있습니다. 누군가 던진 아이 칭찬을 듣고 제가 "맞아요. 우리 아이는 정말 놀라운 아이예요."라고 답한다면 상대방은 속으로 어떤 생각을 할까 고민스럽기 때문입니다. 그래도 일단 "그렇지 않아요"라며 먼저 낮춰 말하고 보는 건 이제 하지 않습니다. 특히 아이가 옆에서 듣고 있는 상황이라면 더 신경을 씁니다. 우선은 칭찬해 주는 말에 대해 감사를 표하고 과도한 칭찬에 대해서는 있는 그대로 '정정'을 하기도 하지만, 겸손이 미덕이라는 생각으로 무턱대고 내 아이를 깎아내리는 말은 하지 않습니다.

부모의 대화법은 아이의 거울이 된다

부모의 대화, 그리고 어른들의 대화는 아이가 자라는 내내 지속적으로 중요한 역할을 합니다. 정서적인 안정은 물론이고, 그 말이 아이의 호기심을 자극하기도 하고 때로는 한마디 말이 인생에 결정타가 되어줄 수도 있습니다. 집안 분위기가 주는 자신감은 자존감으로도 이어집니다. 직접적으로 아이를 향해 있는 말이 아니더라도 아이는 어디서나 듣고 있고 지켜보고 있다는 사실을 잊어서는 안 됩니다.

아이와 대화가 잘되는데 부부끼리는 그렇지 않은 경우도 많습니다. 아이와는 대화를 많이 하니 문제가 없다고 생각할 수 있지만 부부간에 대화를 하지 않거나 서로 항상 날이 서 있다면 그 모습을 바라보는 아이는 어떤 감정을 느낄까요? 부모와 가족의 관계에 대해서 어떻게 느낄지 생각해 봐야 합니다.

가족은 유기적인 관계입니다. 부부 사이가 좋은 집 치고 자녀와의 관계가 나쁜 경우는 거의 없습니다. 자녀를 둘러싼 문제 상황이 벌어지지 않아서가 아닙니다. 어떤 일이 생겨도 서로에 대한 믿음과 신뢰를 기반으로 문제를 해결해 나가기 때문입니다.

부모는 아이의 거울이라는 말 아시지요? 엄마 아빠가 어떻게 대화하고 어떤 관계를 유지하고 있는지 문제가 생기면 어떻게 힘을 합쳐 해결해 나가는지가 아이에게 고스란히 체득됩니다. 가정이라는 가장 작은 사회가 어떤 방식으로 잘 돌아가는지 배운 아이는 훗날 많은 사람들과 관계를 맺고 더 큰 세상으로 나아갈 때 큰 힘을 발휘하게 될 겁니다.

언젠가 아이를 인터뷰하면서 우리 부부의 평소 대화 방식이나 서로를 대하는 태도 등에 대해 어떻게 생각하는지 물어본 적이 있습니다. 아이는 "친구처

안심Touch

럼 지내는 엄마 아빠를 보면 다른 친구들과 어떻게 지내야 하는지 배울 수 있다"고 답했습니다. 또 자신을 친구처럼 대하고 대화하는 태도를 보면서 자신도 그런 어른이 되고 싶다고도 했습니다.

아이의 대답은 많은 생각을 하게 했습니다. 우리 부부가 아이에게 하는 것만이 아니라 서로에게 어떤 태도를 가져야 하는지 어떻게 대화하고 관계 설정을 하며 살아가야 하는지 다시 한번 새기게 되는 순간이었습니다.

MEMO

Part 3

생각을 키우는 엄마표 토론

토론의 중요성은 날로 강조되고 있습니다. 요즘은 초등학생 때부터 또는 더 이른 시기부터 토론 교육을 시작하는 분위기입니다. 교육의 패러다임이 바뀌면서 당연하고 바람직한 흐름입니다. 더 이상 주입식 교육은 설 자리가 없습니다. 토론은 종합적 사고 활동 중 핵심이라고 할 수 있습니다.

그러나 안타깝게도 토론 교육의 대부분은 사교육이 담당하고 있습니다. 일부 지자체와 학교를 중심으로 토론 교육이 공교육 안으로 포함되긴 했지만, 여전히 많은 학부모에게는 직접 감당할 수 없는 사교육의 범위로 인식됩니다. 그러나 토론은 공부나 학습으로서가 아니라 일상으로서 문화로서 형성될 때 진정한 의미가 있고 효과 또한 큽니다.

아이 나이 9살에 시작해 3년간 '엄마표 토론'을 하고 있습니다. 토론 자체가 익숙하지 않은 아이와 놀이처럼 시작해 일상으로 자리잡기까지의 방법과 효과를 담았습니다.

Chapter 01

교육을 넘어 문화가 된 토론

영국의 철학자인 프랜시스 베이컨은 "독서는 지식이 충만한 사람을, 토론은 준비된 사람을, 글쓰기는 정확한 사람을 만든다"라고 했습니다. 독서와 토론, 글쓰기의 중요성은 더 말해 봐야 입만 아픕니다. 이 세 가지는 사실 각각 존재한다기보다 유기적인 관계입니다. 독서를 통해 높은 문해력을 갖추고 책에서 얻은 다양한 배경지식과 사고력을 바탕으로 토론을 잘하는 이들은 글을 통해 자신의 생각과 의견을 정리해 내는 기술도 갖춘 경우가 많습니다.

우리가 토론에 대해 잘못 생각하고 있는 것들

요즘은 초등학생 때부터 토론 교육을 많이 받는 분위기입니다. 시대가 변화하면서 토론 교육의 중요성이 점점 강조되고 있기 때문입니다. 서술형 시험 확대 등으로 사고하는 과정이 없으면 점점 학습이 어려운 시대가 되고 있습니다. 심지어 일부 지역이나 학교에서는 자체적으로 토론 교과서를 편찬하고 토론 수업을 정규 과정으로 도입하기도 했지요. 주입하고 암기하던 산업화 시대의 교육 방식에서 벗어나 비판적 사고, 창조적 문제해결 능력, 소통 능력, 협업 능력 등을 키우는 방식으로 변화하고 있는 것은 시대의 흐름상 당연한 결과이자 당면한 문제입니다.

교사가 전달하는 일방적인 지식은 흡수력에서 효과적이지 못합니다. 여러 연구 결과를 통해 우리는 듣기만 하는 강의가 직접 참여하는 강의보다 현저히 학습력이 떨어진다는 사실을 잘 알고 있습니다. 교과 학습의 효과적 측면에서뿐만 아니라 급격히 변화하는 시대를 살아나가기 위해서는 사고력을 기반으로 한 참여형 학습 방식이 절대적입니다. 우리는 지식정보사회를 지나 인공지능혁명 시대로 가고 있습니다. 수많은 정보와 데이터, 지식은 주변에 차고 넘칩니다. 지식의 저장고로서의 인간의 두뇌는 컴퓨터를 따라갈 수 없는 것입니다. 따라서 창의적, 비판적으로 사고하고 그 생각을 표현할 줄 아는 능력이 절대적으로 필요합니다. 미래 사회를 살아가야 할 우리 아이들에게는 말할 것도 없습니다.

토론은 종합 사고력 활동의 꽃이자 정수입니다. 단순히 생각하고 말하는 것만으로 토론이 이뤄지지 않습니다. 배경지식의 습득과 이해가 필요하고 그 지식을 바탕으로 자기 생각을 체계화, 논리화하는 능력이 더해지며, 그것들을 연결하고 융합해서 창의적인 해결 방안을 생각해 내는 지점까지 이르러야 합니다. 때로는 어떤 것이 문제인지도 생각해서 찾아내야 합니다. 생각 활동으로만 끝이 아니지요. 내 생각과 의견을 효과적으로 전달해야 하고 상대방을 설득하는 과정도 필요합니다. 혼자 하는 활동이 아니다 보니 그 안에서 사회적인 능력도 배웁니다. 상대의 말을 경청하고 다양한 의견을 존중하며 어떤 화법이 설득에 효과적인지도 배워가게 됩니다. 이런 능력을 갖추고 있다면 그야말로 미래형 인재인 셈입니다.

여기까지 들으면 많은 부모님들의 마음이 답답해질 겁니다. 토론 교육이 중요한 것도 알고 분명한 장점도 알겠고 해야 한다는 것도 알고 있는데 어디서부터 어떻게 할 것인가 머리가 아플 수밖에 없습니다. 시대 흐름에 맞게 방향 설정을 잘하긴 했는데 공교육이 어디까지 감당해 줄 것인가에 대해 확실한 믿음이 없는 부모 입장에서는 그저 부담으로만 작용할 수도 있는 일이니까요. 차라리 '문제 풀고 정답 맞추던 옛날 방식이 더 쉽다'는 농담 섞인 하소연도 이해가 갑니다. 그 무엇이든 입시와 연결되고 시험 성적이 중요한 우리나라 교육의 특수성 때문에 '그러면 당장 시험 준비를 어떻게 해야 하는가' 고민과 걱정에 휩싸이게 되지요. 이때 부모의 불안을 먹고 사는 새로운 사교육 시장이 생겨납니다. 각종 교과서 연계 사고력 학원, 사고력 학습지가 넘쳐나고 무엇이 됐든 토론과 연결 지은 교육법들이 등장합니다.

학원도 좋고 학습지도 좋은데 문제는 토론 능력은 짧은 순간에 길러지는 것이 아니란 점입니다. 문제를 파악하고 쟁점에 대해 생각하고 의견을 표출하는 이 짧은 과정에서 일어나는 사고적 활동은 그 깊이가 어마어마합니다. 단기간 학습으로 급격한 발전을 이뤄낼 것으로 기대하는 자체가 어려운 일이지요. 아주 어릴 때부터 접하고 일상적 활동이 되어야만 어떤 상황과 문제를 접했을 때 생각할 줄 알고 말할 수 있게 됩니다. 다시 말해 토론은 학습이나 공부가 아니라 사회적 분위기, 즉 문화여야 한다는 것입니다.

우리에게 제대로 된 '토론 문화'가 없었던 데는 나이와 서열이 중요한 유교 문화, 설령 그것이 너무나 이치에 맞고 논리적이라 하더라도 윗사람에게는 솔직한 반대 의견을 자유롭게 '해대는' 것이 되먹지 못한 인성에 대한 비판으로 되돌아오는 사회적 풍토도 중요한 몫을 했습니다. MZ라 칭하는 요즘 젊은 세대들은 좀 다를지 모르지만 오랜 시간에 걸쳐 고착된 사회적 분위기가 일순간에 바뀌기는 어렵습니다. 한편에서는 거침없이 발언하고 다른 한편에서는 그런 용기를 부러워하며, 또 다른 곳에서는 여전히 예의가 없다고 비판하는 세대들이 공존하고 있는 게 지금 우리의 현실입니다.

그러면 어릴 때부터 자기 발언권에 대해 배우고 토론하는 환경에 노출되는 지금의 초등학생 아이들이 어른이 된 후에는 사회적 분위기가 많이 달라져 있을까요? 그럴 수도 있고 아닐 수도 있을 겁니다. 기회적인 측면 그리고 환경적 측면에서는 이전 세대에 비해 확연히 다르지만, 토론에 접근하는 태도가 달라져야 하는 문제는 학습의 결과로 해결되는 부분이 아니기 때문입니다. 지금처럼 토론이 중요하니 사교육이 발전하는 식의 또 다른 공부가 되는 방식이라면 10년이 지나고 20년이 지나도 우리는 여전히 토론 학습, 토론 공부의 늪에서 빠져나오지 못하고 있을 것이란 생각도 듭니다.

토론 문화는 토론을 할 줄 안다고 해서, 심지어 학습의 결과로 토론을 '매우 잘' 할 수 있게 된다 해도 '저절로' 형성되는 것이 아닙니다. 한때 우리나라와 달리 서구권 아이들의 자기 표현력이 뛰어난 것이 동서양 문화적 차이에서 비롯된 것이라고 생각했던 적이 있습니다. 그러나 아이가 독일에서 자라며 교육받는 동안 '저절로'가 아닌, 아주 어릴 때부터 형성된 토론하는 습관이 사회 전체적 분위기로 이어지고 자연스레 토론 문화가 뿌리내리면서 얻어진 결과란 사실을 깨닫게 됐습니다. 바로 그 지점이 제가 '엄마표 토론 교육'을 직접 시작하게 된 절대적 이유였습니다. 학교 교육이나 사교육에 의존하는 공부의 형태가 아닌, 토론 자체가 일상에 뿌리내리도록 하기 위해서는 집에서부터 이뤄져야 하기 때문입니다.

독일 아이들은 왜 모두 말을 잘할까?

토론 교육에 대한 관심이 그 시절 갑자기 생긴 건 아닙니다. 아이가 유치원에 다니던 2010년대 중반, 우리나라 교육에서는 독서 논술이며 독서 토론이 새 교육의 방향으로 자리잡고 있었습니다. 주변 엄마들 사이에서도 해당 학원과 사교육이 유행처럼 번지고 있었고, 발 빠른 엄마들은 이제 막 한글 뗀 아이들에게 독서 논술 교육을 따로 가르치고 있었습니다. 어느 학원이 유명하다더라, 어떤 선생님이 잘 가르친다더라 하는 소문도 엄마들 입에서 입으로 전해지면서 학교에 입학하면 '필수 코스'이니 미리부터 줄을 서야 한다는 조언을 하는 분도 있었습니다.

도대체 독서 논술은 어떻게 가르치는 건지 궁금했습니다. 학창 시절에 독서 활동과 글쓰기 활동을 따로 배우지 않고 했던 제 경험을 돌아보면 왜 사교육이 필요한지 이해할 수 없는 측면도 있었습니다. 그래서 직접 배워 보기로 했습니다. 한편으로는 그렇게 중요한 교육이라는데 적어도 내 아이만큼은 내가 직접 가르치겠다는 마음도 있었습니다. 그렇게 한 유명 사설 교육업체의 독서 논술 지도사 과정을 이수하고 자격증을 발급받는 과정에서 저는 허탈감을 느겼습니다. 교육 프로그램이 좋지 않아서가 아닙니다. 그 교육의 방향이란 게 제가 학교를 다니던 시절과 별반 다를 게 없다는 데서 오는 감정이었습니다. 또 하나 '이런 수업을 아이들이 재미있어 할까' 하는 의문도 있었습니다. 학년마다 반드시 읽어야 하는 수많은 필독서의 압박, 그리고 왠지 자발적 생각이나 문제 의식의 발현이 아닌 수업 내용에 따라 정해진 길을 따라가는 방식이 과연 독서 논술과 토론 교육의 본질적 목적과 맞는가 하는 생각도 들었습니다.

마음 한구석에 남아있던 그 물음표에 대해 답을 찾게 된 것은 독일 교육 현장에서 행해지는 토론 교육을 목격하게 되면서입니다. 토론 교육에 관한 제 생각의 지평을 열어주고 보다 확신을 갖게 하는 계기도 되었습니다.

중고등학교에서 국어를 가르치는 대다수 지인들은 공통적으로 '최소한 초등학교 고학년 정도는 되어야 제대로 된 토론이 가능하다'고 조언하곤 했습니다. 딱히 틀린 말은 아니었습니다. 일반적으로 우리가 생각하는 토론의 정의에서는 그렇습니다. 주제를 이해하는 능력도 필요하고, 어느 정도의 배경지식도 필요하고, 자기 생각과 의견을 정리해서 표현할 줄 아는 능력도 필요하니까요.

그런데 독일 교육을 보면서 저는 우리가 여태 생각해 온 '토론'이란 개념이 너무나 제한적이고 협소했다는 것을 깨달았습니다. 토론이란 문해력, 배경지식, 논리와 표현력, 자신감 등 그 모든 능력을 어느 정도 갖추고 난 후에 하는 것이 아니라, 바로 그 능력들을 만들어나가는 아주 기본적이고 사소한 모든 과정까지 아울러야 한다는 것을 알게 된 것입니다. 다시 말해 특정 주제를 두고 찬성이든 반대든 다양한 의견들을 제시하며 결론을 도출하고 답을 찾아가는 과정만이 토론이 아니라, 일상 속에서 상대가 누구든 언제나 자신의 생각과 의견을 이야기하는 것도 토론의 연장선에 있다는 것입니다. 저녁 식사 메뉴로 무엇을 먹을까를 두고 각자 원하는 바가 달라서 펼쳐지는 '메뉴 결정'도 토론의 하나일 수 있고, 친구 생일 선물로 책이 좋을까 장난감이 좋을까에 대해 의견 차이를 조율해 가는 과정도 토론입니다. 숱하게 겪는 상황들 속에서 모두가 각각 다른 생각과 의견을 갖는 것이 당연하다는 것을 자신도 모르게 배워가게 되는 겁니다. 그리고 그게 바로 토론의 기본기가 되는 셈이고요.

그 기본기를 독일 학교에서는 아이들도 의식하지 못하는 사이에 가르칩니다. 학교에 입학하는 순간부터, '토론'이라는 단어조차 모르는 아이들에게 자기 생각을 만들고 그 생각한 바를 표현하도록 하는 기본적 소양과 능력을 키워주는 교육이 이뤄지는 것입니다. 따로 토론을 교과로 배우는 것도 아니고 당연히 사교육도 없습니다. '가르친다'는 말보다 '일상화'한다는 말이 적합할 겁니다. 독일에 거주하는 동안 만난 독일 아이들이 나이를 불문하고 할 말 다 하는 걸 볼 때마다 '독일 아이들은 왜 다들 말을 잘하지? 어른들과 대화할 때 어떻게 자기 의견을 주저없이 표현할까?'라는 생각이 들곤 했는데, 그 답이 교육 현장에 있었던 겁니다.

제대로 대화가 안 되는 나이 때부터 그런 교육적 분위기에서 자라왔으니 독일 청소년들이 일찌감치 사회문제에 눈을 뜨고 자신의 생각과 의견을 거침없이 표출하는 것은 어쩌면 자연스러운 일입니다. 학생 대표가 지역 정치인과의 대화 자리에서 자기 주장과 의견을 펼치는 것은 물론 정치인의 잘못을 적나라하게 지적하며 심지어 야단치는 분위기가 형성되기도 한다는 등의 에피소드를 들으며 놀라던 마음은 나중엔 '충분히 그럴 만하다'로 바뀌었습니다. 그런 상황이 용인되고 인정되는 사회적 분위기도 부럽기만 했고요.

직접 눈앞에서 그 현장을 목격한 적이 있습니다. 저희 집에서 지인인 한인 교포 가족과 저녁 식사를 함께 할 기회가 있었습니다. 반가운 분위기에서 인사를 나누고 잠시 뒤 당시 대학 진학을 앞두고 있던 그 집 아들과 그의 부모 사이에 뜨거운 설전이 벌어졌습니다. 어쩌다 식사 자리에서 그런 주제가 등장 했는지 기억은 나지 않는데, 코로나 시대에 다시 불거진 부르카(이슬람 여성들이 머리부터 발목까지 덮어쓰는 옷) 금지가 쟁점이었습니다. 아들과 아버지는 목소리를 높여가며 치열하게 말을 주고받았습니다. 당황하는 저희 부부와 달리 그 집 식구들은 늘 있는 풍경이라는 듯 태연하게 바라보며 한두 마디 말을 보태기까지 했습니다. 저러다 싸움으로 끝나는 것은 아닌지 얼마나 조마조마했는지 모릅니다. 남의 집에 초대받아 온 상황에 다른 가족이 지켜보는 것도 아랑곳하지 않고 열띤 논쟁을 벌이고 있으니, 중간에 개입을 해서 끝내야 하는 건지 난감한 상황이었지요.

보는 사람을 당황하게 하던 두 사람은 어느새 각자의 의견을 인정하고 대화를 끝내더니 화기애애한 분위기로 돌아갔습니다. 아들에게 새로 생긴 여자친구 소식이며, 계획 중인 여행 이야기까지 어찌나 화목한 분위기가 이어지던지, 방금 전에 본 풍경은 무엇이었나 어리둥절할 정도였습니다.

놀란 마음을 추스르고 생각해 보니 그 모습이 그렇게 신선하게 느껴질 수가 없었습니다. 다른 가족이 보고 있다는 것도 개의치 않고 부모의 의견에 대해 반론에 재반론을 하며 자신의 의견을 피력하던 아들이나, 아들의 말을 존중하고 들어주면서도 논쟁을 이어나가던 부모의 태도도 마찬가지였습니다. 우리나라의 일반적인 가정에서라면 남의 집에서 논쟁 자체가 시작되지도 않았겠지만, 설령 있다 해도 아름다운 마무리가 어렵지 않았을까요?

"네가 뭘 안다고 그래?" / "어른이면 다 옳은 거야?" / "시끄러워, 어린 애가 예의도 없이!" / "이러니까 내가 아빠랑 대화를 안 하는 거야!" 정도의 말들이 오가고 분위기가 험악해진 채 끝나는 상황이 우리에겐 더 익숙한지도 모

안심Touch

르겠습니다.

자리가 마무리될 무렵 궁금함을 못 참고 저는 그 집 아들에게 물었습니다. 평소에도 집에서 그렇게 가족 간에 밥상머리 토론이 치열하게 벌어지냐는 질문이었습니다.

"저희 집은 치열한 편도 아니에요. 제 친구들은 우리 가족이 하는 것보다 훨씬 더 심하게 토론하는데요. 친구네 집에 놀러 갔다가 저녁 식사 자리에서 정치 문제로 과격하게 논쟁하는 걸 보고 저 역시 깜짝 놀란 기억이 있어요. 친구네가 굉장한 부자인데 제 친구는 부를 공평하게 나눠야 한다고 생각해요. 아버지와 정반대된 가치관을 갖고 있죠. 그날도 그 문제로 부딪쳤는데, 전 진짜 그날 대판 싸우고 끝날 줄 알았다니까요."

제가 본 것이 '심한 광경'이 아니었다니, '과격한 논쟁'의 끝이 어땠을지 궁금해서 그 집 식구들이 괜찮았는지 재차 물었습니다.

"당연하죠. 저나 친구들 모두 토론하는 상황에 너무 익숙하거든요. 부모님들도 마찬가지고요. 어떤 상황에서 어떤 주제로든 누구와도 논쟁을 벌일 수 있는 거죠. 심지어 얼굴 붉힐 정도로 심하게 논쟁을 벌여도 그건 논쟁이고 토론일 뿐이니 그걸로 서로 감정이 쌓이지는 않아요. 다음 날 만나서 또 웃고 떠들고 지내요. 다들 각자 자기 의견이 있는 게 당연한 거니까요."

너무 맞는 말인데, 우리에게는 왜 불편하고 생소한 풍경이기만 한 것인지 안타까운 생각이 들었습니다. 같은 생각, 같은 의견을 가진 '우리끼리' 친구가 되고, 생각이 다르면 아예 배척해 버리는 우리의 현실을 되돌아보게 되었지요. 한 사람 한 사람이 고유한 존재이고 그 다양성을 인정해야 한다고 아이들에게 가르치면서도 정작 '다름'을 포용하지 못하는 분위기가 만연하다면 과연 아이들은 언제 어디서든 자기 생각을 표출할 수 있을까요. 아니, 어쩌면 '이런 생각은 옳지 않아', '이렇게 말하면 다들 싫어할 거야'라는 식으로 생각하는 자체에 한계를 설정해 버리지 않을까요.

독일 대학의 한국어학과에 다니며 우리 문화에 관심이 많은 한 대학생이 한국과 독일의 교육 문화 차이로 대화하던 중 저에게 이런 말을 한 적이 있습니다.

"우리 과에 한국인들이 몇 명 있는데 그 친구들이 정말 다 똑똑해요. 그런데 이상한 점이 하나 있죠. 논쟁이 벌어지는 상황이 되면 그 친구들은 자기 의견을 잘 말하지 않아요. 특히 정치 사회적 이슈가 나오면 더 그렇고요. 독일에서는 자기 생각을 말하지 않는 게 너무 이상한 건데 한국에서는 의견을 드러내는 자체가 익숙하지 않은 것 같아요. 어렸을 때부터 배워온 교육적인 환경에 차이가 있기 때문이라고 생각해요."

정확한 지적이었습니다. 내 생각과 의견을 자유롭게 표현할 수 있는 자세를 갖춘다는 게 어느 날 갑자기 그런 문화권의 나라에 와 있다고 해서 가능한 일이 아닙니다. 배경지식의 활용, 논리 정연한 화법 등 토론에서 필요한 테크니컬한 부분이야 뒤늦게 길러질 수 있을지 몰라도 생각하고 말하는 토론이 일상화된 삶, 나와 다른 상대를 인정하고 받아들이는 태도 등은 어린 시절부터의 경험과 환경을 통해 단단하게 만들어질 수 있는 것이지요.

보이텔스바흐 협약에서 시작된 독일 토론 교육의 역사

토론 교육 하면 가장 먼저 떠오르는 것이 바로 유대인들의 전통적 학습 방법인 하브루타입니다. 교사와 학생, 부모와 자녀, 때로는 친구끼리 나이나 계급, 성별에 관계없이 두 명이 짝을 지어서 서로 질문하고 답하며 논쟁을 벌입

안심Touch

니다. 유교 경전인 탈무드를 공부할 때 사용하던 방식이지만 이스라엘의 모든 교육 과정에 적용될 정도로 보편화된 방식입니다.

서로가 서로에게 질문하고 답하고 설명하며 답이 없는 물음에 대해 스스로 답을 찾아나가는 이 과정을 통해 깊이 사고하고 표현하는 것은 물론 상대를 존중하고 다양한 의견을 수용할 줄 아는 태도도 배우게 됩니다. 여기서 가장 중요한 건 하브루타는 학습의 방법이지만 토론 방식을 응용한 놀이처럼 활용 된다는 점입니다. 질문을 만드는 놀이, 답을 찾아가는 놀이, 상대의 말에 반 대하기 위한 논리를 찾고 표현하는 놀이인 것입니다. 우리에게는 지극히 학습 적 단어로 인식되는 질문이며 대답, 반론, 표현 같은 것들이 '놀이'로 인식되 고 행해지고 있으니 그 효과야 말할 필요도 없을 겁니다.

독일식 토론 역시 교육 전반에 깔린 철학입니다. 독일 교육의 목표는 '성숙 한 민주주의 시민을 길러내는 것'입니다. 독일의 정치 거인인 헬무트 슈미트 전 총리는 "논쟁 없는 민주주의는 민주주의가 아니다"라고 말했습니다. 민주 주의 시민 양성의 목표, 그 가장 밑바닥에 있는 기본이 바로 자기 생각과 의 견을 갖추고 토론할 줄 아는 능력이고, 상대의 전혀 다른 의견도 당연히 수용 할 줄 아는 건강한 의식과 태도를 만드는 것입니다. 세상에 나의 생각과 관점 만 있는 게 아니라 다양한 관점과 시각이 존재할 수 있다는 것을 인지하고 배 우는 과정에서 비로소 성숙한 인간으로 자라날 수 있습니다.

토론 교육이 독일 전반에 뿌리 내리게 된 배경에는 지금으로부터 약 45년 전 독일의 한 작은 도시에서 이뤄진 '보이텔스바흐(Beutelsbach) 협약'이 자 리하고 있습니다. 1976년 당시 분단국가였던 독일의 소도시 보이텔스바흐에 서는 독일의 교육자, 정치가, 학자, 시민사회단체가 모여 치열한 토론을 벌였습니다. 1970년대 초 사회 곳곳에서 극심한 갈등이 전개되며 보수와 진보 간 대립이 극에 달았고 이것이 초중고 교육 현장까지 영향을 끼치게 되자, 교육 기준 마련이 시급하다고 생각한 까닭입니다. 당시 독일 교육 현장에서는 어떤 것을 가르치고 가르치지 말아야 할 것인가라는 문제를 두고도 엄청난 대립이 있었다고 합니다.

열띤 논의 끝에 이뤄낸 이 협약에서는 교사의 일방적인 주입식 교육이 금지됐습니다. 교육의 목적이 학생 스스로가 독립적인 판단을 하도록 돕는 데 있기 때문입니다. 또한 수업 시간에 학생이 문제의 당사자로서 자신의 이해관계를 의식하면서 토론하도록 했습니다. 토론 주제의 논쟁성을 유지하기 위한 원칙인 셈인데, 각자의 이해관계가 얽히면 다양한 의견이 제시될 수밖에 없기 때문입니다. 특히 이 협약의 핵심은 사회적 문제에 대한 여러 가지 '모범 답안'을 공부하는 것이 아니라, 그 문제를 둘러싼 다양한 논쟁을 스스로 경험하고 판단하며 비판적 자세, 균형감 있는 생각 등을 배우도록 하는 데 있습니다.

'사회적 쟁점'이나 '사회 문제'가 자주 등장하는데 그 이유는 보이텔스바흐 협약이 애초에는 학교 구성원들이 지키고 따라야 할 '정치·역사 교육'을 위한 기본 원칙이었기 때문입니다. 그러나 이후 모든 공교육 영역으로 확대되면서 독일 교육의 기본 가치로 기능하게 됩니다. 단지 특정 과목을 가르치고 배우는 원칙만이 아닌 전반적인 교육의 목표가 된 것입니다. 토론이니 논쟁이니 하는 것을 알 까닭이 없는 아주 어린아이 때부터 모든 상황에 직접 참여하고 생각하고 판단하면서 스스로 교육의 주체가 되는 것입니다. 제가 만나본 독일 청소년과 청년들이 왜 그렇게도 뚜렷한 자신만의 소신을 갖고 있는지, 또 어떤 문제든 거침없이 의견(설령 그것이 논란의 여지가 있다 하더라도)을 피력할 수 있었던 것인지에 대한 답이 여기 있는 셈입니다.

Chapter 02

엄마표 토론을 시작하다

독일 교육 현장에서 확신을 얻은 저는 본격적으로 엄마표 토론을 시작해 보기로 했습니다. 작정하고 '오늘부터 수업이다' 한다기보다 그동안 아이와 해 왔던 수많은 대화의 방식을 조금 더 발전시키는 방식이었습니다. 또래 친구와 같은 주제를 두고 어떤 생각과 의견들을 나누게 될지 기대도 됐고요.

아이 나이 아홉 살, 정기적인 토론 수업을 제안했을 때 다행히도 아이는 과외의 수업이나 공부로 받아들이지 않았습니다. 얼굴만 봐도 그저 좋은 친한 친구와 토론을 핑계로 한 번 더 만날 수 있다는 점 때문에 '조금 다른 방식의 놀기'라고 생각하는 것 같았습니다.

독서 토론 vs 뉴스 토론, 왜 뉴스인가

시작은 독서 토론이었습니다. 가장 일반적이고 익숙한 형태였고, 한국 교육에서 토론이라고 하면 보편적인 방식이 독서 토론이라 제 머릿속에서도 당연히 토론 앞에 '독서'가 떠올랐습니다. 제 연령이나 학년에 맞는 필독서 리스트가 존재하고 필독서를 읽는 게 중요한 과제처럼 여겨지는 한국 교육 실정도 솔직히 고려했습니다.

독서 토론이 가진 많은 장점도 이유였습니다. 독서가 주는 효과는 말이 필요 없습니다. 단지 책을 읽으며 지식과 지혜를 쌓고 상상력을 넓히는 독서 활동의 장점을 넘어 생각해 볼 다양한 문제들을 찾아내고 질문을 만들어내고 구체화된 의견을 상대와 나누며 논리력, 표현력, 비판력, 태도까지 기를 수 있다는 점 등 독서 토론의 효과는 한계가 없습니다. 책을 정독하는 좋은 습관도 들일 수 있고 이해의 폭이 넓어지기도 하며 그러다 보면 독서를 더 좋아하는 아이로 자랄 수도 있습니다. 지식의 보고이자 창의력의 원천이 되는 책을 친구로 삼게 되는 부차적 효과까지 얻을 수 있으니 '잘만 된다면' 독서 토론은 종합적 사고력, 표현력 증진 방법으로서 최고의 교육입니다.

그런데 막상 독서 토론을 시작해 보니 몇 가지 한계에 부딪쳤습니다. 일단 책 한 권을 다 읽고 토론에 임하는 방식에서 아이들이 책 읽기를 과제처럼 여기기 시작했습니다. 아이들 모두 책을 자발적으로 읽는 성향이었음에도 불구하고 수업의 교재로서 지정된 책 읽기를 하다 보니 스스로 하는 독서 때와는 다르게 재미가 반감되는 경향이 있었지요. 또 하나, 책 전반을 아우르면서 그 안에서 찾을 수 있는 여러 질문을 발견하고 만들어내는 방식으로 이야기하다 보니 대화가 깊이 있게 진행되거나 확장되기 어려웠습니다.

사실 이 부분은 전적으로 토론의 진행자였던 저의 문제이기도 했습니다. 평소에는 아이가 읽은 책, 혹은 제가 읽은 책을 놓고 꼬리에 꼬리를 무는 대화가 잘도 이어지는데 막상 '수업'의 형태가 되고 아이들 수준에 맞는 책을 선정하다 보니 비슷한 질문들이 돌고 돈다는 느낌이 들었습니다. 그러다 보니 아이들도 저도 집중력이 떨어지고 무엇보다 큰 재미를 느끼지 못하는 게 문제였습니다.

그러다 어느 날 불쑥 깨닫게 된 사실이 있습니다. 평소에 제가 늘 하던 방식, 즉 읽은 기사를 읽고 공유해 볼 만한 문제나 이야기해 보고 싶은 주제를 꺼내 생각을 묻고 의견을 들을 때가 훨씬 더 즐겁고 깊은 대화가 이뤄진다는 점이었습니다. 현직 기자인 아빠와 전직 기자인 엄마가 있는 집안 분위기는 어쩔 수 없어서 아이는 아주 어릴 때부터 뉴스와 친숙했고, 무슨 문제에든 관심을 보이며 대화하기를 즐겨했습니다. 제가 뉴스를 보고 있으면 옆에 와서 같이 읽기도 하고 궁금한 것들을 질문하곤 했습니다.

거기에 힌트가 있었습니다. 우리가 즐겁게 대화할 수 있는 수많은 토론의 소재들이 뉴스의 형태로 주변에 있었던 것입니다. 화제가 되는 이야기, 감동적인 사연, 논란 거리가 되는 이슈들, 새로운 발견이나 발명, 환경이나 과학과 같은 아이들의 미래와 관련해 꼭 생각해 봐야 할 문제, 국내를 넘어 세계적으로 관심을 받고 있는 문제 등 가벼운 이야기부터 진지한 접근이 필요한 이야기까지 차고 넘치도록 많았지요. 국내 언론뿐 아니라 해외 언론 기사까지 합하면 하루에도 수없이 쏟아져 나오는 기사들이 그 자체로 훌륭한 토론 교과서였습니다. 독서 토론도 훌륭하지만 뉴스가 가진 다양성을 따라가긴 어려워 보였습니다. 무엇보다 제가 잘 아는 영역이고 잘할 수 있는 분야라는 점이 최고의 장점이었습니다.

사실 엄마표 토론에서는 학습을 제공하는 '엄마'의 역할이 중요할 수밖에 없습니다. 공부와 노력을 통해 잘 알지 못하던 분야도 충분히 극복 가능하지만, 일차적으로는 엄마부터 재미있고 흥미를 느끼는 분야로 시작하는 것이 훨씬 더 효과적입니다. 책임감이나 사명감만으로는 학습을 지속하는 데 한계가 있을 수밖에 없으니까요.

여러 측면에서 뉴스를 주제 삼아 토론하는 것은 저에게 최적의 선택이었습니다. 매일 보는 국내외 뉴스 중에서 아이들이 관심을 가질 만한 주제, 이야깃거리가 많은 기사를 매주 토론 주제로 제시했습니다. 내 아이의 성향을 잘 아는 엄마의 입장에서 주제 찾기는 오히려 쉬웠습니다. 요즘 어떤 분야에 흥미가 있었는지를 고려해서 선택하거나, 반대로 아이가 별 관심이 없지만 관심을 가지면 좋을 분야, 그리고 한번쯤은 꼭 생각해 보면 좋을 문제들을 의도적으로 선택할 수도 있었습니다.

주제 선택보다 어려운 점은 실제로 함께 읽을 해당 뉴스를 찾는 일이었습니다. 뉴스는 대개 어른들의 눈높이에 맞춰진 것이어서 문장이나 어휘, 표현 등이 아이들 수준에서 이해하기 어려울 때가 많았기 때문입니다. 가능한 쉬운 버전의 기사를 찾고 그래도 어려우면 아이들 수준에 맞게 짧은 버전으로 재가공하기도 했습니다. 해당 주제에 대해 어린이용 뉴스를 제공하는 언론사의 웹페이지에서 적당한 자료를 찾을 때도 있었습니다. 그마저 어렵다면 기사를 읽고 해설해 주는 시간을 가진 뒤 토론을 이어가기도 했습니다. 아이들 수준에 딱 맞는 책을 읽고 토론 활동을 하면 생기지 않을 번거로운 문제이긴 했지만, 품을 들이는 시간이 아깝지 않았습니다. 더디긴 해도 아이들은 조금씩 어른들의 문법으로 작성된 기사에도 익숙해져 갔고, 토론의 효과는 물론이고 어휘나 표현력을 익히고 확장하는 학습으로서도 굉장히 효과적이었기 때문입니다.

일반적인 토론의 장점들은 물론이고 뉴스를 통한 토론이 갖는 장점은 너무나도 많습니다. 우선 그 안에 담고 있는 주제 의식의 무한 확장이 가능합니다. 하나의 기사가 하나의 문제를 다루고 있는 것 같지만 연관된 주제들로 뻗어 나가기가 매우 유연합니다. 정치라고 해서 정치만 다루는 게 아니고 과학을 다루는 뉴스에서도 과학만 존재하지 않습니다. 예를 들면 채식에 관한 이슈를 다룬 뉴스를 통해 채식에 대한 것뿐만 아니라 동물권 문제, 환경 문제로까지 주제를 확장시켜 토론이 가능합니다. 자율주행차 안전 논란을 다룬 기사로는 해당 주제에 대한 토론은 물론이고 인공지능(AI)의 장단점, 로봇을 둘러싼 윤리적 문제, 나아가 로봇이 보편화될 미래까지 논해 볼 수 있습니다.

매일 쏟아져 나오는 최신 기사뿐만 아니라 인터넷 검색만 하면 과거의 자료들까지 찾아볼 수 있으니 토픽을 찾기가 비교적 수월하다는 점도 뉴스 토론의 장점입니다. 그 형식과 깊이도 다양해서 화젯거리뿐만 아니라 인간 본연의 문제를 생각해 볼 수 있는 기사들도 많습니다. 매일 최신 뉴스들을 섭렵하고 있어야 하는 부담감도 가질 필요가 없습니다. 요즘 아이와 스마트폰 때문에 갈등을 겪고 있다면, 아이들의 미디어 사용에 관한 뉴스를 찾아 토론의 주제로 올릴 수도 있고 유기견 문제에 관심이 많다면 유기견, 유기묘 관련 기사로 생각을 나눠볼 수 있습니다.

독서 활동에 비해 길이가 길지 않다는 점도 아이들에게는 부담이 적을 수 있습니다. 뉴스는 대체로 길이가 짧습니다. 많은 정보를 담고 있는 심층 기사라고 해도 책의 두께와 비교되지 않습니다. 토론의 일상화, 즐거움을 위해서는 무엇보다 아이들이 공부나 학습이라는 부담을 내려놓는 것이 중요한데 뉴스의 단편성이 그런 면에서는 분명한 장점으로 작용합니다.

지식을 축적하는 수단으로서도 훌륭한 매개체가 되어줍니다. 뉴스의 길이는 단편이지만 그 안에는 수많은 정보가 담겨 있습니다. 학교에서 수업을 통해 배우는 공부는 잊어버리기 쉽지만 자신이 직접 적극적으로 참여해서 생각하고 말하는 과정을 거치면 더 오래 기억합니다. 살아있는 공부, 지식의 축적이 되는 셈이지요. 기후 변화와 관련된 환경 문제에는 북극곰만 있는 게 아닙니다. 역사부터 과학적 지식, 윤리와 도덕적 문제, 사회적 합의나 약속, 갈등과 해결 등 눈에 보이는 것부터 보이지 않는 것까지 수많은 정보와 질문, 생각거리가 등장합니다. 더 많은 호기심이 생기고 앎에 대한 욕구도 생겨나지요.

세상에 대한 관심이 커지고 공감 능력도 키울 수 있습니다. 우리나라뿐만 아니라 세계의 이슈는 무엇인지, 우리가 사는 세상에 어떤 현안들이 있는지, 아이 또래 사이에서 이슈는 무엇인지, 사람들의 생각은 어떻게 같고 또 다른지 우리가 사는 세상의 한 구성원으로서 깊은 고민과 생각을 해볼 기회를 얻게 되고, 세상 돌아가는 일에 관심이 커집니다. 하나의 사안을 두고도 여러 시각이 존재하고 다양한 감정이 있을 수 있다는 것도 배우면서 공감 능력도 키울 수 있고요.

바른 가치관을 확립하고 자신만의 관점과 시각도 생겨납니다. 가치관이나 관점은 주입해서 가르칠 수 있는 부분이 아닙니다. 많은 일을 겪어보고 고민하면서 '나는 이런 사람'이라는 중심을 잡아가게 되는 것이지요. 아이들의 경험의 폭은 넓지 않습니다. 독서뿐만 아니라 뉴스를 통한 간접 경험으로 자신이 살고 있는 세상의 이야기를 듣고 고민하면서 아이는 생각의 중심을 잡아가게 됩니다.

물론 한번에 되는 일이 아닙니다. 숱한 경험과 생각이 쌓여야 하는 일이지요. 깊이 있는 현안의 경우 일정한 텀을 두고 반복 토론을 하기도 합니다.

뉴스 토론이 가진 장점은 토론을 거듭할수록 절실히 깨닫고, 보람을 느끼고 있습니다. 분명 즐겁게 대화하고 있을 뿐인데 엄청난 호기심에서 비롯된 질문이 만들어지고, 질문이 생각을 키우고 생각이 의견을 만들고 그 의견이 가치관을 형성하여 다시 다른 주제로 확장되는 선순환이 일어납니다. 엄마에게도 '이렇게 멋있는 생각을 하다니!', '이런 시각을 가질 수도 있다니!', '이런 해결책도 가능하네?' 하고 깨닫고 배우는 순간이 토론을 지속하게 하는 원동력이 되어줍니다. 생각이 멋있는 사람, 근사한 사회 구성원으로 조금씩 자라나가고 있는 모습을 옆에서 확인하고 지켜볼 수 있다는 건 굉장한 기쁨입니다.

앞에서 독일의 토론 교육의 목표가 '성숙한 민주주의 시민을 길러내는 것'이라고 말했습니다. 독일 공교육 현장에서 과목별 주요 교재로 다양한 분야의 기사(article)를 채택해 토론식으로 수업을 진행하는 이유가 명확하게 이해가 됩니다. 우리가 살고 있는 세상에 대한 이해 없이, 그 세상에서 일어나고 있는 다양한 현상과 문제점에 대한 분석과 비판, 그리고 논쟁을 통한 올바른 방향성과 가치 정립 없이는 민주시민사회를 유지하는 것도 그 사회의 구성원이 되는 것도 불가능한 일이기 때문인 것입니다.

알고 보면 아이들도 뉴스에 관심이 많다

일반적으로 '어떤 주제로 토론할 것인가'를 생각할 때 아이들의 연령이 중요한 결정의 근거가 되곤 합니다. 아이의 이해 수준, 그 나이 때의 관심사, 해당 시기에 하면 좋은 생각 활동 등이 고려되기 때문입니다. 그러다 보니 아이들의 세계, 어른들의 세계로 나뉘는 지점도 없지 않습니다.

독서 전문가들은 아이들에게 해당 연령 수준의 책과 함께 한 단계 높은 수준의 책을 제시하라는 조언을 많이 합니다. 사고의 발달은 해가 바뀐다고 자연스레 되는 일이 아닙니다. 어린아이여도 어른의 깊은 사고 체계를 가질 수 있고, 다 큰 어른도 아이 수준의 생각에 머물러 있는 경우가 많습니다. 이런 결과의 차이는 어디까지나 생각을 발전시켜 왔는가, 더 깊은 탐구를 했는가에 달려 있습니다.

뉴스는 일반적으로 어른들의 시각에서 만들어지는 것입니다. 어린이 뉴스를 제공하는 언론사가 있긴 하지만 어른들의 뉴스를 전반적으로 다루지는 않습니다. '어린이 눈높이'를 감안한 뉴스를 선택해서 쉽게 재가공되는 식입니다. 그러나 저는 보다 다양한 세상의 이야기, 때로는 아이 수준보다 높은 차원의 이야기들을 아이들과 나눠보는 것이 깊이 있고 성숙한 사고 활동을 촉진한다고 생각합니다. 아이 수준의 독서와 더 높은 수준의 독서를 함께 하는 것과 마찬가지입니다. 그렇다고 모든 뉴스를 공유하라는 뜻이 아닙니다. 아이들과 나누기 어려운 이슈, 가치관 형성에 부정적일 수 있는 이슈들은 당연히 필터링도 필요하고 공유한다 해도 방법적 고민이 있어야겠지요. 단지 아이들이 '어린이용' 뉴스에만 관심이 있는 것은 아니라는 사실을 인지할 필요가 있다는 뜻입니다.

대화 파트에서 이야기했듯 저는 토론이라는 형식을 빌리지 않더라도 평소에 아이와 뉴스, 세상 돌아가는 이야기를 소재 삼아 대화를 많이 합니다. 제가 가진 의문이나 궁금증, 생각하는 문제점 등을 아이에게 가감없이 전달해주고 그에 대한 아이의 반응이나 의견을 들을 때가 많습니다. 필요하다면 쉬운 언어, 순화된 표현으로 풀어서 설명하고 대화합니다. 아이는 호기심을 드러내기도 하고 '어떻게 그런 일이 있을 수 있느냐'며 감정을 토로하기도 하고,

기꺼이 자신의 생각과 의견을 내놓을 줄 압니다.

어른들이 생각하는 것 이상으로 아이들은 세상 일에 관심이 많습니다. '아이들과 관련 없는 일' 혹은 '아이들이 알 필요 없는 뉴스'라는 어른들의 기준으로 오히려 아이들의 세상을 좁히고 있는 건 아닌지 생각해 볼 필요가 있습니다. 어린이들의 정서는 고려되어야 하지만 어른들이 골라낸 뉴스로 세상을 한정하기보다 아이들 스스로 밝은 곳도 보고 그늘진 면도 보면서 판단할 수 있다면 보다 주체적이고 독립적인 사고가 가능해지지 않을까요.

초등학생들을 대상으로 언론과 뉴스에 대해 조사한 내용을 보면 아이들의 관심이 얼마나 넓고 다양한지 알 수 있습니다. 2021년 5월 '미디어 오늘'에 소개된 '어린이의 눈으로 본 언론'이라는 기사를 보면 재미있는 결과가 나옵니다. 언론과 뉴스에 대해 그다지 좋게 생각하지는 않는데 아이러니하게 뉴스 자체에 대한 관심은 매우 높았습니다. 관심사별로 보면 코로나 관련 내용이 압도적이고, 학교폭력은 물론, 요즘 사회 전반에서 문제가 되고 있는 환경오염이나 일회용품 사용, 쓰레기, 미세먼지와 같은 환경 문제에도 관심이 많은 것으로 조사됐습니다. 조사가 이뤄진 시기에 자주 보도됐던 일본 후쿠시마 핵 방출 문제, 일본 방사능 관련 뉴스도 초등학생들의 관심사로 꼽혔고, 그 외에도 음주운전, 아동학대, 살인 사건과 같은 사회적 사건 사고에도 큰 관심을 보이는 것으로 나타났습니다. 초등학교 고학년의 경우에는 심지어 주식 투자와 비트코인과 같은 어른들 사이에서 핫한 경제 뉴스가 큰 관심거리라고 답했습니다.

언론과 뉴스에 대한 부정적인 인식도 '뉴스를 봐도 이해하기 어렵고 불친절하다'는 뉴스에 대한 관심에서 비롯된 것이었습니다.

이 보도의 핵심은 어린이들의 눈에 부정적으로 비치는 언론과 뉴스에 대한 자각이자 반성이었겠지만 개인적으로는 아이들이 사회의 다양한 문제에 관심이 많다는 것을 한 번 더 확인하는 기회이자 뉴스 토론의 효과적 측면에 대해 강하게 확신하는 계기가 되기도 했습니다.

우리의 현실을 반영하고 있는 뉴스와 기사야말로 수많은 장르를 포함하고 있는 콘텐츠입니다. 물론 책을 읽고 토론하는 것도 반박할 여지가 없이 훌륭한 방법입니다. 그것보다 이것, 부등호를 매기는 방식이 아니라 보다 다양한 방식이 존재한다는 측면에서 뉴스 토론 역시 강점이 있다는 사실을 기억하면 좋겠습니다.

아홉 살인데 토론이 되냐고요?

오랫동안 아이와 토론 수업을 하고 있다고 하면 주변 사람들이 공통적으로 하는 질문이 있습니다. "그 나이에 토론이 된다고요?", "아이가 기사 내용을 이해할 수 있나요?"

토론의 개념조차 정확히 모를 9살 아이와 그것도 사회 전반의 이슈를 다루는 뉴스 토론이 가능할 것인가 의문이 드는 게 어쩌면 당연합니다.

그런데 한편 이런 마음도 듭니다. '토론이 될까?'라는 의문 자체가 토론에 대한 우리 마음의 장벽 때문에 생기는 건 아닌지 말입니다. 제대로 찬반 토론이 안 되면 어떻고, 논쟁이 아니라 자기 생각과 의견만 말하면 어떤가요?

열 마디를 경청하고 한 마디만 하는 것은 의미가 없을까요? 논리적이고 비판적으로 말하지 못하더라도 질문만 하다가 끝나도 괜찮습니다. "그건 토론이 아니잖아요?"라고 말한다면 도리어 묻고 싶습니다. 토론이 뭐라고 생각하시나요?

토론도 결국은 대화, 준비는 되어 있다

많은 부모가 엄마표 교육을 망설이는 이유 중 하나가 정확하고 완벽해야 한다는 생각 때문입니다. '잘 모르니까', '정확히 알려줄 수 없으니까' 아이에게 도움이 되지 않을 것이라고 생각하고, 엄마를 너무 편하게 생각해 제대로 된 학습이 되지 않을 거라는 우려도 합니다. 결국 사교육을 시키는 쪽을 택합니다.

토론은 굉장히 전문가의 영역인 것처럼 보입니다. 토론 교육을 제대로 받아본 경험이 없는 엄마들 세대에서는 일단 단어 자체가 주는 공포가 있습니다. 그런데 그 내면을 잘 들여다보면 토론은 결국 대화입니다. 토론을 정의할 때 등장하는 여러 개념들, 즉 논리니 비판이니 근거니 반론이니 하는 단어들이 걱정을 만들어내는 것일 뿐, 토론은 주제와 질문에 대한 우리의 다양한 생각을 나누는 대화일 뿐입니다.

아이와 그림책이나 동화책을 읽으면서 아이의 감정을 살피고 소감을 나눠본 경험이 있다거나 일상에서 질문하고 답하며 대화를 주고받았다면 토론을 위한 기초 체력은 돼 있는 셈입니다. 나아가 어떤 방식으로든 아이와 생각을 나누고 자극이 되는 대화가 즐겁다 하는 분이라면 충분한 자격이 됩니다.

토론이 전문가의 영역인 순간도 있습니다. 고차원적인 주제와 철학적 사고,

안심Touch

수많은 배경지식이 등장하는 논쟁과 같이 감당하기 어려운 영역의 문제가 되면 전문가의 도움이 필요하기도 합니다. 하지만 어느 순간까지는 토론의 힘을 키우는 것은 대화를 바탕으로 합니다. 학원에서 토론용 주제를 받아 한두 시간 토론 학습을 하고 돌아온 아이와 어릴 때부터 엄마가 끊임없이 생각을 자극해 주고 질문하고 대화하며 생각 근육을 만들어준 아이는 기본기가 다를 수밖에 없습니다. 지금 당장 눈에 보이는 성과는 다를지도 모릅니다. 그러나 토론은 정답이 있는 공부가 아닙니다.

저는 아이와 본격적인 토론 수업을 시작할 때 토론이 주는 압박에 대해 생각하지 않았습니다. 저 역시 토론에 익숙한 세대가 아닙니다. 사교육 기관에서 취득한 논술 토론 지도사 자격증이 있긴 하지만, 그 자격증이 토론의 A to Z을 알려주진 않았습니다. 별 고민 없이 '해보자' 할 수 있었던 것은 평소 해오던 대화의 힘이 근거였습니다. 때때로 아이와의 수업은 계획대로 흘러가지 않을 것이고, 대화는 주제를 벗어나 여기저기로 뛸 것이며, 어려운 어휘나 이해하기 어려운 문장들로 인해 진행이 무난하지 않을 것이라는 예상도 충분히 가능했습니다. 어렵고 힘들 줄 알면서 각오하고 시작했다는 뜻이 아닙니다. 토론을 학습으로 접근하는 마음이 아니라 꾸준한 이 과정을 통해 아이들의 생각이 얼마나 자랄 것인가에 대한 기대와 믿음으로 시작했습니다.

실제로 아이들은 토론을 하는 동안 어른의 시선으로는 보지 못하는 것을 발견하기도 했고, 상상을 초월하는 혜안을 내놓거나 창의적인 의견으로 저를 놀라게 할 때도 많았습니다. 주제와 무관하게 이어지는 4차원적인 생각과 아이다운 지극히 순수한 이야기가 펼쳐질 때도 잦았습니다. 맥락을 벗어나 전혀 다른 세계의 이야기로 빠지기도 했지만, 그 안에 새로운 질문이 들어있기도 했고, 한바탕 마음껏 웃을 수도 있었습니다.

토론을 시작할 때 전혀 걱정할 것 없다고 자신했던 이유가 바로 여기 있습니다. 어떤 주제가 됐든 저는 대화할 준비가 돼 있었고 어떤 의견과 생각이든 받아주고 질문할 준비 또한 돼 있었습니다. 내 아이가 어떤 생각을 하는지 그 생각을 바탕으로 내놓은 자신의 의견과 언어들이 어떤 형태일지, 그 과정이 지속되면서 얼마나 성숙하고 단단해질지, 그 기대만으로도 충분히 해볼 만한 가치가 있었던 것입니다.

엄마표 토론이라서 가능한 장점들

부족한 부분은 함께 채워가면 됩니다. 어려운 부분은 설명해 주면 되는 일이고, 이야기가 딴 데로 새면 신나게 놀다가 다시 본론으로 돌아오면 되니까요. 실제로 초창기에는 아이들 수준에 비해 어려운 어휘가 많아 한 문단을 읽어 내려가기가 힘들었습니다. 한자어가 많아 한 단어 건너 "이 말이 무슨 뜻이에요?"라는 질문이 이어졌습니다. 단순 어휘 설명이 아닌 한자어 하나하나 뜻풀이를 해가며 일상 속 쓰임새까지 확장해 설명하다 보면 그것만으로 시간이 훌쩍 지나가버리기도 했습니다. 토론 중에 갑자기 돌발 질문이 이어져 본토론이 뒷전일 때도 많았습니다. 그 모든 과정에 의미를 부여하니 파생되는 상황들도 그 자체로 즐거운 대화이고 좋은 자극이 됐습니다. 한자어를 배울 기회가 없는 아이들이 국어 어휘력을 보충할 수 있는 기회가 되기도 했고, 기사에 등장하는 배경 등을 설명하는 과정에선 역사, 과학, 사회 등 전 과목을 넘나들며 풍부한 배경지식을 채워 넣을 수도 있었지요. 어떤 날은 본론에서 벗어난 예기치 않은 질문이 오히려 흥미롭고 심도 깊은 토론 주제가 되기도 했습니다.

'대통령에 대한 비난이나 비판이 어디까지 괜찮을까'라는 주제로 토론하던 날이 있었는데, 토론하다 말고 아이 친구가 이런 질문을 했습니다.

"그런데 대통령이 왜 필요해요? 제 생각에는 대통령은 별로 하는 일도 없는 것 같은데 없어도 되지 않아요?"

예상하지 못했던 질문인데 아이들 입장에서 생각하니 충분히 가질 수 있는 의문이었습니다. 국가 체계 등을 제대로 이해하기 어려운 아이들은 대통령 같은 높은 위치의 사람은 그저 상징적인 존재처럼 보일 수 있으니까요. 만일 독자 여러분이 아이에게 이런 질문을 받았다면 어떻게 하실 건가요. 대통령이 국내외적으로 무슨 일을 하는지, 얼마나 중요한 역할을 하는지, 그래서 훌륭한 대통령을 뽑는 국민의 역할이 얼마나 중요한지 설명해 주는 것으로 답을 할 수도 있을 겁니다.

저는 이 질문이 대단히 철학적이라고 느꼈습니다. 대통령이 왜 필요한가에 대한 일방적 설명보다는 아이들이 스스로 그 필요성에 고민하고 답을 얻는 것이 좋겠다고 생각했지요. 그 즈음 읽고 있던 철학 책에서 비슷한 내용을 읽은 게 떠올랐습니다. '이상적인 국가의 형태는 어떤 것일까'에 관한 고찰이었는데, 지도자 구성 방식에 따른 장단점을 설명하며 각자 고민하고 판단해 보기를 유도하고 있었습니다.

저는 잠시 책에서 읽었던 내용을 들려준 후 아이들에게 되물었습니다. "대통령제처럼 국가 지도자가 한 명인 경우부터 여러 명의 지도자가 공동으로 결정하는 경우, 그리고 지도자가 필요 없다며 전 국민이 모두 의사 결정권을 갖는 경우까지 국가를 이루는 방식은 다양해. 역사적으로는 그때그때 시대에 맞는 국가 형태를 이루었겠지? 한번 생각해봐. 지금 우리가 살고 있는 시대에는 어떤 국가의 형태가 이상적일까?" 이야기를 나누던 아이들은 '대통령이 왜 필요한가'에 대해 스스로 답을 찾았습니다.

가르쳐주는 것과 스스로 찾은 답은 그 가치가 다릅니다. 이런 경험을 해본 아이들은 질문에도 한계를 두지 않고 답을 찾아가는 과정도 기꺼이 즐겁게 생각하고 동참하게 됩니다. 사소한 호기심으로 시작한 생각과 대화는 계속 가지를 뻗어나가고 연결되며 더 울창한 생각의 나무를 만들어냅니다. 엄마표 수업이기에 가능한 장면들입니다. 시간 안에 끝내야 한다는 목적이나 목표를 가질 필요도 없고 아주 작은 질문, 엉뚱한 발언도 얼마든지 생각의 씨앗으로 삼을 수 있습니다.

'점들을 연결하기(connecting the dots)'라는 말이 있습니다. 스티브 잡스의 그 유명한 스탠포드대학교 졸업식 축사 연설에서 나온 표현으로 이제는 모든 분야에서 창의성, 융합, 혁신 등을 설명하는 대명사가 됐을 정도입니다. 불우한 어린 시절을 보내고 그다지 눈에 띄는 존재도 아니었던 잡스는 이 연설에서 자신의 인생에 대해 진솔한 이야기를 하며 큰 감동을 주었습니다. 그 중에서도 가장 유명한 명언이 바로 'My first story is about connecting the dots.'입니다. 잡스는 자신의 인생을 연결하는 지점들에 대해서 이야기하며 현재의 모든 순간들(점들)이 지금은 그저 점으로 보이지만 미래엔 그 점들이 연결될 것이라는 믿음과 자신감을 가지면 결국엔 차이를 만들어낸다는 이야기를 통해 이제 막 미래를 열어가는 졸업생들에게 강력한 하나의 '순간(점)'을 선사했습니다.

저는 아이들과 대화하는 모든 순간들이 바로 이 점들이라고 생각합니다. 예견된 곧은 길을 따라 한 방향으로 가지 않고 이 골목 저 골목 기웃거리면서 다양한 이야기, 여러 생각들, 의외의 질문과 답을 찾는 동안 우리는 예상치도 못했던 또 다른 큰 세계를 만나게 됩니다. 생각이 연결되고 연결되어 아이들은 더 크고 깊게 확장된 생각의 우주를 창조하게 되는 것입니다.

일찍 시작하면 더 좋다

어린 나이에 일찍 토론 수업을 시작하면 좋은 점들도 많습니다. 주제를 선택할 때 큰 고민을 하지 않아도 됩니다. 그렇게 깊이 있는 문제를 다룰 필요가 없기 때문입니다. 독서 토론을 할 때 간단한 그림책을 읽고 하나의 질문으로 짧은 대화를 하는 것과 같은 맥락입니다. 코로나 상황으로 인해 아이들이 온라인 스쿨에 익숙해지면서 오히려 학교에 가는 것을 꺼려한다는 뉴스가 있었습니다. 이런 뉴스를 기반으로 '온라인 학교가 좋을까 오프라인 학교가 좋을까'라는 단순한 질문 하나로 아이의 의견은 물론, 배우는 장소 그 이상 소셜한 장소로서의 학교의 가치, 친구들 관계에 미치는 영향까지 다양한 이야기들을 나눌 수 있습니다.

평소 아이에게 해주고 싶은 조언이나 충고를 잔소리처럼 하지 않고 효과적으로 전달할 수 있는 방법이 되기도 합니다. 엄마의 목소리가 아니라 객관적인 뉴스 자료를 근거로 토론을 통해 스스로 생각해 보는 이 방식은 그 어떤 조언이나 충고보다 강력합니다. 아이가 어릴수록 객관적 지표에 더 영향을 받습니다. "편식하면 안 좋아. 골고루 먹어야 해"라고 지속적으로 말하는 것보다 뉴스에 등장하는 정보와 데이터를 근거로 이야기하면 아이는 마음에 더 깊이 새기게 됩니다.

문해력을 높이는 데도 큰 도움이 됩니다. 문해력을 키우는 데는 독서 활동만 한 게 없습니다. 게다가 독서 활동은 글의 맥락을 이해하는 측면뿐만 아니라 일상 언어나 어휘와 다른 표현을 배울 수도 있기 때문에 문해력을 높이는 최고의 방법입니다. 그러나 뉴스 읽기가 주는 문해력 및 어휘력 향상 효과도 분명 큽니다. 보통 하나의 뉴스는 하나의 사안을 다루고 있습니다. 핵심 내용을 파악하기가 독서 활동보다 수월한 점이 있지요. 쟁점이 무엇이고 어떤 근거가 나열돼 있는지, 부차적인 내용은 어떤 것인지 파악하는 동안 전체 글의 흐름이 눈에 보입니다.

개인적으로는 특히 어휘력 측면에서 눈에 띄는 효과를 보았습니다. 어린 시절을 다른 나라에서 다른 언어로 교육받았기 때문에 우리말 어휘력에 대해 늘 걱정이 있었고, 아이에게 일상 언어의 자극이 부족할 수 있는 상황이었습니다.

기사를 읽고 토론하는 과정은 그 부족한 틈을 메워 주었습니다. 우선 기사에서 사용되는 어휘들이 우리가 일상에서 대화할 때 쓰는 어휘보다 다양하고 수준 또한 높았습니다. 아이는 처음 들어보는 어휘나 표현을 접하면 어려워하기도 했지만 호기심을 보이며 알고자 하는 욕구를 드러내기도 했습니다. 문해력의 골든 타임이 생후 48개월부터 초등학교 2학년까지라고 하는데 그 즈음 시작한 기사 읽기가 주는 자극이 결과적으로는 아이의 국어 문해력에 큰 도움이 됐다고 믿습니다. 처음에는 한 단락을 넘어가기 어려워하던 아이들이 지금은 웬만큼 긴 길이의 사설이나 기사도 맥락을 파악하고 이해하는 것을 전혀 어려워하지 않게 되었으니까요.

문해력과 함께 이 시대에 가장 중요한 능력 중 하나인 비판적 사고 능력을 높이는 데도 토론 수업이 기여한 바가 큽니다. 비판적 사고의 중요성은 그 옛날 소크라테스 시대부터 지금까지 시대를 초월해 변함없이 강조되고 있는 부분이자 교육의 근간이 되는 것입니다. 예전에도 중요했지만 미래 세대로 갈수록 더욱 절대적으로 필요한 능력이라는 점 또한 의심의 여지가 없습니다.

비판적 사고란 본질적으로 옳고 그름을 판단해 밝히거나 잘못된 점을 지적하는 지극히 이성적인 행위입니다. 요즘 시대에는 판단해야 할 대상도 많고 복잡하기만 합니다. 단적으로 우리 주변에 넘치는 정보와 뉴스들을 보세요. 수많은 정보와 뉴스들이 우리의 삶에 끼치는 긍정적인 영향과 이점도 물론 크지만 그 이면에는 정보의 발달만큼이나 급속도로 발달하고 퍼지는 가짜뉴스가 덩치를 키워가고 있습니다. 비자발적으로 노출되기 쉬운 유해 콘텐츠의 문제점도 꾸준히 제기되고 있습니다.

일명 '스마트폰을 손에 쥐고 태어난 세대'라 불리는 요즘 아이들은 이러한 문제에 노출되기가 훨씬 쉽습니다. 그렇다고 미디어 노출을 강제로 막을 수도 없는 노릇입니다. 막는다고 막아질 문제도 아닙니다. 오히려 음지에서 문제만 키워갈 수도 있지요. 수많은 미디어 정보 속에서 유익한 정보를 찾아낼 수 있는 능력, 진짜와 가짜를 구분할 수 있는 판단력, 미디어에 끌려다니는 게 아니라 자신이 주도권을 쥐고 선별하고 통제하는 능력을 갖추고 있다면 굉장한 경쟁력이 될 수 있습니다. 물론 이 능력을 갖추기 위해서는 고도의 비판적 사고가 필요합니다. 주변의 수많은 정보들을 무조건적으로 제공받고 습득하는 것이 아니라 꼼꼼하게 따져보고 검증하고 무엇이 옳고 그른지에 대한 판단과 생각을 끊임없이 이어가야 하는 것입니다.

고도의 정보 사회가 되면서 많은 나라들이 중점을 두고 있는 교육 중 하나가 바로 '미디어 리터러시'입니다. 미디어 리터러시란 다양한 미디어 매체를 이해하고, 제대로 바르게 이용할 줄 아는 능력을 말하는데, 가장 핵심적인 부분이 바로 비판적 사고 능력입니다. 무조건적 수용이나 무조건적 배척이 아닌 기준을 갖고 의심하고, 검증하고, 따져보는 비판적 사고 활동을 통해 올바른 미디어 활용력을 갖출 수 있게 되는 것입니다.

토론을 통해 어릴 때부터 뉴스라는 미디어를 접하게 되는 아이들에게는 이처럼 미디어를 바르고 제대로 활용하기 위한 교육을 일찍부터 할 수 있는 셈입니다. 그러는 사이 비판적 사고 능력을 자연스레 키워갈 수 있게 됩니다. 아이들과 기사를 읽으면서 제가 가장 많이 하는 말은 '그 어떤 정보도 완벽한 진리는 없다', '무조건 믿지 말고 의심하면서 읽어라', '의견과 사실을 구분해야 한다', '의도가 있는 문장이나 글이 아닌지 꼼꼼히 따져봐라' 등이었습니다. '비판적으로 사고해라', '비판적으로 읽어라'라는 말은 아이들에게는 너무 어렵습니다. 구체적으로 어떻게 하면 되는지를 직접 알려주면서 뉴스라는 미디어가 전달하는 정보를 비판적으로 보고 읽는 훈련을 하고자 한 것입니다. 이런 반복적 학습은 아이들로 하여금 다른 미디어에 노출될 때도 한번 더 생각해 보게 하는 기회를 제공해 미디어를 바르게 활용할 수 있는 능력도 키워줄 수 있습니다.

안심Touch

Chapter 04

토론을 위한 A to Z: 실전1. **사전 준비**

토론의 과정을 간단히 정리하면 다음과 같습니다.

1. 토론용 주제 선택하기

2. 주제에 따른 뉴스 검색 및 고르기

3. 사전에 필요한 공부 및 배경지식, 생각해 볼 문제 정리하기

4. 실전 토론하기

5. 생각할 거리, 글쓰기 등 과제 제시하기 (칭찬과 격려)

1부터 3까지는 토론을 위한 사전 준비 단계이고 마지막 5는 토론 마무리 및 정리와 함께 이차적 사고 작용을 위한 후속 활동입니다.

사전 준비 1단계_주제만 잘 찾았다면 절반은 성공

사전 준비 단계의 시작이자 핵심은 주제 찾기입니다. 어떤 주제를 선택하느냐에 따라 그 토론의 성공 여부가 달려있다고 해도 과언이 아닙니다. 주제를 정할 때 고려할 요소는 관심사 및 흥미, 연령, 시의성 등이 있습니다.

그에 앞서, 특히 아이가 토론 초보자라면, 그중에서도 최대한 말을 많이 할 수 있는 주제가 무엇일까를 우선시하여야 합니다. 토론에서는 경청하기가 말하기 이상으로 중요하지만 처음부터 듣기를 너무 강조하면 아이가 재미를 느끼지 못할 수 있습니다. 적어도 토론에 익숙해질 때까지는 적극적으로 참여하고 싶은 마음이 들도록 해야 합니다.

첫 번째 고려 요소인 관심사 및 흥미는 말 그대로 내 아이가 요즘 꽂혀 있는 것, 꾸준하게 관심있는 것, 새롭게 호기심을 갖게 된 분야, 장래희망과 연관된 것 등과 연관됩니다. 아이는 자기가 좋아하는 분야, 흥미를 느끼는 분야일 때 자발적으로 참여하고 싶어집니다. 평소 관찰을 통해 아이의 관심사, 호기심 등에 대해 파악하고 있어야 합니다.

주제 예시

게임은 좋을까, 나쁠까?

길고양이 먹이 주기 금지, 옳은 행동일까?

안심Touch

두 번째, 아이의 연령을 고려해 그 나이 또래 아이들이 보편적으로 좋아하는 것이나 학교생활, 친구 관계 등 아이 중심의 주변 환경을 소재로 택하는 것도 방법입니다. 실제로 토론을 진행하면서 주제 선택의 배경을 이야기해 줄 때도 '친구의 경험'이라거나 '아이들에게 인기있는 주제', '요즘 가장 핫한 이슈'라고 설명해 주면 더 관심을 갖게 됩니다.

주제 예시

컴퓨터와 같은 디지털 기기 사용, 몇 살부터 하는 게 좋을까?

비대면 온라인 수업이 좋을까, 학교에 등교하는 것이 좋을까?

세 번째, 어린이들을 둘러싼 시의성 있는 뉴스를 주제로 삼는 것도 방법입니다. 어린이날, 크리스마스 등 아이들이 특별히 좋아하는 시즌이나 이벤트가 있는 시기에 관련된 내용을 주제로 하면 흥미가 배가됩니다. 반드시 논리적 사실이나 데이터에 근거한 이슈가 아니라 상상력을 폭발시키는 주제 역시 좋은 선택입니다. 사회적으로 큰 이슈가 되는 현안들 중 아이들이 중심에 있는 뉴스 또한 토론 주제로 적합합니다. 아이들은 생각보다 사회적 문제에도 관심이 많습니다. 자신들이 주인공이 되는 이슈라면 더욱 그럴 수밖에 없습니다.

주제 예시

산타는 있을까, 없을까?

어린이들, 코로나 백신 접종 필수로 해야 할까?

초등학교 고학년이 되면 토론 주제의 폭이 한층 넓어집니다. 아이들의 생각하는 힘이 넓고 깊어진 것도 있고 호기심의 범위가 확장된 것도 있고 지적 탐구 또한 가능해지기 때문입니다. 최근 많이 회자되고 있는 시의성 있는 뉴스 중에서는 코로나 관련 이슈와 환경 문제들을 꼽을 수 있습니다. 이런 문제들은 국내를 넘어 글로벌 뉴스에서도 굉장히 많이 다뤄지고 있기 때문에 다양한 주제로 토론이 가능합니다. 기후 변화니 탄소 발자국이니 하는 지구 환경에 대한 이야기는 요즘 학교 안에서도 자주 거론되는 주제라서 아이들도 무척 익숙한 내용입니다.

경험의 폭을 넓히는 차원에서 나라 밖 지구촌 소식을 토론 주제로 올리는 것도 바람직합니다. 국제적 감각을 갖추는 데도 글로벌 뉴스 선택은 도움이 될 수 있습니다. 우리나라 안에서만 보고 듣고 경험하는 아이들은 비교적 해외 문화 경험이 많은 어른들에 비해 국제 뉴스에 둔감할 수 있습니다. 이럴 때 다른 나라 뉴스를 통해 건강한 자극을 주고 함께 토론하는 기회를 만들어 준다면 아이들의 시야도 더 확장되는 효과가 분명 있을 것입니다.

주제 예시

학생들의 기후 변화 시위, 금요일 결석 정당할까?
세계 각국의 코로나 인종 차별과 중국 혐오, 어떻게 봐야 할까?

정치, 사회, 경제, 문화 관련 뉴스도 고학년이 되면 슬슬 다루어볼 만합니다. 초등학교 고학년이 되면 아이들 스스로 사회의 구성원으로서 인식하기 시작합니다. 국내에서는 어린이와 청소년들이 아직도 사회 참여적 부분에서 많이 소외되어 있지만, 토론을 통해서라도 사회의 각종 문제와 현상들을 공유하고 함께 해결책을 생각하다 보면 성숙한 의식을 갖출 수 있습니다.

안심Touch

촉법소년법 폐지해야 할까, 말아야 할까?

개 식용 금지법 하는 게 좋을까?

BTS의 병역특례권, 어떻게 생각해?

비만 막는 설탕세 도입, 효과 있을까?

다룰 수 있는 주제가 이처럼 넓어진다는 것은 부모님과의 대화가 더 수월해 진다는 의미이기도 합니다. 다시 말해 토론 자리에서뿐만 아니라 일상에서의 대화도 많아지게 되는 것입니다. 저희 집에서는 누군가 뉴스를 보다가 무심결에 "와, 이런 일이 다 있네" 한마디만 던져도 아이는 바로 호기심을 보이고 대화에 동참해 비공식적 토론이 이뤄지곤 합니다. 세상 돌아가는 일에 대해서 아이와 이야기를 나눌 수 있다는 건 생각보다 훨씬 더 즐겁고 행복한 경험입니다. 아이의 시선을 통해 때로는 많은 것을 배우게 됩니다.

언젠가 국회의원 면책 특권 관련 토론을 하던 중 정치인들이 국회에서 벌이는 싸움에 대해서 이야기하다가 아이가 했던 말이 생각납니다.

"싸울 수는 있지만 그 다음에는 화해를 해야죠. 우리는 학교에서 그렇게 배웠어요. 친구들과 싸울 수 있지만 그 다음에는 사과하고 화해하면 된다고요. 참 간단한데 어른들은 왜 그렇게 못할까요. 어릴 때 학교에서 다들 배웠을 텐데요. 내 생각에 어른들은 자신이 잘못했다는 것을 인정하기 싫어하는 것 같아요."

저는 그 말끝에 "어른들의 오랜 경험이 신념이 되고 그 신념이 자기를 둘러싸고 있어서 항상 내가 옳다라고 생각하는 부분도 없지 않은 것 같아. 그러다 보니 잘못을 해놓고도 그게 잘못인 줄 모르는 경우가 있어." 식으로 '어른을 위한 변명'을 했지만, 사실 아이 말을 듣고 굉장히 뜨끔했습니다. 그 순간 '100분 토론에 아이들을 참여시키면 정말 생각도 못한 신박한 해결책이 나올 수도 있겠다'라는 생각도 들었지요.

IT, 테크, 과학에 대한 이슈는 4차 산업 시대라는 화두와 맞물려 가장 핫하기도 하고 아이들이 아주 좋아하는 주제이기도 합니다. 과학이라는 분야가 공부로 시작되면 지루하고 딱딱할지 몰라도 기사를 통해 현실에서 연구되고 있는 내용들, 때로는 꿈처럼 실현 가능성이 없어 보이는 현상들을 접하게 되면 아이들의 상상력은 그야말로 폭발적으로 커지게 됩니다. 다른 분야에서도 아이들만의 독특한 시각이 빛을 발할 때가 많았지만, 특히 과학적 주제로 토론하다 보면 어른의 한계를 느낄 때가 훨씬 많습니다.

과학과 테크라는 주제는 철학과도 맞물리는 부분이 있어 더욱 깊이 있는 토론을 하기에도 훌륭한 주제가 됩니다. 기술의 발전으로 인해 인간의 삶이 놀라운 속도로 달라지면서 항상 개입되는 문제가 철학 그리고 윤리의 문제입니다. 예를 들어, 100% 자율 주행을 하는 자동차가 부득이하게 사고를 낼 경우 책임 소재를 따지는 것부터, 운전자를 보호할 것이냐 길 가는 행인을 보호할 것이냐, 사람이 먼저냐 동물이 먼저냐 등을 놓고 벌어지는 다양한 윤리적 판단에 대한 문제는 끝나지 않는 논쟁거리입니다. 인간을 대체하는 로봇이나 인공지능(AI)이 보편적 현실이 되어가면서 야기할 수많은 문제들도 마찬가지로 깊은 철학적 사고를 요구할 때가 많습니다.

전기차는 진짜 친환경일까?

모기 말종시키는 유전자 조작 모기, 바람직할까?

냉동 인간, 과학의 발전일까 신에 대한 도전일까?

완전자율주행차가 낸 사망 사고, 누구의 책임일까?

사전 준비 2단계_좋은 뉴스 어떻게 골라야 할까

주제를 정했다면 검색을 통해 토론용 기사를 골라야 합니다. 경우에 따라서는 '주제 선정 → 검색 → 뉴스 콘텐츠 선택'의 과정이 아니라 바로 토론용 뉴스를 선택하는 단계로 갈 수도 있습니다. 저처럼 매일 뉴스 검색을 일상적으로 하는 경우라면 후자의 방식도 가능하지만, 대체로는 전자의 순서를 따르는 게 좋습니다. 최근 뉴스들 중에서 아이에게 적당한 주제를 찾지 못할 확률이 높고, 발견하게 된다 해도 결국 해당 주제를 다룬 다른 언론사들의 뉴스까지 검색한 후 최종적으로 고르는 단계가 필요하기도 합니다. 토론을 위한 읽기 자료로 가장 적합한 것을 골라야 하기 때문입니다.

선택한 주제를 다루는 뉴스가 많지 않은 경우에는 자료가 부족하다는 한계는 있어도 선택하기는 쉽습니다. 반대로 기사량이 많다면 선택의 폭은 넓을지 몰라도 일일이 다 읽고 고를 수 없다는 문제가 있습니다. 예를 들어 어린이들의 코로나 백신 접종 필수 관련한 문제를 토론용 주제로 정했다고 해보겠습니다. 인터넷 검색창에 '코로나 백신 접종 어린이 필수'라고 최대한 자세히 검색어를 입력해도 수많은 기사가 검색됩니다. 단신 뉴스부터 분석 뉴스, 의견을 다른 사설까지 형식도 내용도 조금씩 다릅니다.

　그럼 어떻게 해야 이 많은 뉴스들 중에서 '잘' 고를 수 있을까요? 우선 이름 만 들으면 알 만한 검증된 언론사의 기사를 1차로 추리는 게 좋습니다. 요즘 은 1인 미디어도 많고 블로그 등에서도 뉴스를 다룰 때가 있는데 대부분 다른 언론사의 기사들을 짜깁기할 때가 많아서 내용에 오류가 있을 수 있기 때문입 니다. 국내 대표 언론사로 꼽히는 '조선, 중앙, 동아', 통신사인 '연합, 뉴시 스', 경제 뉴스를 메인으로 하는 '한국경제, 매일경제, 이데일리', 그 외에도 서울신문, 국민일보, 한겨레신문, 세계일보, 한국일보 등 오랫동안 익숙한 언 론사는 물론 인터넷 뉴스 매체도 많습니다. 포털 사이트 등에서 검색되는 언 론사 뉴스 중에서 개인적으로 선호하거나 신뢰하는 언론사를 선택하면 크게 무리가 없습니다.

　어떤 언론사를 택하느냐보다 중요한 건 토론 주제에 대한 정보가 얼마나 자 세하고 친절하게 담겨 있느냐의 문제입니다. 물론 어떤 주제든 완벽하게 내가 원하는 모든 것을 담고 있는 뉴스를 찾기란 보통 어려운 일이 아닙니다. 그럴 때는 '논란'이나 '찬반' 등을 제목에 내세우고 있는 기사를 고르는 편이 토론용 으로 적합합니다. 사안에 대한 이슈만이 아니라 그에 따른 여러 목소리들을 함께 게재하고 있어서 읽기 자료로 좋습니다. '기획'이나 '심층 분석'과 같은 타이틀이 달려있는 기사는 보다 구체적인 내용을 다루고 있으므로 선택의 기 준으로 삼아도 괜찮습니다. 다만 이 경우 기사의 길이가 길 수 있기 때문에 아이 연령에 따라서는 읽기 수준에 맞지 않을 수도 있습니다. 이때는 아이와 단신 뉴스를 공유해서 읽고 기획뉴스나 심층분석 뉴스 같은 구체적 자료는 엄 마가 숙지하기 위한 보충 자료로 활용하면 좋습니다.

내용을 고르는 것과 별개로 몇 가지 따져야 할 사항들도 있습니다. 팩트 자체가 정확한가의 문제입니다. 전체 뉴스를 일일이 체크할 수 없다고 해도, 최소 서너 개의 기사를 비교해 보면서 사실이 아닌 내용이 있는지 사전에 내용 파악을 해야 합니다. 첨예한 사안일 경우 중립성을 유지하고 있는지도 살펴봐야 합니다. 우리나라 언론들은 성향이 치우친 경우가 종종 있습니다. 아무래도 아이들은 기사에 나온 내용들을 토론할 때 근거로 삼는 경우가 많으므로 일방적인 주장이나 편향된 내용은 균형된 시각을 갖는 데 방해가 되므로 주의해야 합니다.

숫자나 데이터가 많이 등장하면 아이와 읽고 파악하기에 편리하지만, 주의할 점이 있습니다. 기사를 객관적으로 보이게 하는 효과가 있다는 점입니다. 하고 싶은 말, 의도하는 바를 전달하기 위한 수단으로도 활용될 수 있는 것이지요. 이때는 데이터를 분석하는 어투도 달라집니다. '고작 10퍼센트 차이' '무려 10퍼센트 차이'는 같은 10을 두고도 전혀 다르게 표현해 독자의 생각을 유도합니다. 그러나 일일이 걸러내기는 무리이므로 엄마가 그 정확한 차이를 인지하고 중립적 시각으로 설명해 줄 수 있다면 크게 문제되지는 않습니다.

혹시 아이들에게 부적절한 어휘나 표현 등을 사용하고 있는 건 아닌지도 사전 점검해야 합니다. 특히 사건 사고 관련한 이슈를 다룰 때면 아이들 연령을 고려한 세심한 주의가 더욱 요구됩니다. 비속어 등을 사용하는 기사는 거의 없지만, 경우에 따라 사안 자체를 설명하는 과정에서 굳이 아이들이 몰라도 되는 '성인용' 용어나 어휘가 등장하기도 하기 때문입니다.

너무 현학적인 어휘를 많이 사용하는 것도 문제가 됩니다. 사설이나 오피니언 기사, 전문가 칼럼 등이 그럴 때가 많습니다. 기사에 사용되는 한자 어휘는 공부가 되는 부분도 분명 있지만 때론 과도한 사용으로 인해 전체 맥락 이해를 더욱 어렵게 하는 경우가 있습니다.

사전 준비 3단계_자료 수집 및 토론을 위한 질문 정리

주제도 정해졌고 모든 걸 고려한 뉴스 콘텐츠도 선정했다면 추가적인 자료들의 수집과 사전 공부, 그리고 토론 진행을 위한 질문 정리를 해야 합니다. 아이 연령이 어리고 초보 수준의 경우 해당 뉴스의 핵심 질문만으로 생각을 나누고 끝날 수도 있지만, 보다 깊이 있는 토론을 위해서는 토론 주제에 대한 배경지식을 숙지하고 아이와 나눠볼 몇 가지 질문을 사전에 마련해 두는 게 좋습니다.

앞서 예시로 소개한 적 있는 기후 변화로 인한 학생들의 시위를 토론 주제로 다룬다고 할 때, 단지 시위에 대한 사안뿐만 아니라 기후 변화가 야기하는 전반적 환경 문제 등으로 토론이 확대되기 쉽습니다. 뿐만 아니라 아이들에게 낯설 수 있는 개념에 대한 설명도 필요합니다. 탄소 중립이나 탄소 배출권, 파리기후변화협약과 같은 개념도 뉴스에 등장할 수 있습니다. 본격적인 토론 전에 엄마는 이 부분에 대한 준비가 돼 있어야 합니다. 미리 외울 필요는 없습니다. 필요한 개념이나 배경지식이 어떤 것들인지 정리하고 해당 자료를 준비하는 것으로 충분합니다. 만일 준비되지 않은 내용에 대해 질문을 받는다 해도 당황하지 말고 아이와 함께 내용을 찾아보면 됩니다. 엄마와 하는 토론은 사교육이 아닙니다. 엄격하게 선생님과 학생의 지위를 구분할 이유도 없습니다. 함께 공부하고 대화하는 상대라는 것을 인식하고, 모르는 내용은 같이 찾아보고 학습하면 됩니다.

안심Touch

토론이 진행되다 보면 아이 스스로 질문을 발견하게 되고 또 대화가 진행되는 동안 많은 질문들이 자연스럽게 발생하게 됩니다. 하지만 주제에 따라서는 토론이 원활하게 흘러가지 않을 수도 있고, 핵심 주제에 대한 논의가 빨리 끝날 수도 있습니다. 물론 토론 시간을 30분, 1시간 등으로 정해 놓았다 해도 그 시간을 반드시 채우기 위해 억지로 시간을 끌 필요는 없지만, 충분한 토론이 될 수 있도록 생각해 볼 만한 문제들을 충분하게 준비해 두면 좋습니다. 아이의 호기심을 자극하는 질문도 좋고 생각을 확장하는 질문도 좋고 토론 주제에 대해 마음껏 상상력을 발휘해 보는 질문도 좋습니다. 질문을 만드는 자체가 어렵다면, 엄마 자신의 궁금증, 호기심 등을 위주로 적어보세요. '학생들이 금요일마다 수업을 빼먹고 기후 변화 시위에 나가는 것이 정당한가'라는 주제에 대해 질문의 포인트가 될 부분은 '수업을 빼먹고'와 '시위를 나가는 것'이 될 겁니다. 이에 대해 다음과 같은 질문이 가능하겠지요.

Q 학생들이 시위에 나가는 행동 자체에 대해 어떻게 생각해?

Q 수업을 빼먹고 시위에 가는 건 어떻게 봐야 할까?

Q 수업을 빼먹지 않고 할 수 있는 방법은 없을까?

Q 학생들이 기후 변화 시위를 한다는 건 어떤 의미가 있을까?

Q 수업을 빼먹는 것에 대한 학교의 강력한 조치에 대해서는 어떻게 생각해?

Q 부모님들이 어떤 태도를 취하는 게 좋을까?

Q 우리나라에서 같은 상황이 벌어졌다면 어땠을까?

Q 너라면 어떻게 할 것 같아?

Chapter 05

토론을 위한 A to Z: 실전2. **본격 토론하기**

7단계 토론 실전 단계

사전 준비가 끝났다면 본격 실전으로 들어갑니다.

1. 사전에 토론 주제 공유 및 기사 읽어오기

2. 함께 기사 읽기

3. 주제 파악 및 이해도 체크, 배경지식 제공하기

4. 토론의 규칙을 공유하기

5. 역할 정하고 토론하기 : 찬성과 반대 역할 교체

6. 각자 자신의 생각과 의견 정리 및 공유하기

7. 생각해 볼 내용 제시하기(사후 활동)

❶ 사전에 토론 주제 공유 및 기사 읽어오기

사전에 토론을 위한 읽기 자료를 미리 제공해 가볍게 읽고 워밍업을 할 수 있도록 합니다. 주제 자체에 대해 숙지된 상태라면 토론의 질이 달라집니다. 뉴스 자체가 어려운 어휘나 맥락을 포함할 수 있으므로 사전에 읽기가 이해 측면에서도 도움이 됩니다. 뉴스를 읽으면서 모르는 내용, 궁금한 점 등을 미리 정리해 보도록 하는 습관도 좋습니다.

토론 자체를 부담스러워 하거나 어려워 할 경우, 또 아이 연령대가 어려서 쉽고 간단한 주제를 다루는 경우라면 이 과정을 과감히 생략해도 됩니다. 중요한 건 본 토론에 즐겁게 임하는 것입니다. 사전 준비가 마치 '선행학습'이나 '예습'처럼 느껴져서 흥미를 잃게 한다면 안 하는 것만 못합니다. 이럴 때는 텍스트를 제공하는 대신 "다음에 이러이러한 주제로 토론해 보자"라는 말로 '예고'를 해주면 좋습니다.

❷ 함께 기사 읽기

본 토론을 시작할 때 아이가 기사를 직접 소리 내어 읽도록 합니다. 미리 읽어왔다고 하더라도 다시 소리 내어 읽는 과정은 중요합니다. 반복 읽기로 이해도를 높이는 것도 있고, 소리를 내어 읽는 동안 집중력도 높아집니다. 내용이 너무 길다면 엄마와 아이가 번갈아가며 텍스트를 읽습니다. 역할 분담의 차원도 있지만 읽기 과정부터 상대의 말에 경청하는 훈련이 될 수도 있습니다. 토론에서는 상대의 의견을 잘 듣는 것이 중요합니다. 기사를 함께 읽으면서 주제를 파악하고 동시에 말하고 듣기에 대한 몸풀기를 하는 셈입니다.

❸ 주제 파악 및 이해도 체크, 배경지식 제공하기

읽기를 마친 후 제대로 내용 이해가 됐는지 체크하고 부족하다면 설명하는 시간을 갖도록 합니다. 먼저 아이에게 기사 내용을 얼마나 이해했는지를 물어보는 질문들을 거치는 것도 좋습니다. 무엇에 대한 문제를 다루고 있는지, 핵심이 무엇인지, 때로는 글쓴이의 방향성이나 의견을 파악하게 해보는 것도 좋습니다. 기사를 읽고 내용에 대해 질문받는 과정을 반복적으로 하면 아이는 기사를 읽을 때마다 더 정독해서 읽게 됩니다. 이 과정만 잘해도 문해력에 도움이 됩니다.

기사에 사용된 어려운 어휘는 물론이고 토론을 위해 알아야 할 필수 개념, 용어에 대해서도 설명해 줄 필요가 있습니다. 사전 준비 단계에서 체크해 두었던 배경지식에 대해서도 이때 공유합니다. 반대로 아이들이 먼저 모르는 내용, 궁금한 내용에 대해 질문하는 기회를 주는 것도 좋습니다. 내용에 대해 완전한 이해가 돼 있지 않다면 원활한 토론을 하기 어렵기 때문에 충분히 시간을 갖고 이야기합니다. 이 과정에서 이미 아이는 머릿속에 여러 질문이 떠오르게 되고 생각 활동이 시작되므로 그 자체로도 의미가 있는 시간입니다. 교과서로 배울 수 없는 살아있는 '공부'가 된다는 점에서도 긍정적이고요.

❹ 토론의 규칙을 공유하기

토론에 돌입하기 전 지켜야 할 에티켓과 규칙에 대해 서로 공유해야 합니다. 먼저, '끝까지 듣기'입니다. 토론이 공교육의 핵심 축을 이루고 있는 독일에는

"일단 끝까지 말하게 해!(ausreden lassen!)"란 말이 있습니다. 초등학교 입학 전후로 아이들이 배우게 되는 토론의 첫 번째 규칙인 셈인데, 남의 말을 끊지 말라는 의미입니다. 토론에서 잘 듣는 자세는 매우 중요합니다. 상대가 충분히 할 말을 다 하도록 시간을 준 후 본인 또한 똑같이 충분한 발언권을 보장받는 것, 이것은 토론에 임하는 자세 중 가장 기본입니다.

두 번째, '상대의 의견을 존중하기'입니다. 토론은 말싸움이 아닙니다. 무조건 내 말이 중요하고 옳기 때문에 내 의견을 반드시 '관철'시켜야 한다는 생각은 위험합니다. 토론에 정답은 없습니다. 각자 다양한 의견을 교류하는 장이며, 그 과정에서 상대방 의견과 생각의 허점을 발견하면 지적할 수도 있고, 또 반대로 내 의견을 지적하는 상대방에게 반박할 수도 있습니다. 그러나 어떤 상황에서든 어떤 의견이든 존중하는 태도를 보여야 합니다. 의도적으로라도 "좋은 의견입니다, 하지만 저는...", "그렇게 생각할 수도 있습니다, 하지만 제 생각은..."이라는 표현을 쓰도록 주지할 필요가 있습니다.

아이들이 자기 의견을 좀처럼 밝히지 못하는 까닭은 '이렇게 말하면 비웃지 않을까', '내가 잘못 생각하는 건 아닐까' 하는 두려움 때문입니다. 자기 검열을 하느라 솔직히 말하지 못하거나 혹은 말하는 자체를 주저하는 상황이 생기지 않도록 서로 예의를 지키고 존중하는 말투를 습관화해야 합니다.

이 부분에서 엄마의 역할도 중요합니다. '애가 왜 이렇게 생각을 못할까?', '말을 왜 이렇게 못하지?', '이해력이 떨어지나?' 하는 생각에 조바심을 내비치거나 눈빛이 달라지거나 아이를 다그치는 태도는 아이의 생각을 닫고 말문을 막아버리는 행동입니다. 아이의 눈높이에서 반응하고, 무슨 발언이 됐던 칭찬해 주고 격려해 주세요. 그러면 아이는 마음껏 생각하고 궁리하고 표현하기를 즐기며 생각 근육을 단단히 키워가게 될 겁니다.

❺ 역할 정하고 토론하기 : 찬성과 반대 역할 교체

토론을 진행하는 방식은 두 가지가 있습니다. 질문을 던지고 그에 대한 각자의 생각을 나눠보는 방식, 찬성과 반대의 룰을 정해 반론을 펼치며 토론하는 방식입니다. 깊은 사고 활동을 위해서는 후자의 방식이 효과적입니다. 가능하다면 각자 한 번은 찬성 의견으로, 또 한 번은 반대 의견으로 두 번 토론을 진행합니다. 그 방식이 좋은 이유는 첫째 설령 그게 본인 자신의 진짜 의견이 아니더라도 '그 입장이 된다면 어떨까' 하고 나와 다른 상대의 의견을 생각해 보는 기회를 가질 수 있고, 둘째 토론할 때 상대방의 의견을 더 경청할 수 있게 됩니다. 상대가 어떤 의견을 내는지를 잘 들어야 역할이 교체됐을 때 토론을 잘 할 수 있기 때문입니다.

찬성과 반대 두 가지 버전으로 토론을 하는 일이 아이에게 쉬운 건 아닙니다. 도저히 생각이 안 나는 경우에도 어떤 식으로든 생각하고 의견을 만들어 내려면 머리를 쥐어짜야 합니다. 하지만 어떤 주제나 문제든 일방적으로 한목소리만 있는 경우는 없습니다. 아주 소수라 하더라도 반대 의견, 다른 의견이 반드시 존재합니다. 그 입장이 되어 어떤 논리를 펼쳐야 상대를 설득할 수 있는지 고민하다 보면 미처 생각하지 못했던 사실을 발견하기도 하고, 보지 못했던 부분을 보게 될 수도 있습니다.

❻ 각자 자신의 생각과 의견 정리 및 공유하기

역할을 통한 토론이 끝나면 각자 자신의 입장을 정리하고 발표하는 시간을 갖습니다. 이 과정에서 토론하기 전에 가졌던 생각과 토론이 끝난 후 생각의 변화에 대해서도 이야기해 보는 게 좋습니다. 토론의 효과란 나의 생각과 너

안심Touch

의 생각이 각각 다르다는 것을 확인하는 것만이 아니라 그 안에서 서로의 변화를 이끌어내기도 하고 더 좋은 제3의 의견을 찾을 수도 있다는 점입니다. '1+1'이 2가 아니라 5가 되고 10이 될 수 있는 것입니다.

❼ 생각해 볼 내용 제시하기(사후 활동)

토론이 끝난 후에는 보다 확장된 내용에 대해 생각할 거리를 던져주거나 토론 중에 논의가 충분하지 못했던 부분을 더 생각해 보도록 하는 과제를 제시하면 좋습니다. 가장 좋은 활동은 '쓰기'입니다. 토론의 주제부터 주요 논점, 그리고 자신의 의견까지 하나의 완결된 내용의 글로 적어보는 활동을 통해 아이는 한 번 더 사고하는 과정을 거칠 수 있습니다. 가능하다면 토론에서 제시된 다양한 찬반 의견과 근거들을 정리한 후 마지막으로 본인의 생각은 무엇인지 그 이유는 무엇인지 정리하는 흐름으로 글쓰기를 하면 좋습니다.

쓰기 활동이 어렵거나 과제로 인한 부담을 주고 싶지 않다면 토론에 참여하지 않은 부모님이나 어른들의 의견을 듣고 다음 시간에 공유하도록 하는 가벼운 숙제를 줄 수도 있습니다. 엄마가 토론에 참여했다면 아빠나 다른 가족의 의견에 대해 들어오는 식입니다. 이 과제는 아이가 아빠나 다른 어른과 함께 깊은 대화를 할 수 있는 기회를 준다는 면에서도 의미가 있습니다. 이때 아이는 자신이 알고 있는 내용을 열심히 설명해 주기도 하면서 어깨가 으쓱 올라가는 경험을 할 수도 있습니다.

Chapter 06

토론을 위한 A to Z: 실전3. **토론의 실례**

> **┃토론 주제 ┃**
>
> 비만 막는 설탕세(sugar tax) 도입, 효과 있을까?

1. 해당 뉴스 읽기

❶ 달콤할수록 세금 더 낸다? ⋯ '설탕세' 논란 (노컷뉴스, 2021년 4월 26일)

추천 이유 이해를 돕는 각종 시각적 그래픽 자료가 활용돼 어린이에게 적합

❷ "비만 막으려면 설탕세" … 어떻게 생각하십니까 (아시아경제, 2021년 4월
12일)

추천 이유 찬반 입장 예시가 제시되어 있어 토론에 적합

2. 내용 공유

2021년 초 당류가 들어간 음료를 제조하거나 수입, 판매하는 업자 등에게 건
강부담금을 부과하는 일명 '설탕세' 도입이 추진됐습니다. 현재는 담배에만
부담되는 건강부담금을 비만과 당뇨병 등의 원인으로 지목돼 온 당류 첨가 음
료에도 부과해 판매를 줄이거나 대체 상품 개발을 목표로 하겠다는 것입니다.
법안을 발의한 쪽에서는 국민 건강이 목적이라고 하는데 실제로 국민들은 이
를 또 다른 세금으로 바라보며 반발을 했습니다.

팩트로만 보면 사실 세금은 아닙니다. 건강부담금의 사용처는 국민건강증진
을 위한 목적으로만 사용할 수 있기 때문입니다. 하지만 이 설탕세 도입이 결
과적으로는 음료 가격 인상으로 이어져 소비자들이 그 부담금을 떠안게 될 것
이라는 점에서 대다수가 세금과 다를 바 없다고 생각하는 것이지요.

설탕세라는 단어가 국내에서는 생소하지만 사실 외국의 많은 나라들은 이미
시행 중인 제도이기도 합니다. 법안을 발의하거나 찬성하는 입장에서 '세계적
추세'라고 하는 이유가 거기 있습니다. 일부 유럽 국가에서 시행되던 설탕세
가 많은 나라들로 전파된 건 2016년 세계보건기구(WHO)의 권고에 따른 것
이라고 합니다. 실제로 설탕세가 도입된 국가들은 기업들이 무설탕 음료를 개
발하거나 당류 대신 인공감미료를 첨가하는 식으로 대체 음료 출시도 하고 있
다고 합니다.

설탕세를 도입하느냐 마느냐의 문제는 결국 설탕세가 비만을 막는 효과가 있을 것이냐 하는 것으로 귀결됩니다. 따라서 설탕세가 비만을 막기 위한 애초 목적 달성에 얼마나 기여할 수 있을 것인가에 집중해 토론을 진행합니다.

3-1. 토론 전 생각해 볼 문제

Q 설탕세(sugar tax)라는 단어를 들으면 어떤 것이 상상돼?

Q 비만은 어떤 상태를 말하는 것일까?

Q 비만이 좋지 않은 이유는 무엇일까?

Q 어린이 비만이 생기는 이유가 뭘까? 설탕과 무슨 관련이 있을까?

Q 설탕세의 장점과 단점은 무엇일까?

Q 설탕세가 어떻게 비만을 막아줄까? 세금의 역할은 무엇일까?

Q 설탕세 도입에 대해 어떻게 생각해?

3-2. 찬반 토론

위 생각해 볼 문제에 관해 가볍게 스몰 토크로 시작하면서 아이가 설탕세에 대해, 설탕세와 비만의 관계에 대해 스스로 생각해 보도록 유도합니다. 생각 나누기가 끝나면 찬성과 반대로 나누어 각각 찬성의 경우와 반대의 경우를 말해 보도록 합니다.

안심Touch

4. 토론 정리

● 찬성 의견의 예

- 우리나라의 비만율은 심각하다. 2018년 기준 우리나라 전체 성인 비만율은 34.6%로 성인 3명 중 1명이다. 아동 청소년 비만율도 2019년 25.8%로 증가, 4명당 1명꼴로 비만이다.

- 비만은 건강에 치명적이다. 의사들은 비만이 많은 질병을 야기한다고 경고한다. 특히 어린이 비만은 성인이 된 후에도 영향을 끼칠 수 있어 특히 더 관리가 필요하다. 청소년의 설탕 섭취가 상대적으로 높다는 점에서 설탕세 도입은 어린이, 청소년을 위해 필요하다.

- 비만의 주 요인인 당류 섭취 등을 줄이려면 어느 정도 강제적인 정책도 필요할 수 있다.

- 설탕세를 도입하면 각 음료 업체들이 설탕 함량을 줄이는 등의 노력을 할 것이고, 이는 긍정적 결과로 이어질 수도 있다.

- 즉, 당장에는 반대할지 모르지만 장기적으로 보면 설탕세 도입이 필요할 수 있다.

● 반대 의견의 예

- 실제 설탕세 도입으로 인해 비만을 막을 수 있다는 근거가 없다.

- 일찌감치 설탕세를 도입한 덴마크는 효과에 의문을 품고 1년 만에 폐지했다. 프랑스 역시 세금 도입 첫해에 반짝 효과가 있었을 뿐 이후 억제 효과가 약해졌다는 결과가 있다.

- 음료 가격 인상으로 소비자들에게 부담만 가중시키는 결과를 초래하고, 오히려 더 싼 음료, 더 성분이 좋지 않은 단맛 음료를 찾게 되어 건강을

해칠 수도 있다.

- 비만을 막는 것은 좋지만 반드시 세금의 형태라야 할 이유가 없다. 스스로 건강을 위한 선택을 할 수 있도록 유도하는 것이 좋다.

- 즉, 먼저 세금부터 매길 생각을 하지 말고 더 효과적이고 장기적인 방법을 모두가 고민해 볼 필요가 있다.

5. 확장해서 생각해 볼 문제

Q 세금이 아닌 다른 방식으로 비만을 막으려면 어떤 방법이 가능할까?

Q '당류 섭취를 줄이자'는 캠페인을 어린이 대상으로 한다고 가정해 보자. 어떻게 하는 게 좋을까?

안심Touch

> **┃토론 주제┃**
>
> 개 식용 법적 금지에 대한 찬반 토론
>
> **┃토 픽┃**
>
> 아무런 제재 없이 그동안 개를 식용으로 인정해 오던 것을 이제 법적으로 금
>
> 지해야 한다는 의견에 대해 찬성과 반대 논란이 뜨거움

1. 해당 뉴스 읽기

개 식용 법적 금지 찬반에 대해 다룬 뉴스 중 선택

2. 내용 공유 및 배경지식에 대한 설명

● 논란의 배경

지난 2021년 9월 27일 애견인으로 잘 알려진 문재인 대통령이 "개 식용 금
지를 신중히 검토할 때가 되지 않았나"라고 언급하면서 다시 개 식용 문제
가 수면 위로 떠오른 상황

● 논란의 역사

- 무려 40년간 지속되어온 오랜 논란의 역사가 있다.
- 1989년 서울 올림픽을 계기로 국제 사회에서 대한민국이 주목받기 시작
하자, 국제 행사를 앞두고 해외 동물 애호 단체들의 압력이 이어졌다.

- 2002년 한일월드컵 즈음에는 프랑스 여배우이자 동물 애호가인 브리지트 바르도가 "월드컵을 유치하려면 보신탕을 먹지 말라"는 편지를 써서 화제가 되기도 했다. 당시 바르도는 개고기를 먹는 한국인을 야만인이라고 칭하며 강한 어조로 비난하기도 했다.
- 개를 비롯해 반려동물을 기르는 인구 수가 무려 1500만 명에 달하는 등 최근 애견 인구가 늘어나면서 논란은 한층 더 뜨거워졌다.

● 개 식용의 역사 및 현재 상황
- 고구려 시대 벽화에도 개 도축이 기록되어 있고, 보편적으로는 조선 시대부터 개를 식용하는 관습이 있었던 것으로 알려져 있다.
- 개 식용은 엄밀히 말하면 현재 합법도 불법도 아닌 상황이다. 개는 식품 분류에서 인정하는 원료에 포함되지 않고 축산물 위생관리법에서 다루는 가축의 범위에도 해당되지 않는다. 현재 법적 기준이 없으므로 위생에 관한 문제가 끊임없이 제기되고 있다.
- 식용 개를 거래하는 시장이 대부분 사라지는 등 국민 의식 변화에 따라 개를 식용하는 인구 수는 급격히 감소했다.

● 해외에서는
- 중국, 대만, 필리핀, 베트남, 홍콩 등 아시아 나라들이 주로 개를 식용 목적으로 사용하고 소비하는 관행을 지속하고 있다. 가장 소비가 많은 나라가 중국, 그 다음이 베트남. 중국은 일부 지역을 중심으로 법으로 식용을 금지하는 움직임을 보이고 있고, 대만과 필리핀, 홍콩 등도 개

안심Touch

식용을 금지하고 있다.

- 우리나라는 개 식용에 있어 상위가 아니지만 선진국 반열에 들어서 있기 때문에 주목을 받는 것이라는 분석도 있다.
- 우리나라에 편지를 보냈던 브리지트 바르도의 나라 프랑스도 과거에 개를 식용으로 먹던 나라였다. 1870년대 프러시안 전쟁 때는 개고기가 너무나 유명했고, 이후 1910년에는 개고기를 판매하는 정육점도 있었다고 한다. 다만, 이후 돼지고기, 닭고기 등 먹거리가 발전하고 풍족해지면서 개 식용 문화는 사라져 갔고 현재는 프랑스를 비롯해 유럽에서 개는 식용이 아닌 가족이자 반려동물로 인식된다.

● 법적 금지에 대한 국민의 입장 차는?
- 개 식용 금지를 법제화하자는 것을 두고 국민의 찬반 의견도 팽팽하다.
- 개 식용에 반대하지만 '법적 제도'를 통한 규제에 반대하는 목소리도 적지 않다.

3-1. 생각해 볼 문제 나누기

Q 브리지트 바르도 등 해외 스타나 해외 단체 등이 우리나라의 개 식용 문화에 대해 보여준 비판 혹은 비난의 행동에 대해 어떻게 생각해?

Q 개 식용의 역사는 어떻게 해서 시작됐을까?

Q 조선 시대에도 시각차가 존재했다면 지금과 같이 개 식용을 두고 논란이 있었을까?

Q 아시아의 개 식용 관습이 두드러진 이유는 뭘까?

Q 개 식용에 대해서는 반대하지만 '법적으로 금지하는 건 안 된다'고 하는 사
람들은 왜 그런 걸까?

Q 그냥 '금지'하는 것과 '법적 금지'의 차이점은 무엇일까?

3-2. 찬반 토론

찬성론　개 식용 법적 금지에 대해 찬성하는 이유와 근거는?

반대론　개 식용 법적 금지에 반대하는 이유와 근거는?

4. 토론 정리 및 공유

● 법적 금지 찬성 의견의 예

－ 개는 인간과 가장 가까운 동물이고, 돼지나 소와 달리 농장식 축산 방식
이 적용된 적이 없어 식용을 위한 육견 환경이나 도살 등 모든 절차가
비인도적이다.

－ 동물 학대 등 동물권 측면에서뿐만 아니라 이미 아시아권의 많은 나라들
이 개 식용을 법적으로 금지하는 등 이제 보편적 흐름이 되었다.

－ 해외에서 바라보는 우리나라의 위상 등을 생각했을 때도 개 식용 금지를
법제화해야 할 필요가 있다.

● 법적 금지 반대 의견의 예

  – 식용 개를 키우는 육견 농장이나 관련 음식점 등 당장 생계가 걸린 사람
    들도 있다.

  – 법적으로 막지 않아도 어차피 국민 정서 변화로 시간이 지나면 식용 개
    를 찾는 인구는 사라지게 될 것이다.

  – 국가가 무엇을 먹을지 국민의 선택까지 간섭하는 것은 과도하다. 개인의
    선택에 맡겨야 한다.

  – 한 나라의 문화와 관습에 대해 국제 사회가 이래라저래라 할 권리도 없
    고 따를 의무도 없다.

5. 생각해 볼 문제 및 과제 제시

Q 법적 문제가 아니라 국민들이 사회적 합의를 이뤄낼 수는 없을까?

Q 합의를 위해 양측은 어떤 양보를 해야 할까?

과제예시 ①

오늘 토론에 대한 자신의 생각을 글로 적어 오세요.

과제예시 ②

부모님과 이 문제에 대해 이야기하고, 부모님의 의견을 들어 오세요.

MEMO

Part 4
자기주도 사고력

아이가 생각 근육을 만드는 데는 부모의 힘이 절대적으로 중요합니다. 그러나 생각한다는 것은 결국 주체적인 행동입니다. 부모가 조력자가 될 수는 있어도 생각을 대신해 줄 수는 없습니다. 독서하는 배경을 만들고 습관을 길러주기 위한 장치를 고민할 수는 있어도 독서를 통한 사고 활동을 부모가 해줄 수는 없는 일입니다.

모든 학습에서 '스스로의 힘'이 위대한 능력을 발휘하듯이 생각하는 것 또한 스스로 그 힘을 키워나갈 수 있도록 해야 합니다. 독서부터 코딩, 게임에 이르기까지 개인적 경험을 바탕으로 아이가 어떻게 스스로 사고하는 힘을 키워나갈 수 있는지, 그 안에서 부모의 역할은 무엇인지 이야기해 보겠습니다.

Chapter 01

생각도 자기주도가 필요하다

"엄마, 나 문과 갈까 이과 갈까? 엄마가 좀 정해줘!"

몇 해 전, 고등학교 1학년, 문·이과 갈림길에 서 있던 친구의 딸이 제 엄마에게 진로를 좀 결정해 달라고 했다는 말을 들었습니다. 친구는 "수학 성적으로 문·이과가 반강제적으로 결정되는 현실을 생각하면 그나마 선택할 수 있다는 게 다행이긴 한데 자식의 미래가 걸린 일이라 진짜 너무 고민된다"고 했습니다. 수학 성적이 월등하지는 않지만 이과를 가지 못할 정도는 아니고, 그래도 문과로 진학하면 더 경쟁력이 있을 것 같다는 생각에 결정이 어렵다는 말도 덧붙이면서요.

저는 일단 줄곧 '자기주도의 중요성'을 부르짖던 친구의 대응에 놀랐습니다. 아이 입장에서야 이런저런 갈등이 되니 당연히 물을 수도 있지만 그럴 때 부모가 정말로 '결론'을 내려주기 위해 고민하는 게 과연 옳은 것일까요, 아니면 끝까지 네 미래이니 네가 생각하고 결정해야 한다고 말해주는 게 좋을까요?

똑똑한 양떼가 되지 않으려면 스스로 생각하라

요즘 시대에 친구와 딸의 사례가 아주 특이한 경우가 아니라는 것쯤은 저도 여러분도 아는 사실입니다. 아이에게 결정 장애가 있다거나 부모가 아이의 미래에 지나치게 개입한다는 식의 어느 한쪽으로 치우쳐 판단하기에도 어려운 점이 있지요.

사회적으로 인정받고 성공하고 거기다 안정적인 삶을 살기 위해서는 어떤 공부를 하고 어떤 진로를 택해야 하는가에 대해 부모들은 자신들이 겪은 직간접적 경험을 토대로 판단합니다. 하지만 시대가 변하고 있습니다. 그 변화의 속도 또한 엄청나게 빨라졌습니다. 이러한 '변화'를 제대로 읽어내면 좋은데, 대부분의 부모의 판단은 과거로부터 현재까지의 경험에 머물러 있는 것일 확률이 높습니다. 세상이 어떻게 변화하고 있는지는 요즘 세대인 청소년들이 더 빨리 알아챌 수도 있습니다. 단적으로 디지털 접근성만 봐도 그렇습니다.

다시 친구의 사례로 돌아가 볼까요. 저는 친구에게 그래도 아이가 무엇을 좋아하고 하고 싶어하는지 더 생각해 보도록 해야 한다고 말했습니다. 부모가 내 자식에 대해 아무리 잘 알고 있다고 해도 자기 자신만큼 잘 알 수는 없습니다. 어쩌면 부모의 기대치 등을 고려해 하고 싶은 말을 솔직하게 하지 못하는 것일 수도 있고요. 부모의 생각이 곧 나의 생각이 될 수는 없습니다. 삶은 자기 자신의 것이고 그러니 자발성을 가져야 합니다. 우리는 살면서 끊임없는 선택과 결정의 순간을 맞이합니다. 어떤 결정을 내리든 한순간도 후회 없이 완벽할 수는 없습니다. 후회하지 않을 선택을 하는 게 목표가 아니라 자신이 바라는 미래에 대한 고민과 답이 결합된 선택이라야 할 겁니다. 후회의 순간이 온다 하더라도 고민하고 결정한 자신의 선택이라면 딛고 일어서기가 수월합니다. 한동안 자책으로 괴로워하는 시간을 보낼 수는 있지만 그 안에서 다시금 목표를 수정하고 방향을 새로 잡습니다. 더 단단해진 자신이 보상처럼 남게 될 겁니다.

윌리엄 데레저위츠의 〈공부의 배신〉을 보면 비슷한 이야기가 나옵니다. 저자는 이른바 '슈퍼 엘리트'라 불리는 미국 명문대 학생들을 오랫동안 가르치고 지켜보며 교육의 현실에 대해 느낀 바를 책에서 이야기하고 있습니다. 그는 "초등학교 때부터 시작된 '끝없이 주어진 일과' 덕분에 명문대에 입학할 수 있었지만, 이들은 자신이 어떠한 삶을 원하는지 모른다"며 학생들을 '똑똑한 양떼'에 비유합니다. 대학 입학만을 목표로 달려 왔지만 막상 대학에 들어오니 무엇을 해야 할지 알 수 없어 방황하고 심지어 그로 인해 우울증까지 겪는 경우가 많다는 것입니다. 제목 그대로 '공부의 배신'입니다. 저자는 덧붙입니다.

"유년기와 청소년기가 일제히 가리키던 반짝반짝 빛나는 목표 지점에 일단 도달했다. 그토록 갈망했던 명문대의 정문을 통과했다. 그러나 그때야 비로소 아이들은 자신이 왜 이곳에 와 있는지, 이제부터 무엇을 하고 싶은지에 대해 아무 생각이 없다는 사실을 깨닫는다."

데레저위츠는 한 예일대 졸업생에게 받은 이메일 내용을 공개하기도 했는데 편지에는 이렇게 쓰여 있습니다. "교수님은 저희에게 '네 열정을 찾으라'고 말할 수 없습니다. 우리 대부분은 그 방법을 모릅니다." 문제는 대학에서도 각자의 목표와 열정에 대해 가르치지 않는다는 점입니다. 눈앞에 닥친 목표를 향해서만 달리도록 훈련받은 이들이 어느 날 갑자기 '열정'을 찾는 건 결코 쉬운 일이 아닐 겁니다. 그런 생각조차 해보지 않았을 테니까요.

이러한 방황은 오히려 청소년기에 겪었어야 할 일입니다. 흔히 말하는 '나는 누구인가'로부터 시작된 자기 스스로에 대한 질문과 고민, 그리고 미래에 대한 탐색까지 충분히 이뤄졌다면 적어도 대학에 진학해 '열정은 어떻게 찾는 것인가요?'라는 식의 질문은 하지 않게 될 겁니다.

〈공부의 배신〉에서 저자가 했던 조언 중 가장 공감되는 부분은 바로 '어떻게 살아야 하는가'에 대한 문제에 대해 '생각을 구원의 도구'로 삼아야 한다는 것이었습니다. 저는 여기에 한 가지를 더 보태고자 합니다. '자기주도적' 생각이라야 한다는 것입니다. 엄밀히 말하면 생각을 하지 않아서 생기는 방황이라기보다 '스스로 생각하는 법'을 알지 못하는 데서 오는 문제니까요. 어디서부터 어떻게 생각하고 정리해 나가야 할지 방법을 모르는 것이지요.

요즘은 창의성 등이 강조되면서 모두가 '생각'의 중요성을 잘 알고 있습니다. 심지어 그 '생각'마저 가르치고 배우는 사교육도 대거 등장했습니다. 주변에서 '사고력'이라는 수식어가 붙은 학원이나 사교육 커리큘럼을 찾아보기란 어렵지 않습니다. 그러나 '이 문제에 대해 생각해 보세요', '이 현상에 대해 생각해 보세요' 식의 생각은 정답이 있고, 그 답을 찾기 위한 과정에 지나지 않습니다. 물론 생각하는 방법을 알려줄 수는 있겠지만, '주어진 생각'을 하는 건 주어진 대로 공부하는 것과 다를 바가 없습니다.

무엇에 대해 생각할 것인지부터 어떻게 생각하고, 그 생각이 어디로 뻗어나가고, 어떻게 정리하고 실행을 할 수 있을 것인가의 문제까지, 온전히 자신의 의지대로 하는 습관이 되어 있다면 어떤 문제나 상황에 부닥쳐도 넘어지지 않고 중심을 잡을 수 있습니다. 그리고 그 스스로의 힘이 지금 우리 아이들에게 가장 필요하고 요구되는 능력입니다.

대학을 졸업한 후에도 경제적으로 자립할 여력이 되지 않아 부모와 동거하는 청년들을 '캥거루족'이라고 합니다. 생각하는 것마저 '캥거루족'이 되지 말아야 합니다. 생각 독립을 이루고 자기 삶의 주체가 되어야 하는 것입니다.

Chapter 02

독서, 생각 근육의 시작점

독서의 중요성과 필요성을 단적으로 말해주는 아주 유명한 말이 있습니다. "오늘의 나를 있게 한 것은 우리 마을의 도서관이었다. 하버드 졸업장보다 소중한 것은 독서 습관이다." 독서광으로 알려진 빌 게이츠의 말입니다. 국내외를 막론하고 독서를 인생 성공의 비결로 꼽는 이들은 한둘이 아닙니다.

프랑스 철학자 르네 데카르트가 "좋은 책을 읽는다는 것은 과거 몇 세기의 가장 훌륭한 사람들과 이야기를 나누는 것과 같다"고 말한 것처럼 책은 너무나도 훌륭한 인생의 동반자입니다. 허기진 지식을 채워주는 것뿐만 아니라 굶주린 영혼에 양식이 되고, 메마른 감정에 단비가 됩니다. 삶을 돌아보고 반성

Part 4 자기주도 사고력 229

하게 하고, 미래를 고민하게 합니다. 때론 위로와 격려가 되기도 합니다. 세상에 이런 친구가 또 있을까요? 그런데 이 친구가 진정한 생각의 독립을 이루게 만드는 조력자 역할도 톡톡히 합니다.

독서력과 공부머리의 연결고리는 '생각'이다

그러나 단지 글자를 읽는 것만으로 이런 마법 같은 친구를 얻을 수 없습니다. 독서에 '생각'이 따라붙어야만 일어나는 작용입니다. 영국 철학자 존 로크는 "독서는 다만 지식의 재료를 줄 뿐이다. 그것을 자신의 것으로 만드는 것은 사색의 힘이다"라고 말했습니다. 프랜시스 베이컨은 "반대하거나 논쟁하기 위해 독서하지 말라. 그대로 믿거나 화술의 밑천으로 삼기 위해 독서하지 말라. 다만 생각하고 생활하기 위해 읽어라"라고 말했지요. 이 말의 공통점은 독서를 통한 생각의 힘을 강조하고 있다는 점입니다.

실제로 제대로 읽는 행위에는 반드시 생각이 동반될 수밖에 없습니다. 이해력이나 비판적 사고와 같은, 독서를 통해 얻어지는 값진 결과들은 생각하며 읽는 능력을 필요로 합니다. 많은 이들이 '독서력'과 '공부머리'를 연관시키는 것도 같은 맥락입니다. 독서를 통해 길러지는 종합적 사고 능력이 공부와 직결된다는 것이지요. 요즘 학부모들 사이에 핫한 문해력은 말할 것도 없습니다.

독서는 억지로 하는 데 한계가 있습니다. 수많은 명사들이 목적성을 가지고 독서에 접근해서 성공을 이뤄내지는 않았을 겁니다. 책을 사랑하고 습관적으로 읽은 결과입니다. 대부분은 어릴 때부터 독서를 습관화한 경우가 많습니다. 뒤늦게 독서광이 된 경우도 보긴 했지만, 어릴 때부터 지속적인 독서를 하며 단단하게 쌓아온 내공을 따라잡기는 그리 쉬운 일이 아닙니다.

영국 에든버러대학교 심리학과 스튜어트 리체 교수의 연구 결과(2013년)에 따르면 7세 때 읽기 수준이 높을수록 42세에 사회경제적 지위가 높다고 합니다. 여기서 7세니 42세니 하는 숫자는 상징적일 뿐 그만큼 어린 시절부터 제대로 된 독서력을 갖추는 게 중요함을 보여주는 결과라 하겠습니다. 지식으로 무장하는 것도 경쟁력이겠지만 그보다 더 하기 힘든 게 바로 생각의 힘을 키우는 것입니다. 독서는 곧 생각하는 법을 배우고 생각의 힘을 키워 자기주도적 사고의 기반이 됩니다. 책을 읽을 때만큼은 그 누구도 개입할 수 없고 온전히 내가 책을 통해 성찰하고 사색하고 깨닫는 시간이니까요. 독서에 입문하고 흥미를 갖도록 하는 데는 주변 환경이나 부모의 노력이 개입될 수 있지만 읽기 독립이 된 후에는 온전히 자기 자신의 몫이 됩니다.

우리 아이는 책을 진심으로 사랑하는 아이입니다. 또래보다 깊은 사고가 가능하다고 생각하는 비결도 바로 책 읽는 습관에 있습니다. 우선 책을 대하는 태도부터가 어른인 제가 보기에도 배울 만합니다. 만 10세 나이에 '책'에 관한 주제로 아이와 인터뷰를 했을 때 책과 어떤 관계가 되고 싶냐고 묻자 "평생 친구 같은 관계를 맺고 싶어. 모든 것에는 생명이 있어. 책에도 생명이 있다고 생각해. 나는 지금까지 수백 명쯤 책 친구를 사귄 것 같은데 다 소중해"라고 대답했습니다. '책에도 생명이 있다니', 말을 잘 못하던 유아기 때부터 책에 대한 애착이 남달랐던 아이는 그간 수많은 생명력 있는 책들과 교감하며 생각의 깊이를 만들어왔던 겁니다.

안심Touch

'우아한 형제들' 김봉진 대표와 우리 아이의 공통점?

'배달의 민족'으로 더 친숙한 '우아한 형제들'의 김봉진 대표는 2010년 단돈 3천만 원의 자금으로 스타트업을 시작해 어마어마한 결과를 이뤄낸 입지전적인 인물입니다. 많은 분들이 그의 창업 성공 비법을 궁금해 하지 않을까 싶은데, 김 대표가 지금껏 낸 두 권의 책 모두 공교롭게도 '책'에 관한 것입니다. 초창기 창업에 관한 이야기를 풀어낼 때도 그는 책을 화두로 삼았고 2018년에는 아예 〈책 잘 읽는 법〉이라는 본격 독서 관련 저서를 펴냈습니다. 그 이유는 명확합니다. 김 대표의 성공 바탕에는 다름 아닌 '책'과 '독서 습관'이 있기 때문입니다.

그러나 자칭 '독서광'이라는 김 대표의 독서 습관은 놀랍게도 어른이 된 후 형성된 것입니다. 디자인을 전공한 김 대표는 어릴 때부터 그림을 좋아해 활자를 읽는 것은 어려워했다고 합니다. 스타트업을 시작하고 보니 주변 경영진이 모두 명문대 출신인 것을 보고 스스로 지적 이미지가 떨어진다고 생각하게 됐답니다. 그래서 책을 읽기 시작했고 독서를 습관화한 지가 10년이 훌쩍 넘게 된 것입니다. 비록 어린 시절에 형성된 독서 습관은 아니지만 무려 10년 이상을 유지했다면 스스로를 바꾸고도 남을 만큼 대단한 끈기와 의지가 아닐수 없습니다.

이제는 모두가 그의 독서력을 인정하는 수준에 이르렀습니다. 책을 낸 후 김 대표는 CBS TV '세상을 바꾸는 시간, 15분(이하 세바시)'에도 출연해 그만의 '잘 읽는 법'을 공개하기도 했습니다. 김 대표의 독서법을 들여다보면 우리 아이가 오랫동안 실천 중인 내용이 많습니다. 어른의 독서든 어린이의 독서든 결국 잘 읽는다는 것은 같은 맥락인 것이지요. 어른이 돼 습관을 들이려면 아이 때보다 몇 배의 노력이 필요합니다. 어릴 때부터 자연스레 잘 읽기 위한 환경과 습관에 길들여지면 평생 동안 독서라는 강력한 무기를 갖게 되는 셈입니다.

김 대표가 강조한 첫 번째 독서 비결은 '책에 대한 고정관념을 버려라'입니다. 어떤 책이든 끝까지 다 읽겠다는 생각은 스트레스로 작용해 책을 싫어하게 되므로 그런 강박을 버리라는 것입니다. 잔뜩 기대감을 갖고 샀는데 막상 읽어보니 책장 넘기기가 힘든 경우가 분명 있습니다. 또 어떤 특정 챕터나 장에 대한 궁금증으로 독서를 시작하는 경우도 있고요. 저도 그럴 땐 읽고 싶은 부분만 읽습니다. 신기하게도 나중에 다시 보면 읽지 않았던 부분이 더 마음에 다가올 때도 있지만 그 나중이 오지 않아도 괜찮습니다. 다 읽어야 한다는 부담감에 시달리면서 읽으면 '드디어 해냈다'는 성취감은 있을지 몰라도 자발적 독서만큼 마음에 새겨지지는 않습니다.

그러나 아이에게는 첫 번째 읽을 때만큼은 가능한 완독을 권하는 편입니다. 어린 시절 독서 습관을 잡아가는 데 있어서 재미와 흥미도 중요하지만 인내 또한 필요하다고 생각하기 때문입니다. 다만 한번에 다 읽기 힘들다면 며칠씩 텀을 두고 한 챕터씩 천천히 읽어가라고 말해 줍니다. 텀이 너무 길어지면 앞의 내용을 잊어버릴 수 있으므로 속도 조절을 해가면서요.

내용이 너무 어렵거나 아이 연령대에 맞지 않는 책이라면 제가 먼저 그만 읽기를 권하기도 합니다. 어떤 경우에는 아이와 함께 읽거나 읽어줄 때도 있습니다. 실제로 아이는 극히 몇 번의 특수한 경험을 제외하고는 읽다가 중단하는 경우가 거의 없습니다. 그 이유는 스스로 읽을 책을 고르기 때문입니다. 본인 관심사와 흥미에 따라 책을 선택하니 즐겁지 않을 수가 없는 것이지요.

때론 제가 먼저 "이 책 어때?"하고 내밀 때도 있지만, 거의 대부분은 직접 고르는 편입니다. 아주 어릴 때, 글자를 모르던 시절부터 말입니다.

이 부분에서 고정관념을 버리라는 조언이 다시 등장합니다. 점점 아이 연령이 높아지면서 다양한 책 경험이 필요해집니다. 어린 시절 따뜻한 내용의 이야기책을 선호하던 아이는 학년이 높아지자 어드벤처 스토리에 열광하게 됐습니다. 고르는 책마다 같은 범주의 책이었지요. 다른 장르에 대한 경험이 없다 보니 선택할 때마다 익숙함을 우선으로 했습니다. 그때 저의 조언은 '책도 도전이 필요하다'는 것이었습니다. 자신이 좋아하는 분야가 가장 재미있다는 건 편견에서 오는 고정관념이기도 합니다. 새로운 도전이나 탐험이 없으면 영원히 그 세계를 알지 못하게 됩니다.

김 대표의 두 번째 독서법은 '책은 많이 사야 많이 본다'입니다. 많이 사되 산 책을 다 읽어야 한다는 죄책감도 버리라고 말합니다.

'많이'라는 정도는 개인마다 다를 수 있습니다. 하지만 '책은 사야 한다'는 데는 적극 동감합니다. 도서관 문화가 놀라운 수준으로 발달한 독일은 물론이고, 우리나라도 공공도서관 시설이 너무 훌륭하게 돼 있습니다. 책을 군이 사지 않아도 필요한 만큼 빌려서 볼 수 있는 시스템이 잘 갖춰져 있지요.

도서관 책을 빌리는 경우도 있긴 하지만 저희 집 식구들은 대체로 다 책 욕심이 많은 편입니다. 읽고 싶은 책이 있으면 그때그때 온라인으로 주문해 읽기도 하고, 정기적으로 서점을 방문해 책 구경을 하고 마음에 드는 책을 사오곤 합니다. 한 번에 사는 권수가 적지 않다 보니 다 읽지 못할 때가 많습니다. 몇 장 보다가 나중으로 미뤄 놓는 경우도 있습니다. 그래도 소장하고 있으면 언젠가 반드시 읽을 기회가 오기는 합니다. 어느 날 갑자기 그 책이 필요하거나 읽고 싶어지는 순간들이 찾아오거든요.

아이도 '책은 사는 것'이라는 생각이 강합니다. 전적으로 엄마 아빠의 영향입니다. 아이가 어릴 때부터 우리 가족은 서점을 자주 드나들었습니다. 책 구경을 실컷 한 뒤에는 묻지도 따지지도 않고 아이가 고른 책 한두 권을 사주었습니다. 글자를 모르던 나이에는 당연히 표지나 그림만 보고 선택하기 일쑤였는데 어린이 책은 그 나름대로 다 의미가 있었습니다. 때로는 엄마의 시선에서 다른 책을 고르고 싶을 때도 있었지만 본인이 고른 책을 사는 기쁨을 알게 해주고 싶었습니다.

자신도 모르는 사이에 습관들이 차곡차곡 쌓이면서 아이는 책을 고르는 자신만의 기준과 관점도 생겨났습니다. 이제는 서점에 가기 전 사고 싶은 책 리스트를 미리 정하기도 하고 서점에 가서 책장을 한두 페이지 읽어본 후 고르기도 합니다. 친구들이 추천한 책이며 학교 도서관 등에서 슬쩍 보고 마음에 담아두었던 작품, 작품을 읽고 어느덧 팬이 된 몇몇 작가의 작품들을 수집하기도 합니다.

책을 빌리기보다 구입하는 이유 중 또 하나는 아이가 반복 독서를 즐기기 때문입니다. 좋아하는 책은 대여섯 번을 읽습니다. 처음부터 끝까지 다시 읽을 때도 있고 어떤 때는 다시 읽고 싶은 챕터만 읽기도 합니다. 김영민 교수님도 〈공부란 무엇인가〉에서 아르헨티나의 소설가 보르헤스의 말을 빌어 다시 읽는 즐거움을 설명하고 있습니다. "가장 행복한 것은 책을 읽는 것이에요. 아, 책 읽기보다 훨씬 더 좋은 게 있어요. 읽은 책을 다시 읽는 것인데, 이미 읽었기 때문에 더 깊이 들어갈 수 있고, 더 풍요롭게 읽을 수 있습니다"라고 말입니다.

수학 동화책이 아주 좋은 예입니다. 아이는 제대로 수학을 배운 적이 없습니다. 학원은 물론이고 학습지 같은 것도 전혀 경험이 없습니다. 문제집 맨 앞장에 나오는 개념을 스스로 공부한 뒤 실전 문제를 푸는 방식으로 몇 년째 독학하는 중입니다. 혼자 힘으로 이해하기 어려운 부분이 있을 때만 제가 도와줍니다. 질리도록 공부해 본 적이 없어서 수학을 싫어할 이유가 없는 것도 있겠지만 아이는 수학을 좋아하고 잘하기도 합니다. 그 결정적 배경이 수학 동화책에서 얻은 수학에 대한 흥미입니다.

저희 집에 있는 몇 안 되는 전집 중에 아이가 일곱 살에 산 수학 동화 전집이 있습니다. 수학에 대한 즐거움을 알려주고 싶은 마음에 개념보다는 스토리가 재미있는 책 위주로 골랐습니다. 아이는 유머가 가득한 책을 좋아하는데 그 책이 정확히 아이가 원하는 식의 스토리를 담고 있었습니다.

일곱 살 때부터 읽기 시작한 70여 권이 넘는 전집을 아이는 적게는 대여섯 번, 특히 좋아하는 스토리는 열 번 이상을 반복해 가며 읽었습니다. 책마다 내용을 달달 외울 정도였지요. 한국으로 돌아오면서 어쩔 수 없이 처분해야 하기 전까지 무려 4년간 읽고 또 읽었으니 그럴 만합니다. 배운 적이 없는 개념까지 알고 있어서 물어보면 수학 동화에서 봤다고 대답합니다. 반복 독서의 놀라운 힘이지요.

김봉진 대표의 세 번째 독서법은 '책 읽는 시간보다 습관을 만들자'입니다. 항상 한두 권의 책을 들고 다니고, 책은 잘 보이는 곳에 둘 필요가 있다고 합니다. 동시에 여러 권을 읽는 것도 권장하고요. 독서는 공부도 아니고 의무도 아닙니다. 그렇게 인식하는 순간 이미 지루한 것이 되고 맙니다. 필요에 따라 몇 시간이고 집중적으로 책 읽기를 해야 할 때도 있지만 대부분은 편안히 쉴 때 가벼운 마음으로 책을 집어 드는 것이 자발적 독서, 즐거운 독서를 위해 중요합니다.

아이는 외출 때마다 항상 책을 챙깁니다. 책 읽기에 상황이 여의치 않을 때도 많지만 어디를 가든 늘 동행합니다. 책을 보이는 곳에 두는 건 정말로 중요한 방법입니다. 예전에 교육 전문가들을 만날 때마다 빠지지 않고 등장하는 말이 바로 "아이 손이 닿는 곳에 늘 책을 두라"는 것이었습니다. 마음 먹고 책장 앞으로 가서 골라야만 할 수 있는 독서가 아니라 시선 닿는 곳 어디든 책이 항상 있어야 한다고 했습니다. 그래야 늘 습관적으로 집어 들고 펼쳐볼 수 있다는 것입니다. 모든 물건이 제자리에 있어야만 마음이 편안한 제가 적어도 책만큼은 집안 어느 자리에 널려 있든 신경 쓰지 않는 이유도 그 때문입니다.

책장은 말할 것도 없고 거실 탁자 위에도, 침대 머리맡에도 아이 책상 위에도 항상 책이 있다 보니 자연스레 아이는 여러 권의 책을 동시에 보게 됩니다. 제대로 마음 먹고 독서할 때 읽는 책이 있고, 가볍게 틈틈이 읽는 책도 있습니다.

네 번째는 '두꺼운 책에 도전하자'입니다. 김 대표의 경우 조금씩 난이도를 높여가는 방식을 추천했습니다. 독서 초보일수록 책의 두께가 굉장히 신경이 쓰입니다. 다 읽어야 한다는 부담감에 선뜻 시작하기가 어려운 겁니다. 두꺼운 책이 꼭 어렵기만 한 것은 아니지만 보통 방대한 정보나 내용을 다루고 있을 때가 많기 때문에 진입 장벽이 괜히 높게 느껴집니다.

저희 아이는 두꺼운 책에 대한 편견이 전혀 없는 편입니다. 오히려 두꺼운 책을 선호하는 편이지요. 얇은 책은 스토리가 너무 짧아서 아쉬운데 반면 두꺼운 책에는 긴 스토리가 담겨 있어서 좋다고 합니다. 아이에게도 한 번의 결정적 계기가 있었습니다. 3학년 때 당시 자주 들락거리던 서점에서 〈해리포터〉를 접하게 된 것이었습니다. 그때까지 아이가 읽고 있던 책들의 평균 두께보다 최소 1.5배 이상은 돼 아예 쳐다보지도 않더니 한번 읽기 시작한 뒤로는 긴 스토리가 주는 재미에 빠졌습니다. 시리즈를 완독한 후부터는 책 두께는 전혀 신경 쓰지 않습니다. 책의 두께가 주는 부담 때문에 전혀 망설일 이유가 없다는 것을 경험을 통해 깨달은 덕분입니다. 책에 대한 인터뷰 당시, 아이는 두꺼운 책을 잘 읽는 비결을 다음과 같이 말했습니다.

"자기만의 상상을 더하면 더 재미있게 읽을 수 있어. 자기만의 그림을 그리면서 읽는 거야. 나는 가끔 책을 읽을 때 글자를 안 읽고 상상을 할 때가 있거든. 그럴 때는 '내가 이 책을 영화로 만든다면 어떤 장면을 만들까, 어떤 음악을 넣을까' 이런 걸 상상해. 나는 평소에 상상을 많이 하는데 그게 거의 책을 소재로 한 경우가 많아."

김봉진 대표는 독서에 대해 "좋은 운동은 몸의 근육을 만들지만 좋은 독서는 생각의 근육을 만든다"라고 했습니다. 또 "책을 읽는다는 것은 생각의 근육을 키우고 내가 가지고 있는 편견, 고정관념을 깨고, 그동안 보지 못했던 것을 보기 위함"이라고도 말합니다.

독서는 생각 근육의 시작이자 핵심입니다. 생각과 성찰이 동반된 독서의 위대한 힘입니다. 저는 여기에 아이가 말한 '상상의 힘'을 보탭니다. 책 속에는 무한한 세계가 있습니다. 이미지화된 것보다 활자 자체가 가능케 하는 상상의 영역은 훨씬 넓습니다. 책을 읽는 동안 일어나는 생각 활동 그 자체로 즐겁고 의미가 있지만, 스스로 생각하는 힘을 길러온 아이는 책 밖에서도 늘 상상의 나래를 펴고 창의력을 키우게 됩니다. 생각 활동의 최고 산물이라 할 수 있는 상상력과 창의력이야말로 미래 세대를 살아갈 아이들에게 꼭 필요한 힘입니다.

책 잘 읽는 아이, 시작은 부모로부터

독서는 스스로 할 때 강력한 힘을 발휘하지만 모든 아이가 처음부터 '스스로'이긴 어렵습니다. 대부분 부모와 집안의 분위기가 영향을 끼칠 수밖에 없습니다.

아이가 책을 사랑하게 된 첫 번째 배경에는 책을 늘 가까이 하려고 노력하는 부모를 보며 자랐기 때문이라고 생각합니다. 제가 아는 한 책을 좋아하는 부모 아래서 자란 아이 치고 책을 죽도록 싫어하는 경우는 보지 못했습니다. 부모가 강요하지만 않는다면 말입니다.

지인의 중학생 아들이 어느 날 아빠에게 이렇게 말했다고 합니다. "아빠도 다른 집 아빠들처럼 집에서 책도 좀 읽고 그랬으면 좋겠어요." 그러면서 책 한 권을 내밀었습니다. 집에 돌아오면 휴식한다는 명분으로 줄곧 텔레비전 시청만 하는 남편이 못마땅했던 아내는 아들의 말에 뜨끔했다고 했습니다. 아이들이 책을 좋아하지 않는 게 부모 때문인가 싶고, "독서의 중요성에 대해서는 잘 알지만 나도 별로 좋아하지 않으면서 아이들에게 책 읽으라고 강요하기는 어렵다"는 고백도 했습니다. 정작 본인은 활자라면 정색을 하면서도 아이들에게 독서가 얼마나 중요한지 아느냐며 책을 한 보따리 들이미는 부모에 비해 꽤 정직한 부모라는 생각도 들었습니다.

아이는 부모를 보면서 자랍니다. 당연히 부모가 자신의 첫 롤 모델이 됩니다. 자식을 키우면서 부담감을 가지면 안 되겠지만 책임감은 필요합니다. 모든 면에서 아이에게 모범이 되어야 한다는 말을 하는 게 아닙니다. 저도 그렇고 모든 부모는 완벽할 수 없습니다. 아이들이 다른 집 아이와 비교당하는 것을 싫어하듯이 부모 역시 옆집 부모와 비교하며 죄책감을 가질 필요도 없습니다. 각자의 상황과 형편이라는 게 있으니까요.

하지만 분명 노력은 필요합니다. 아이들은 부모를 관찰하고 지켜보면서 그 정도쯤은 깨닫고 있습니다. '부모님이 노력을 하는가, 시도조차 하지 않는가, 혹은 포기를 하는가' 말입니다.

아이 스스로 책을 읽을 수 있기 전부터 책을 읽어주던 습관도 아이의 책 사랑을 키우는 데 큰 영향을 끼쳤습니다. 책에 대한 애착이 커지고 혼자 읽을 수 있는 시기가 됐을 때 기꺼이 자발적으로 책을 친구로 삼게 되었습니다.

아이에게 책을 읽어줄 수 있는 고정된 시간은 잠자리에 들기 전이었습니다. 특별한 상황을 제외하고는 하루도 빠짐없이 30분이고 1시간이고 책을 읽어주었습니다. 그 습관은 아이가 9살이 될 때까지 반복됐고 읽기 독립이 완벽히 이뤄진 후에도 일주일에 두세 번은 빠짐없이 책을 읽어 주었습니다.

읽는 책의 종류도 다양했습니다. 상상을 마음껏 펼칠 수 있는 이야기책을 주로 읽기는 했지만 동물 책도 읽고 자연관찰 책도 읽고 학년이 올라가면서 더 깊은 생각을 요하는 심오한 책을 읽을 때도 있었습니다. 한두 권 고른 책을 다 읽고 나면 아이는 잠을 자는 대신 으레 "한 권만 더"라는 말을 덧붙이곤 했습니다. 잘 시간이 훌쩍 넘어가기 일쑤였지만 그렇다고 책 읽어달라는 아이 청을 딱 잘라 "안 돼"라고 할 수는 없어서 제가 생각한 묘수가 바로 '손 책'이었습니다. "엄마의 손바닥에 책이 있어"라며 손을 책 모양으로 펼치고 시작하는 '손 책'은 온전히 저의 상상으로 만들어낸 책들이니 불빛이 필요하지 않다는 장점이 있었습니다. 아이가 이야기를 듣다가 잠이 들도록 하는 게 목표였지요.

그런데 의도와 달리 아이는 이 시간을 더 좋아했습니다. 순간적으로 상상력을 발휘해 짧은 이야기를 지어내야 하니 아이의 이름을 넣어 기존에 읽었던 동화를 패러디하는 식으로 장난스럽게 지어내곤 했는데, 아이의 눈이 말똥말똥해지고는 했습니다. 아이는 스토리를 상상해 내는 재미를 알게 되어 자신이 '손 책'을 읽어주기도 합니다. 완벽하지도 않고 제멋대로 흘러가다 어이없는 결론으로 끝나지만 이런 상상을 주고받는 시간이 아이를 성장시키고 있다는 사실을 잘 알기에 행복은 두 배가 됩니다.

초등학교 5학년인 지금도 엄마의 책 읽어주기는 끝나지 않았습니다. 완전한 읽기 독립이 된 지 한참이 지났고 혼자서도 독서하는 시간이 많아 굳이 그럴 필요가 없는데도 일주일에 한두 번은 유지합니다. 그간 읽는 책의 수준도 변해 왔는데 지금 시기에는 아이 혼자 읽고 이해하기 버거울 수 있는 철학 책이나 과학 책, 인문학 책 등을 읽어 줍니다. 사실 이제는 읽어준다기보다는 함께 읽는다는 표현이 맞습니다. 일방적으로 읽어주고 듣는 방식이 아니라 읽고 생각하고 서로 질문하고 대화하면서 책 속 내용보다 확장된 이야기들로 시간을 채우고 있습니다.

전문가들은 '아이가 13살이 되더라도 책을 읽어주는 것이 좋다'고 말합니다. 저도 초등학교 고학년까지 책을 읽어줄 필요가 있을지 의아했지만, 엄마와 아이의 정서적 교감을 위한 수단 정도로 받아들였습니다.

그런데 여태 아이가 12살이 넘도록 책을 읽어주면서 새삼 깨닫게 된 사실이 있습니다. 책을 읽어주는 일은 아이의 읽기 능력하고는 무관하다는 사실입니다. 아이가 스스로 활자를 읽을 수 있다고 해서 모든 책을 감당할 수 있는 건 아닙니다. 아이 혼자 읽기 어려운 책은 열두 살, 열세 살 나이에도 존재합니다. 아이 혼자 읽기 어려운 철학이나 과학 책을 읽어주다 보면 아이는 몰랐던 사실에 호기심도 느끼고 질문도 많아집니다. 혼자 읽다 보면 포기할 수 있지만 엄마가 읽고 설명해 주니 이해하기 쉽고, 그러다 보면 더 어렵고 심오한 세계에도 눈을 뜨게 됩니다.

이를 뒷받침하는 이론도 있습니다. 〈하루 15분 책 읽어주기의 힘〉(북라인)에 따르면 중학교 2학년이 되어야 아이의 읽기 수준과 듣기 수준이 같아진다고 합니다. 그 전까지는 듣는 수준이 읽는 수준보다 높다는 것입니다. 즉, 혼자 읽으면 이해하기 어려운 책도 들으면 이해할 수 있다는 겁니다.

독서를 통해 생각을 키우거나 듣기를 통해 어려운 책에 흥미를 들이는 것도 읽어주는 독서의 효과지만 그 과정에서 이뤄지는 정서적 교감의 가치 또한 이루 말할 수 없습니다. 잠들기 전 아이와 함께 대화하고 감정을 나누는 순간들은 특정 시기까지만 할 수 있는 소중한 일입니다. 하루하루 같이 책 읽고 대화하는 시간이 쌓이다 보면 관계가 견고해지고 어떤 생각이든 나눌 수 있는 사이가 됩니다.

책을 고르고 읽고 기록하는 즐거움

책을 가까이하게 된 데는 서점이라는 공간도 큰 몫을 했습니다. 아이에게 서점은 글자를 모르던 시절부터 일상의 공간이자 재미있는 놀이터였습니다. 책과 친해지는 것은 물론이고 자신이 좋아하는 장르나 작가에 대한 가치관도 생겨났고, 스스로 책을 선택하면서 좋은 책을 고르는 안목도 생겨났습니다. 부모가 매번 '이 책 읽어라, 저 책 읽어라' 정해 준다거나 학교에서 요구하는 필독서 리스트만 들이댄다면 독서의 즐거움에는 한계가 있을 겁니다.

집 근처에 언제든 갈 수 있는 대형 서점이 있다는 건 엄청난 장점이었습니다. 특별한 일정이 없으면 항상 서점에 갔습니다. 도서관에도 데리고 다녔지만 서점을 더 선호했습니다. 아이에게 책을 접하게 하는 목적 외에도 저 또한 책에 둘러싸인 환경이 행복했기 때문입니다. 서점 가는 습관은 줄곧 계속됐습니다. 여유 시간은 있는데 뭘 할까 고민될 때는 아이가 먼저 "서점 갈까?"라고 제안하는 수준이 되었습니다.

서점을 나올 때 원하는 책을 살 수 있는 것도 아이에겐 서점을 좋아하는 계기가 되었습니다. 적어도 서점에 놀러갔다가 책을 고를 때만큼은 그 선택에 거의 개입하지 않는 편입니다. 스스로 읽고 싶은 책을 읽는 것이 가장 효과적이고, 설령 선택에 실패한다 해도 그 경험을 통해 안목을 쌓아가게 될 것을 알기 때문입니다. 고르는 책마다 너무 한 장르로만 편중된다 싶을 때도 있지만 웬만해서는 반대하지 않습니다. 오랜 경험으로 봤을 때 아이는 어느 시절이 지나고 나면 스스로 다른 장르에 입문하곤 했으니까요.

아이가 책을 좋아하면 부모는 슬쩍 욕심이 생깁니다. 좀 더 다양한 책을 읽었으면 좋겠고, 계속 수준이 한 단계 발전되기를 바랍니다. 그럴 때 부모의 욕심대로 밀어 부치면 독서에 대한 흥미를 잃을 수도 있으니, 티 나지 않게 은근슬쩍 호기심을 유도하는 방법이 필요합니다.

저는 '이건 좀 읽었으면 좋겠다' 하는 추천 도서가 있을 때는 온라인으로 구매해서 슬쩍 아이 손이 닿는 어딘가에 놓아둡니다. 못보던 것이라도 책에 대한 거부감이 없는 아이는 일단 펼쳐 들고 탐색합니다. 엄마의 추천은 대체로 아이 성향을 고려하거나 그 나이 또래가 관심을 가질 만한 주제 안에서 선택되므로 성공적일 때가 많습니다. 책에 대해 어떤 설명이나 권유 없이 자연스레 분위기만 만들어 놓으니 아이는 부담이 없습니다. 가끔 엄마 아빠가 읽는

안심Touch

책에 관심을 보일 때는 관심을 유도하기에 최적의 타이밍입니다. 그럴 때는 최대한 흥미를 끌 만한 책 속 이야기를 들려주며 호기심을 자극합니다.

딱 한 번 강하게 아이의 독서에 개입한 적이 있습니다. 아홉 살 무렵 아이는 역사에 빠져 한달 내내 역사책만 본 적이 있습니다. 역사 중에서도 전쟁사에 심취해서 책을 읽고 나면 온갖 전쟁 이야기를 실감나게 해주곤 했습니다. 처음엔 시대별로 왕조며 연대기를 줄줄 꿰는 아이가 신기하기도 하고 마치 '설민석 선생님 강의'를 듣듯 말하는 재주에 홀려서 이야기를 듣기도 했습니다.

그러던 어느 날 남편이 '역사책은 그만'이라고 선포했습니다. 이유인즉 전쟁에서 이긴 자, 성공한 역사를 중심으로 기록될 수밖에 없는 역사책은 좀 더 나중에 아이가 비판적으로 생각하면서 읽을 수 있는 나이가 됐을 때 읽는 게 좋을 것 같다는 것이었습니다.

일리가 있었지만 아이는 강하게 반대했습니다. 그 당시엔 역사책 말고 다른 책은 쳐다 보지도 않을 때였으니 청천벽력이었을 겁니다. 우리는 계속 설득하며 아이가 마음을 결정해 주기를 기다렸고 결국 '딱 한 달만 버텨보고 그래도 안 되겠으면 그때 다시 볼 수 있게 해주겠다'는 타협을 하고 창고로 책을 이동했지요. 아이는 일주일도 안 돼 금세 다른 장르에 마음을 붙였습니다. 나중에 이 경험에 대해 다시 이야기할 기회가 있었을 때 아이는 '가끔 필요하기도 한 일'이라고 말했습니다. 본인의 자발적인 선택의 결과가 늘 백퍼센트 좋기만 했던 건 아니라는 경험이 부모님의 의견이 옳을 수도 있다는 생각을 하게 만들었습니다.

그 후 엄마 아빠의 의견을 더 잘 수용하는 마음을 갖게 됐겠지만 지금도 저는 개입보다는 관심이 먼저라는 데 변함이 없습니다. 부모가 관심을 가져주면 아이는 더 신이 나서 열심히 하고 싶어집니다. 독서도 마찬가집니다. 저는 아이가 그간 읽은 책은 물론이고 어떤 책을 얼마나 반복해 읽는지 기분에 따라 어떤 책을 찾는지, 그 책의 어느 부분에서 항상 깔깔거리고 웃는지 등을 꿰고 있습니다. 자연스럽게 책을 화제로 한 대화가 잦고 재미있을 수밖에 없습니다. 그럴 때면 저는 이미 다 아는 이야기지만 잊어버린 척하고 다시 물어봅니다. 그러면 아이는 또 열심히 설명해 주고 저는 제가 할 수 있는 최대치의 반응을 보여줍니다. 듣는 사람이 즐거워하니 아이 목소리 톤은 한껏 더 올라가고 저는 계속해서 질문을 마구 쏟아냅니다.

책을 읽고 책을 소재로 상상하고 대화하는 즐거움은 안타깝게도 그리 오래 가지 않습니다. 독서량이 많아지다 보면 조금씩 기억이 흐려지고 마음속에서 순위가 밀리게 되는 것이지요. 그래서 독서 기록이 필요합니다. 기억하기 위한 자료가 되고 흔적을 남기는 차원뿐만 아니라 나중에 자신이 그 책을 읽을 당시 어떤 감정이었고 느낌이 어땠는지를 떠올릴 수 있는 좋은 자료가 되기도 합니다.

제가 다닌 대학은 독후 활동을 굉장히 중요하게 생각하는 곳이었습니다. 1학년 때 매주 한 편씩 독후감을 의무로 제출해야 했는데 이게 정말 고역이었습니다. 일주일에 한 권을 읽는 건 어려운 일이 아닌데, 의무적으로 해야 하니 책을 읽는 자체도 즐겁지 않고 숙제에 대한 부담감 때문에 재미에만 집중해 읽을 수도 없었지요.

어릴 때 독후 활동을 하는 습관을 들일 수 있다면 그보다 좋을 수 없겠지만 제 개인적인 경험 때문인지 아이에게 강요하고 싶지는 않았습니다. 그래서 더 고민이 되었지요. 방법을 고민하던 무렵 아이의 친한 친구가 독서 리뷰를 쓰는 개인 인터넷 페이지를 열었다는 소식을 들었습니다. 책을 읽은 후 리뷰를 쓰고 직접 사진을 찍고 편집까지 한다는 친구 이야기를 듣고 아이는 눈이 반짝거렸습니다. 아이와 직접 인터넷 페이지를 구경하며 감탄을 쏟아냈습니다. 친구의 리뷰는 꽤 정교했습니다. 책을 접하게 된 배경부터 줄거리, 감상, 누가 이 책을 읽으면 좋을지에 대한 권장 이유까지 꼼꼼하게 정리돼 있었습니다. 저는 좋아요를 누르고 감동과 칭찬의 댓글을 달면서 아이가 들으라는 듯 말했습니다. "읽었던 도서 목록을 한눈에 볼 수 있으니 너무 좋다! 어떤 생각을 했는지 느낌도 알 수 있어서 이 친구에 대해 더 자세히 알게 되는 느낌도 들어. 게다가 이렇게 책을 많이 읽었다니, 정말 대단하지 않니? 너도 책이라면 진짜 많이 읽었는데, 그치? 근데 엄마 생각에는 이렇게 룰에 얽매이면 시간이 너무 많이 걸릴 것 같기도 해. 기록을 남긴다는 데 의미를 두고 좀 자유롭게 해보는 것도 좋은 방법일 것 같아. 어떤 책은 할 말이 많을 수도 있지만 또 어떤 책은 한두 문장만으로 충분하기도 하잖아? 무엇보다 일일이 기록을 남겨두면 나중에 엄청난 보물이 되지 않을까?"

해보고 싶다는 마음을 아이의 눈빛에서 읽었던 저는 최대한 가벼운 마음으로 시작하도록 유도했습니다. 그 후 아이는 책을 기록하고 보관하는 블로그를 스스로 운영 중입니다. 기존에 읽은 도서들까지 올리려니 너무 숙제 같은 느낌이 들어서 우선은 최근에 읽은 책이나 가장 좋아하는 책 위주로만 정리하고 있지요. 막상 시작하니 아이는 추천을 위한 '별점'까지 매기면서 자신만의 즐거운 방식을 찾았습니다.

꼭 이런 방식이 아니라도 독서 기록을 남기기 위한 자신만의 방법을 고민할 필요가 있습니다. 내용을 한 번 더 상기하고 줄거리와 느낌을 정리하면서 직접 글로 쓰는 것만큼 좋은 방법은 없겠지만, 중요한 건 그 자체가 부담을 주는 일이 되어선 안 된다는 것입니다. 독서록이나 블로그 등 거창한 형태가 아니더라도 기록을 남기는 습관은 일찍 시작할수록 좋습니다. 그 자체로 성취감을 느껴 독서 활동에 동기 부여를 하고 나중에 귀한 자산이 될 수도 있습니다. 아이가 쓰는 것에 부담을 느낀다면 표지 사진을 찍고 한두 줄의 짧은 감상을 메모 형태로 남기는 방식도 가능할 겁니다. 엄마 아빠가 일정한 간격을 두고 아이가 읽은 책에 대해 '인터뷰'를 하면서 아이의 발언을 남겨두는 것도 방법이 될 수 있습니다.

독서의 힘, 독서가 주는 효과는 아무리 강조해도 지나치지 않습니다. 독서가 많은 이들의 삶을 성공으로 이끄는 매개가 되어주는 건 독서가 가진 사고의 힘 때문입니다. 독서를 통한 사고는 온전히 자신의 힘으로 하는 것입니다. 부모도 대신할 수 없고, 사교육을 통해 주입할 수 있는 분야는 더더욱 아니지요.

내 아이에게 생각 근육을 키워주고 싶다면 그 시작점에는 독서가 있어야 합니다. 아이가 자발적으로 책을 찾아 읽고 스스로 생각하는 힘을 쌓아 나가기 위해서는 부모의 역할이 어느 정도 필요하다는 사실을 잊지 말아야 합니다. 발을 내딛어야만 길을 갈 수 있습니다. 그 길로 인도하는 첫걸음, 그리고 그 길을 가는 즐거움을 느끼게 해주는 것은 온전히 부모의 몫입니다.

안심Touch

Chapter 03

N잡러를 꿈꾸는 아이

'지루함이 창의력을 만든다'는 말이 있습니다. 학원에도 다니지 않고, 선행학습도 하지 않았던 저희 아이는 일상에서 공부하는 시간이 절대적으로 적었습니다. 덕분에 상대적으로 '지루한 시간'이 많았습니다. '뭐 할까?'를 끊임없이 생각해야 하는 시간이었지요. 우리 가족은 이 시간을 '여백의 미'라고 부릅니다. 그 여백은 아이 자신의 것이었습니다. 그 시간 동안 아이는 새로운 호기심을 싹 틔우고 스스로 즐거운 일을 찾고 자신의 길을 만들어갔습니다. 부모가 '이건 어때?' 혹은 '그런 것도 있잖아' 하고 툭 던져줄 수는 있었지만 시도하거나 하지 않거나, 그만두거나 더 나아가거나 하는 건 모두 아이의 결정이었습니다. 그 결정을 지지하고 격려하고 필요할 때 도움을 주는 정도가 부모의 역할이었습니다. 스스로 즐거움을 느끼면 그때부터는 열정을 쏟아 부었습니다. 여백의 시간이 만들어낸 창조적 아이디어들이 아이의 시간을 꽉 채워 주었지요.

아이는 미래에 하고 싶은 일이 너무나 많습니다. 친구들 중에 장래희망이 없다고 하는 친구들을 보면 아이는 이해하지 못합니다. 본인은 어떤 일을 해야 할지 선택하기가 어렵기 때문입니다. 지루한 시간을 잘 보내기 위해 스스로 생각하고 계획하고 도전해 보면서 얻어낸 결과입니다.

여백의 시간이 만들어낸 창의력

9살 무렵까지만 해도 아이의 취미는 80퍼센트 이상이 독서였습니다. 한자리에서 서너 시간 동안 꼼짝없이 앉아 책을 읽었지만, 지금은 그런 장면을 목격하기 어렵습니다. 책 읽는 것 말고도 하고 싶은 일이 너무 많은 탓입니다.

음악을 듣고 악기 연주를 하고 코딩 프로그램으로 만들기 시작한 게임도 더 구체화해야 합니다. 로블록스 코딩을 배우고 싶은 어린이들에게 도움이 되고 싶다며 시작한 유튜브 채널 콘텐츠를 만들고 업데이트도 합니다. 친한 친구가 부탁한 유튜브 채널 시그널 곡도 만들어야 합니다. 틈틈이 친구랑 스카이프(skype) 채팅으로 수다도 떨어야 하고 게임도 해야 합니다.

일 년에 한 번씩 친한 친구네 가족과 '크리스마스 콘서트'도 하는데 음악 공연과 창작 연극을 만들고 무대 아이디어부터 티켓, 심지어 경품 추첨에 이르기까지 전체 기획과 준비도 해야 합니다. 물론 학생의 본분인 공부도 해야 합

안심Touch

니다. 상황이 이러하다 보니 늘 시간이 부족하다는 말을 입에 달고 삽니다.

벌여 놓은 일이 많으니 어떤 시기에 어떤 일은 소외되기 십상입니다. "요즘 독서 블로그는 업데이트가 잘 안 되네?", "새로운 곡은 언제 나오니?"라고 물으면 "엄마, 내가 진짜 할 일이 너무 많아"라는 답이 돌아옵니다. 그 말이 너무나 사실이라 반박을 할 수가 없습니다.

만일 이 모든 일을 시켜서 하는 거라면 일찌감치 지쳐서 나가 떨어졌을 겁니다. 아니 애초에 그렇게 시키지도 못했겠지요. 제가 아이에게 가장 많이 하는 말 중에 하나가 "즐기는 사람은 누구도 따라잡을 수 없다"입니다.

우리 아이가 작곡도 하고 코딩도 하고 유튜브 콘텐츠도 만들고 게임도 만들고 콘서트 준비도 하는 등 부족한 시간을 아껴가며 이것저것 할 수 있는 이유가 바로 스스로 찾은 즐거움이기 때문입니다.

초등학교 2~3학년 무렵 피아노를 가지고 우연히 즉흥곡을 치면서 시작된 작곡 취미는 때로 '타고난 재능'이라는 말을 듣기도 하지만 아이가 스스로 즐겁고 행복해서 열심을 다한 결과라는 것을 저는 알고 있습니다. 여가 시간에 책을 읽거나 다른 일을 하고 있다가 음악에 대한 영감이 떠오를 때가 있다고 합니다. 여백의 시간을 보내는 동안 창의의 원천을 어디선가 받은 것이겠지요.

곡을 만들다 보니 피아노 연주만으로는 사운드를 내기가 어렵다고 판단한 아이는 기타에 관심을 갖게 되었고, 동영상 콘텐츠를 보며 독학으로 코드를 터득했습니다. 컴퓨터에서 작곡 프로그램을 검색하고 무료 버전을 다운로드 받아 공부하고 도전하기도 했습니다. 작곡을 시작한 지 3년이 다 돼 가는데 그 사이 테크닉이며 곡의 수준도 꽤 업그레이드된 게 느껴집니다. 그 과정에서 부모의 역할이라곤 아낌없는 칭찬을 하는 것, 그리고 녹음기나 기타, 전자

피아노 등 장비가 필요한 상황이 왔다고 판단될 때 기꺼이 지갑을 열어준 것이 전부입니다. 물론 장비를 살 때도 공부와 연구는 아이 몫입니다. 어떤 것들이 있는지 알아보고 기능에 대해서도 공부해 보며 가능한 범위의 가격까지 따져서 스스로 합리적인 선택을 하도록 합니다.

코딩도, 유튜브 콘텐츠 만들기도 다 마찬가지의 과정을 거쳐 시작하고 노력하고 열정을 다했습니다. 좋아하고 즐기면서 더 잘하고 싶다는 마음이 생겨났고 그 후엔 혼자 할 수 있는 방법들을 찾기 위해 노력했습니다. 코딩 프로그램 책을 사서 읽고 유튜브 영상을 찾아가며 적용해 보고, 그러다 응용력이 생겨 스스로 이런저런 도전과 실패를 경험하며 발전을 거듭하고 있는 것입니다.

무엇이든 스스로 하다 보니 솔직히 시간은 오래 걸린다는 단점이 있습니다. 그 모든 과정에 부모가 좀 더 적극 개입해 방법을 찾아주거나 빠른 길로 안내할 수도 있겠지만 자발적으로 해왔기에 흥미를 놓치지 않을 수 있었고 더 열심히 노력할 수 있었다는 걸 잘 아는 저로서는 '스스로의 힘'을 절대 지지합니다.

지금은 푹 빠져 있는 것들도 어느 순간 즐거움을 잃을 수도 있을 겁니다. 한때 만화책도 만들고 소설도 쓰더니 지금은 중단한 것처럼 말입니다. 언제든 다시 지루한 시간을 겪게 되겠지만 그 시간이 또 새로운 생각을 만들고 다른 세계를 발견하는 기회가 될 것이라는 믿음이 있습니다. 그 시간이 쌓여 아이는 마침내 자신이 가장 즐거운 일, 하고 싶은 일을 찾아내게 될 겁니다.

월수금엔 작곡가, 화목에는 프로그래머

자라는 동안 아이들은 장래희망이 수도 없이 바뀝니다. 저희 아이도 그렇습니다. 유아기 때는 누구나 꿈꿔본다는 과학자였다가 건축가로 넘어갔다가 피아노에 한창 열을 올릴 때는 피아니스트를 잠시 꿈꾸기도 했습니다. 지금은 장래희망을 물으면 두세 개의 직업이 동시에 튀어나옵니다. A 아니면 B나 C를 하겠다는 식이 아니라 A, B, C를 동시에 하겠다는 식입니다.

게임 회사를 차리겠다는 친한 친구의 회사에서 수석팀장의 역할로 참여하면서 본인의 게임 개발 회사를 운영하겠다고 합니다. 작곡가의 꿈도 있습니다. 그러면서 자기 회사 건물은 본인이 직접 건축 설계할 것이고, 또 세상에 없는 새로운 자신만의 코딩 언어를 만들어내고 싶다는 미지의 이야기도 합니다. 어릴 적부터 꿈꿔 왔거나 즐겁게 해왔던 모든 것들이 사라지지 않고 녹아 있는 '총체적인 장래 희망' 정도가 아닐까 싶습니다.

아이의 말에 저는 '엄지 척'으로 반응합니다. 칭찬을 위한 칭찬, 단순한 응원용이 아니라 진심으로 아이의 생각이 미래 세상에 적합한 형태라고 생각하기 때문입니다. 반드시 지금 생각한 방식 그대로가 아니더라도 본인 스스로 좋아하고 즐기며 할 수 있는 다양한 일들이 '직업'이라는 딱딱한 단어 안에 갇혀 빛바래지 않을 수 있다면, 인생을 더 풍요롭게 채워줄 수 있다면 그것만으로도 충분히 다른 미래가 되지 않을까요?

모두 잘 알고 있듯 '취업', '직업', '직장'이라는 개념 자체가 달라지고 있는 시대입니다. 4차 산업 혁명이니 첨단기술 등이 만들어낼 전혀 다른 미래의 모습이 그 배경에 깔려 있습니다. 수많은 전문 연구 기관들이 내놓는 자료들의 공통점은 현재 우리가 알고 있거나 소위 '잘 나가는' 직업들이 미래에는 로봇과 컴퓨터로 대체되거나 사라진다는 전망을 하고 있다는 점입니다.

같은 맥락에서 평생 직장, 평생 직업 또한 사라지고 있음을 우리는 이미 체감하고 있습니다. 당장 제 세대만 하더라도 직장과 직업을 대하는 태도가 예전 세대와 또 다릅니다. 그럼에도 불구하고 직장을 옮기는 것과 달리 완전히 다른 업을 선택해 전향하기란 여전히 어려운 일입니다. 뒤늦게 새로운 일에 도전한다는 것은 엄청난 용기를 필요로 하는 일이지요. 단지 용기의 문제가 아니라 그 업에 맞게 갖추어야 할 지식이나 마인드도 걸림돌이 됩니다.

소위 MZ세대라 불리는 요즘 젊은 세대들은 지금까지와는 전혀 다른 시선으로 직업과 직장을 바라보고 있을 겁니다. 이제 10대 초반인 우리 아이와 같은 또래가 갖게 될 직업 세계관이야 두말할 필요도 없습니다. 그 시대가 되면 여러 개의 직업을 갖는 일이 지극히 보편적인 일이 될 것이라는 게 모두의 예상입니다.

우리 아이가 농담 반 진담 반으로 "월수금에는 작곡을 하고 화목에는 프로그래밍을 할 것"이라고 말하는 것처럼 시간별 요일별로 혹은 동시다발적으로 다양한 직업을 수행하는 것 또한 얼마든지 가능할 수 있습니다.

'자발적'으로 여러 직업을 갖게 되는 것만이 아닐 겁니다. 사실 평생 직업의 개념이 사라지고 있는 근본적 이유는 세상이 점점 빨리 변화하면서 한 가지 직업만으로 '먹고 사는 일'이 불가능해질 것이란 점이지요. 첫 직업이 언제 소멸할지 모르는 상황에서 두 번째 직업이 준비돼 있어야 하고, 세 번째 직업을 가져야 할 수도 있습니다. 세 번째로 끝날지 아니면 다섯 번, 여섯 번째 직업까지 가게 될지 그 누구도 알 수 없습니다.

자, 이제 우리 아이들이 어떻게 미래를 준비해 가야 하는지가 보다 명확해지지 않나요. 현대 경영학의 아버지 피터 드러커는 "미래를 예측하는 가장 좋은 방법은 미래를 만드는 것"이라고도 했습니다. 우리는 미래에 어떤 일이 있을지 예상하면서도 한편으로는 예상할 수 없는 미래가 훨씬 더 많다는 것도 알고 있습니다. 다만, 가능한 일은 피터 드러커의 말처럼 미래를 만들어가는 것이겠지요. 모르긴 해도 미래라는 시점과 더 많이 닿아있는 건 부모들보다 아이들일 겁니다. 좋아하는 게 무엇인지, 어디서 즐거움을 느끼는지, 관심있는 분야가 무엇인지, 잘할 수 있는 일은 무엇인지를 스스로 생각하고 판단하면서 자기 미래를 개척해 나갈 수 있어야 합니다.

　아이들의 진로와 미래에 부모님들이 영향을 끼치는 정도가 초중등 비슷하게 40% 수준이라고 합니다. 굉장히 높은 수치입니다. 그 40%의 역할을 제대로 잘 수행하는 방법은 아이들이 자기 스스로 미래를 만들고 열어갈 수 있도록 옆에서 지지하고 조언도 해주고 아낌없는 칭찬과 격려를 해주는 조력자의 역할이라고 생각합니다.

　끝으로 '엄친아'로 불리는 BTS의 RM의 일화를 소개합니다. RM의 부모님은 아들이 의사나 변호사가 되기를 원하셨다고 합니다. 학창 시절 공부를 꽤 잘했던 것으로 알려진 RM에게 부모로서 당연히 가질 만한 기대였을 겁니다. RM은 부모님 몰래 랩을 써서 문제집에 끼워 두곤 했는데 그러다 발각이 돼 부모님께 혼이 나고 사이가 멀어지기도 했답니다. 그런 부모님에게 RM은 이렇게 말했다고 하지요.

"제 성적이 전국에서 5천 등 정도 되는데 유명 기획사에서 제가 굉장한 재능이 있다고 합니다. 제가 공부를 하면 아무리 잘해 봐야 5천 등인데 랩으로는 1등을 할 수 있다고 명망 있는 사람들이 이야기합니다. 엄마는 1등 하는 아들이 좋으세요, 5천 등 하는 아들이 좋으세요?"

자신이 더 즐겁고 잘할 수 있다고 생각했던 일을 당차게 말할 수 있었던 아들의 목소리에 귀 기울이고 설득을 당해준 RM의 부모님이 지금은 '그때 참 잘했다' 하고 계시지 않을까요. 아이가 가지고 있는 '스스로의 힘'을 발휘할 수 있도록, 그 힘이 아이의 밝은 미래를 열어갈 수 있도록 믿어주는 부모의 자세가 필요합니다.

Chapter 04

코딩으로 키우는 자기주도 사고력

IT 기업을 중심으로 개발자 모시기 경쟁이 치열하다는 뉴스가 한동안 끊임없이 쏟아져 나왔습니다. 심각한 인력난에 시달리는 일부 기업에서는 "개발자가 없으면 키워서 쓰겠다"며 비전공자를 위한 별도의 육성 프로그램 및 채용 트랙을 신설하기도 했습니다. 물론 전공에 제한은 없지만 기본적으로 코딩을 할 수 있는 수준이어야 한다는 제한이 있습니다.

몇 해 전 초중 과정에서 의무화가 되며 학생과 학부모 사이에 한차례 바람이 불었던 코딩 교육은 최근 불거진 개발자 부족 이슈와 맞물려 더욱 뜨거워진 모양새입니다. 공교육만으로 부족하다고 느낀 학부모들이 자녀의 손을 잡고 사교육으로 발을 돌리면서 코딩 학원이 특수를 맞고 있다는 소식도 심심찮게 들립니다.

코딩 사교육은 그리 새삼스러운 일이 아닙니다. 2018년에는 중학교 1학년, 2019년에는 초등학교 5~6학년을 대상으로 코딩 교육이 의무화되면서 코딩 사교육이 주목을 받기 시작했습니다. 중학교에서 연간 34시간, 초등학교에서는 연간 17시간 이상을 필수로 교육받고 있다고 합니다.

우리나라보다 몇 년 앞서 코딩 교육 바람이 불어닥쳤던 미국에서 당시 대통령이었던 버락 오바마 대통령까지 나서 코딩 교육의 중요성을 강조하고 나섰을 무렵, 우리 정부도 코딩 교육을 비롯한 소프트웨어 교육 강화 방침을 밝혔습니다. 당시 그 발표를 듣고 '머지않아 코딩 학원까지 다니게 생겼다'는 우려의 목소리들이 들려왔는데 그게 현실이 된 것입니다. 초창기 학부모들 사이에 유행처럼 돌던 '국·영·수·코'라는 말이 이제는 대세로 자리를 잡는 분위기입니다.

코딩이 취미가 된 아이

2020년 12월 한국에 돌아온 후 가는 곳마다 들어서 있는 코딩 학원을 보며 그 열기를 실감했습니다. 독일 거주 당시 우리나라의 코딩 교육 의무화의 시작과 그로 인해 생긴 새로운 사교육 시장에 대해 접했던 뉴스를 현실로 느끼게 된 것입니다. 그리고 몇 달 후 개발자 품귀 이슈가 뉴스를 도배하자 열풍을 넘어 광풍이 될 수도 있겠다는 생각을 하게 됐습니다.

'미래를 살아가야 할 아이에게 꼭 필요하겠다'라는 깨달음에서 시작된 바람이라면 차라리 나을 수 있을 겁니다. 그러나 남들 다 하는데 우리 아이만 안 하면 불안한 마음이 든다거나 남들보다 먼저 그리고 더 잘해야 한다는 경쟁의식에서 비롯된 것이라면 재고해 봐야 합니다.

올해 12살인 아들 아이는 어쩌다 코딩을 시작한지 벌써 2년이 넘었습니다. 그것도 학습이 아닌 그저 취미 활동으로만 합니다. 우연한 기회는 저와 지인의 교육 품앗이에서 비롯됐습니다. 저는 아이와 아이 친구에게 토론 수업을 해주고 있었고, 몇 달 뒤 친구 부모님이 코딩 수업을 제안했습니다. 아이가 막 10세가 된 즈음이었습니다. 너무 이른 나이에 디지털 매체에 노출을 시키는 것이 아닌가 하는 불편한 마음은 친구 부모님이 평소 해오던 건강한 방식의 접근과 통제를 지켜보는 동안 이미 사라져 있었습니다. 아이 친구는 일찍부터 태블릿 등을 능수능란하게 다룰 줄 알고 컴퓨터를 통해 스스로 간단한 게임도 만들고 있었지만 필요하다고 생각되는 만큼, 부모가 허락하는 시간 안에서만 건강하게 이뤄지고 있었습니다. 마침 그해는 한국에서 초등학교 5~6학년의 코딩 교육 의무화가 시작되던 시점이었고 학부모들 사이에서도 코딩이 자연스레 화제에 오르던 때라 뜻하지 않게 찾아온 기회가 사실 감사할 따름이었습니다. 물론 당시 한국에 살고 있었다고 해도 코딩 선행을 위해 학원에 보내는 일은 하지 않았을 테지만요.

일주일에 한 번 하는 코딩 수업을 아이는 무척 좋아했습니다. 수업이 끝나면 다음 수업 날짜만을 손꼽아 기다렸고 사정이 생겨 정해진 요일에 수업을 진행하지 못하게 되면 당당히 보충 수업까지 요구했습니다. 아이에게는 코딩 수업이 수업이 아니라, 처음 접하는 신기한 세계였고 그 자체로 놀이였습니다.

그도 그럴 것이 코딩의 시작은 '게임 만들기'였습니다. 친구 아빠가 첫 시작으로 택한 교재는 로블록스 스튜디오(Roblox Studio)였습니다. 전 세계 5000만 명 이상의 플레이어들이 이용하고 특히 초등학생을 비롯해 10대들에게 폭발적인 인기를 끌고 있는 게임 플랫폼 로블록스에서 무료로 제공하는 로블록스 스튜디오는 게임 이용자들이 자신만의 게임을 만들 수 있는 창작용 소프트웨어입니다. 무료로 제공되는 수많은 레고 블록 등을 활용해 다양한 주제와 스토리를 입힌 자신만의 세계를 만들 수 있다는 게 최대의 장점입니다. 여기서 게임을 만들어 발행하면 로블록스 플랫폼에 저장이 돼 다른 이용자들과 공유되는 구조인데, 아이 입장에서는 자신이 직접 게임을 만드는 자체도 신기하지만 다른 이용자들이 그 게임을 즐길 수 있다는 사실에 한껏 고무된 것 같았습니다.

아이들은 로블록스 스튜디오를 통해 각자 혹은 협업으로 게임을 만들었어요. 캐릭터를 만들고 이야기를 짜서 컴퓨터 코딩 프로그램을 통해 구현하는 전 과정을 배운 것입니다. 로블록스 스튜디오를 졸업한 다음에는 '파이썬 (python)'이라는 코딩 언어로 게임은 물론 다른 형태의 간단한 프로그램을 만들기도 했습니다. 그런데 아이는 이 모든 결과물을 '게임'이라고 명명했습니다. 모든 것이 게임과 같은 놀이 형태로 인지되었던 것입니다. 사실 코딩 (coding)에 대해 전혀 몰랐던 저는 도움을 주기는커녕 아이가 코딩을 하는 장면을 봐도 무엇을 하고 있는 것인지, 잘하고 있는지 아닌지 판단할 수조차 없었습니다. '재미있으면 됐다' 생각할 뿐이었지요.

부모가 그 어떤 개입도 할 수 없었던 상황은 오히려 아이에게 약이 되었습니다. 끊임없는 노력을 통한 '자발적 학습의 좋은 예'를 보여준 것입니다. 일주일에 한 번 있는 수업만으로 성이 차지 않았던 아이는 코딩에 관한 책을 사 달라고 해서 여러 번 반복하여 읽고 또 읽었습니다. 그래도 뭔가를 하다가 막히는 상황이 발생하면 유튜브 등에서 코딩을 가르쳐주는 영상을 검색하고 공부하며 실전에 적용하기도 했습니다. 막혔던 문제를 해결하고 나면 세상을 전부 가진 표정이 되곤 했지요. 여러 차례 바뀌거나 추가되던 '장래희망'에는 프로그래머, 게임 회사 CEO 등이 새로 이름을 올리게 됐습니다.

코딩에 대한 부모의 무지 혹은 오해

코딩을 향한 아이의 열정에도 불구하고 어떤 개입도 할 수 없었던 까닭은 코딩에 대한 무지 혹은 오해 때문이었다고 해도 과언이 아닙니다. 어느 정도였는가 하면 수업이 끝난 후 아이에게 "오늘 뭘 배운 거야?" 하고 물을 때마다 돌아오는 답변이 저를 당황스럽게 했습니다. 아이는 수업에 대한 질문을 받을 때마다 게임의 주제가 무엇이고 공간은 어떤 식으로 이뤄져 있으며 이야기가 어떻게 흘러가고 어떤 아이템들이 등장하는지를 설명했습니다. 그럴 때마다 저는 다시 물었습니다. "오늘 코딩 배운 거 맞아?"

돌이켜 생각하면 당시 아이가 얼마나 황당했을까 싶습니다. 코딩이란 '어떤 프로그램을 만들기 위해 컴퓨터로 외계어 같은 언어들을 입력하는 행위' 정도라고 생각했던 저와 실제로 코딩을 하는 아이 사이에 엄청난 괴리감이 존재하고 있었던 셈이니까요. 어쩌면 접근 방식의 문제일 수도 있습니다. 같은 질문에 대해 아이가 만일 "오늘은 'if~then' 문장 사용하는 방법을 배웠어"라는 식으로 말해줬더라면 제가 '코딩을 배우고 있는 것이 맞나' 하는 의문 따위는 갖지 않았을 테니까요. 아이에게 코딩은 컴퓨터 언어를 배우고 익히는 지극히 단순한 학습이 아니라 새로운 창작물을 만들어내는 모든 과정이었던 것입니다.

코딩이란 컴퓨터 언어를 기술적으로 구현하는 방법쯤으로 인지하고 있었던 저의 편견과 오해는 얼마 지나지 않아 산산조각이 났습니다. 코딩의 영역이 어디서부터 어디까지인가, 이 시대에 필요한 진짜 코딩 능력이란 어떤 것인가 등에 대해 아이의 코딩 선생님인 친구 아빠와 심도 깊은 이야기를 나눌 기회를 갖게 된 것입니다. '국·영·수·코'라고 명명하듯 교육을 위한 한 과목으로서가 아니라 오랫동안 직업 현장에서 직접 코딩을 활용해 온 분의 이야기를 들으며 제 머릿속 좁았던 코딩의 세계가 그 틀을 깨고 무한으로 확장되는 듯한 느낌을 받았습니다. 정리하자면 코딩이란 수많은 코딩 언어들을 습득하고 그 언어를 통해 무언가를 표현해 내는 기술적인 행위를 넘어 창의적인 아이디어, 기획력, 그리고 그것을 잘 구조화하고 논리적으로 표현하는 능력까지를 모두 아우르는 것이라는 사실을 깨닫게 된 것입니다.

그 후로도 코딩에 대해 공부하면서 편협한 시각이 깨졌습니다. 코딩이야말로 모든 교육의 시작이자 목표점과 닿아 있는 창의성, 기획력, 구조력, 논리력, 문제해결력, 표현력까지 연결돼 있다는 결론에 이르게 된 것입니다. 코딩으로 실현된 놀라운 세계에서 직접 활약한 수많은 글로벌 명사들이 그토록 코딩 교육의 중요성을 부르짖는 데는 이유가 있었습니다. 애플 창업자인 스티브 잡스는 모두가 코딩을 배워야 한다고 강조하며 "코딩은 생각하는 방법을 가르쳐준다"고 했고, 마이크로소프트(MS)의 창업자 빌 게이츠 역시 "코딩은 비판적 사고력과 문제해결력을 키워준다"고 했습니다. 중학생 시절부터 아버지를 통해 코딩을 접한 것으로 알려진 페이스북 창업자 마크 주커버그 역시 셀 수 없이 많은 자리에서 코딩의 중요성을 이야기한 바 있습니다.

전 세계 150개국에서 쓰이는 코딩 교육 프로그램인 스크래치(Scratch)의 창시자 미첼 레스닉 메사추세츠공대(MIT) 미디어랩 석좌교수는 아예 코딩과 창의성을 직접적으로 연결 지어 말합니다. 2018년 '평생유치원'이라는 책을 펴낸 그는 저서에서 30년간 연구 끝에 찾아낸 학습의 핵심요소를 4P로 규정하는데 프로젝트(Project), 열정(Passion), 동료(Peers), 놀이(Play)가 그것입니다. 레스닉 교수는 4P를 설명하는 과정에서 아이들이 열정을 쏟을 수 있는 공동의 프로젝트를 부여하면 친구들과 협력하며 놀듯 과제를 수행하는 과정에서 창의성이 발현된다며 이러한 창의성을 위해서라도 모든 학생이 코딩을 배워야 한다고 주장합니다.

　개인적으로 레스닉 교수의 4P가 코딩 교육의 틀을 잘 설명하고 있다고 생각합니다. 친구와 함께 코딩을 배우기 시작한 후 아이는 틈만 나면 새로운 게임 스토리를 만들고 표현할 방법을 찾느라 여념이 없었습니다. 친구(Peers)를 만날 때마다 어떤 새로운 게임(Project)을 만들지를 함께 논의하고 그것을 실행해 내기 위해 최선의 노력(Passion)을 했습니다. 누가 시켜서 되는 차원이 아니었습니다. 게임을 완성하기까지의 모든 과정이 아이에게는 놀이(Play)였기 때문에 가능한 일이었습니다.

　그러나 코딩은 그것으로 끝나는 게 아닙니다. '생각하는 능력'이 추가되지요. 게임이나 다른 프로그램을 기획하고 컴퓨터를 통해 실현하는 모든 과정을 거치며 아이디어를 떠올리는 단계, 구체적인 스토리텔링을 하는 단계, 구조화하는 단계, 알고리즘을 통해 논리적으로 표현하는 단계까지 생각에 생각을 거듭할 수밖에 없습니다. 그 뿐만이 아닙니다. 어떤 과정에서 문제가 발생하면 그것을 해결하기 위해 생각하고 실행도 해야 합니다. 복잡한 과정을 거쳐 게임을 완성한 후에도 다 끝난 것은 아닙니다. 이용자들의 비판적인 피드백이 있다면 추가적으로 수정하거나 지속적인 업그레이드도 필요합니다. 그리고 이 모든 경험은 다음 프로젝트에서도 활용될 수 있는지 고민하게 만듭니다.

우리는 이 모든 '생각의 과정'을 함축해 '컴퓨팅 사고력(computational thinking)'이라고 부릅니다. 컴퓨팅 사고력에 대한 정의는 비슷하면서도 조금씩 다른데 보통 '복잡한 문제를 효율적으로 생각하는 사고 능력'을 일컫습니다. '컴퓨팅'이라는 말 그대로에 갇혀서 '컴퓨터처럼 생각하는 능력' 혹은 '컴퓨터를 통한 사고력'이라고 오해하면 곤란합니다. 그렇다고 컴퓨터와 관련이 없는 단순한 문제해결력, 사고력을 말하는 것 또한 아닙니다. 컴퓨터 과학자의 입장에서 문제를 바라보고 이해하고 해결하는 사고력이라고 생각하면 가장 정확한 표현이 아닐까 싶습니다. 이러한 컴퓨팅적 사고력은 창의성, 문제해결력, 비판적 사고력 등과 연결되며 점점 복잡해지는 미래 사회에서 필수적인 능력으로 손꼽힙니다.

모두가 스티브 잡스가 될 필요는 없지만

그렇다면 이제 생각의 도구로서 아이들에게 코딩을 어떻게 교육하고 학습하게 할 것인가 하는 문제가 남습니다. 코딩 교육 의무화는 우리나라만의 일이 아닙니다. IT강국이라 불리는 유럽의 작은 나라 에스토니아는 무려 인터넷이라는 개념조차 생소했던 1992년부터 코딩 교육을 학교 과정에서 시작한 것으로 유명합니다. 에스토니아와 같은 예는 사실 일반적인 케이스는 아니지요. 그렇다 해도 미국, 영국, 이스라엘, 스웨덴, 핀란드, 싱가포르, 중국, 일본 등 이미 많은 나라들이 코딩 교육을 우리보다 먼저 시작했거나 비슷한 시기에 시작해 공을 들이고 있습니다.

　이처럼 수많은 나라들이 시간과 돈과 노력을 들여 코딩 교육을 의무화하고 실행하는 데는 이유가 있습니다. 단순히 프로그래머를 양성하기 위함이 아니란 사실은 우리 모두가 알고 있습니다. 앞서 얘기한 '컴퓨팅 사고력'을 키우는 데 그 목적이 있을 겁니다. 이제는 마치 유행어처럼 들리는 '4차 산업혁명'과 맞물려 컴퓨팅 사고력이 필수가 된 것입니다. 미래 시대의 인재 양성을 위해서라도 국가가 코딩 교육에 열을 올릴 수밖에 없는 상황인 겁니다.

　사교육 현장에서는 그 열기를 십분 활용하고 있습니다. 자녀를 미래형 인재로 키우고 싶다면 당장 코딩 교육을 시작하라고 부추깁니다. 코딩과 수학, 미술 등 다양한 과목과 결합한 형태도 수두룩하고, 롤 모델로는 여지없이 스티브 잡스와 마크 주커버그 등이 등장하지요. 아예 이런 홍보 문구가 성행합니다.

　"우리 아이를 스티브 잡스처럼 키우려면, 코딩 교육이 정답입니다!"

　스티브 잡스는 애플의 정식 CEO가 된 2011년, IT 역사에 획기적인 사건으로 기록될 또 하나의 제품인 iPad2를 출시하면서 다음과 같은 말을 했습니다.

　"애플의 유전자에는 기술만으로는 충분치 않다는 생각이 있습니다. 교양 예술과 결합한 기술, 인문학과 결합한 기술이 우리의 심장을 노래하게 만드는 결과를 내놓지요."

　코딩 교육의 중요성을 공개적으로 여러 차례 거론했던 스티브 잡스의 '코딩'은 아마도 저 모든 과정을 포함하고 있을 것이란 생각이 듭니다. 문제는 과연 빠른 시간 안에 일정한 결과물을 내놓아야 하는 것을 주된 목표로 하는 코딩 학원에서 '코딩 언어의 습득과 알고리즘을 통한 표현' 이외에 얼마나 많은 시간을 '생각'하는 데에 쏟을 수 있을까 하는 의문이 든다는 점입니다. 매달 비용을 지불하며 사교육을 시키는 부모 입장에서도 한 달 두 달이 지나 이렇다 할 성과가 분명하게 보이지 않는 상황을 얼마나 오래 기다려줄 수 있을지도 모르겠습니다. 코딩을 통해 생각이 자라는 과정이란 일주일에 한두 번 가는 학원의 역량만으로는 절대 불가능한 영역이고, 때문에 학원에서는 '코딩 자격증'과 같은 성과를 보여주는 것으로 증명을 해 보일 필요를 느끼게 될지 모릅니다. 하지만 코딩 교육이 포함하고 있는 모든 영역 중 '언어를 통한 표현'만을 잘해낸다고 해서 성취감을 느끼고 기뻐할 수 있을까요? 그 성과를 조금 뒤로 미루더라도 더 중요한 과정이 있는데 말입니다.

코딩을 취미 삼아 하는 저희 아이는 여전히 책과 동영상 콘텐츠 등을 통한 독학을 병행하며 아예 자신이 터득한 방식대로 알고리즘을 짜보고 실행하는지 아닌지를 테스트하기도 합니다. 나중에 아이가 보다 전문적인 프로그래밍을 위한 교육을 원할 경우 학원과 같은 사교육을 찾아보게 될지는 모르겠지만 당분간은 학원에 보낼 마음이 전혀 없습니다. 아이도 물론 원하지 않고요. 코딩을 더 잘하고 싶다고 할 때마다 저는 다양한 분야의 책을 보거나 경험을 쌓는 것이 도움이 될 것이라고 말해 줍니다. 네이버의 최연소 개발자 임원인 정민영 님도 한 인터뷰에서 대학에서 전공보다 철학사나 과학사 등이 더 흥미로웠다고 말한 것이 인상적이었습니다. 오해는 없길 바랍니다. 정민영 님은 이미 고등학교 시절에 코딩 언어 등을 마스터해서 대학 전공을 통해서는 별로 배울 게 없었다라는 전제를 깔고 한 말이니까요. 다만 이 맥락을 통해 저는 우리가 지향해야 할 '생각하는 능력'으로서의 코딩 교육의 방향은 보다 인문학적이어야 한다는 생각을 굳히게 됐습니다.

인공지능(AI) 시대에 코딩을 배워야 할 필요가 없다고 주장하는 이들에게도 조금 다른 접근법으로 대화할 필요가 있습니다. 코딩에 대한 관심이 높아질 무렵, 국내에서 영재과학고를 졸업하고 현직 의사로 재직 중인, 코딩에 대해서도 이해도가 무척 높은 지인과 관련해 대화를 한 적이 있습니다. 저희 아이가 코딩에 빠져있다는 사실을 안 그분은 제게 질문했습니다. 아이가 어른이 되는 무렵에는 사람이 프로그래밍을 할 필요가 없는 시대일 것이라고, AI가 가장 코딩을 잘할 텐데 코딩을 왜 배우느냐는 요지였지요. 맞는 이야기입니다. 아무리 코딩을 잘한다 한들 AI를 능가하기 어려울 겁니다. 오죽하면 경제협력개발기구(OECD)의 교육 정책을 오랫동안 이끈 안드레아스 슐라이허(Andreas Schleicher) OECD 교육국장이 "코딩 교육은 시간 낭비"라며 "세 살 먹은 아이에게 코딩을 가르치고 있는데 그 애들이 대학을 졸업할 때쯤이면 코딩이 무엇인지 기억도 못하게 될 것이며 코딩 기술은 아주 빠른 시간 안에 쓸모 없어질 것"이라고 말했을까요.

저는 답으로 이런 이야기들을 했습니다. '당연히 AI보다 코딩을 잘하는 건 불가능할 것이다, 그런데 코딩이라는 것의 영역이 어디서부터 어디까지인가, 기술로서의 코딩은 AI를 능가하기 어렵겠지만 우리가 코딩을 주목하고 아이들이 코딩을 배워야 하는 이유는 코딩이 기술만의 문제가 아니기 때문이다, 생각하고 직접 만들어보는 체험을 하고 그 과정에서 발생하는 여러 문제들을 스스로 해결해 나간 후 드디어 결과물을 완성하는 총체적 경험을 통해 아이는 전혀 다른 세상을 볼 수 있는 능력을 갖게 될 것이다'라고 말입니다. 코딩을 할 줄 아는 아이와 그렇지 않은 아이가 바라보고 이해하는 세상의 깊이는 분명 다를 테니까요.

사실 저의 답변은 레스닉 교수가 줄곧 강조해 온 부분에서 깨달은 바입니다. 코딩 교육을 글쓰기 관점에서 접근해야 한다는 입장의 레스닉 교수는 국내 한 언론과의 인터뷰에서 이렇게 말한 적이 있습니다.

"코딩 학습은 글쓰기를 배우는 것과 비슷하다. 대부분의 사람은 전문 작가가 되지 않지만 모든 사람은 자신의 생각을 표현하고 공유할 수 있도록 글 쓰는 법을 익혀야 한다. 대부분의 사람은 전문 프로그래머가 되지는 않을 것이다. 그러나 코딩을 배우면서 그들의 생각을 표현하고 공유하는 기술을 익힐 수 있다."

우리가 글쓰기를 배우는 것은 모두 전문 작가가 되기 위함이 아닙니다. 하지만 자신의 생각을 글로 표현하는 법, 그것도 가능하면 잘할 수 있는 능력을 갖춘다면 그 자체로 큰 무기가 된다는 사실을 잘 알고 있습니다. 코딩도 마찬가지입니다. 단순히 언어를 배우는 차원으로 한정해 생각하더라도 코딩은 미래 세대에게 반드시 필요한 또 하나의 언어를 배우는 것이자 디지털 문해력, 즉 디지털 시대의 작동 방식을 이해하는 새로운 언어 이해력을 갖추기 위한 학습인 셈입니다.

아이를 모두 스티브 잡스로 키울 필요는 없습니다. 그러나 스티브 잡스처럼 다르게 생각할 줄 알고 깊이 있게 고민할 줄 알고 꾸준히 목표를 향해 노력하는 자세는 모두에게 필요한 부분입니다. 그것도 디지털 문해력을 갖추고 말입니다. 여기서 중요한 것은 자발적 학습 그리고 지속 가능성이라고 생각합니다. 코딩이 의무가 됐으니 해야 한다는 식 혹은 남들보다 먼저 해야 한다는 식으로 부모가 아이를 압박하거나 내몰 것이 아니라 아이 스스로 새로운 세계에 흥미와 재미를 느낄 수 있는 환경을 만들어주기 위해 노력해야 한다는 것입니다.

외국의 코딩 의무 교육 커리큘럼을 살펴보면 보통 저학년 때 생각하는 훈련을 많이 하도록 설계되어 있습니다. 정작 컴퓨터 언어를 배우고 실제로 프로그래밍을 하는 단계는 아무리 빨라도 초등학교 고학년 이후입니다. 이런 단계 설정의 배경에는 이유가 있을 겁니다. 보통 우리는 아이의 배움 그릇이 만들어지면 학습의 속도가 빨라진다고 이야기합니다. 어릴 때 아이만이 가능한 무한한 창의의 세계를 펼칠 수 있도록 도와주고 그 안에서 생각하고 논리적으로 표현할 수 있는 힘을 기른다면 코딩 언어를 익힌 후에는 모든 과정이 너무 쉽고, 즐겁게 성장해 갈 것이라 믿습니다.

코딩을 모르는 부모도 할 수 있는 건 있다

코딩 교육에 관한 제 생각을 표현한 글을 한 커뮤니티에 올렸더니 몇몇 분들이 '학원을 부정적으로 바라본다'는 피드백을 남기기도 했습니다. 분명한 것은 저는 학원에 절대 갈 필요가 없다고 생각하지 않는다는 점입니다. 운 좋게 주변에 코딩을 가르쳐줄 분이 있었던 우리 아이와 달리 학원 등 사교육의 도움이 반드시 필요한 분들도 있을 겁니다. 다만 저는 코딩을 하는 아이들을 바라보는 부모님의 태도, 코딩을 대하는 자세에 대해 조언을 하고 싶을 뿐입니다. 학원에 다니는 횟수만큼 아이의 프로그래밍을 하는 실력이 눈에 띄게 늘기를 기대하거나 혹은 자격증을 취득하는 등의 성과에만 집중해서는 안 된다는 것이지요. 진득하게 기다려주면서 오히려 아이가 하고 있는 것들에 적극적인 관심을 보여주고 때로는 확장될 수 있는 자극을 주는 것이 좋은 역할이라 생각합니다.

저는 가끔 아이가 코딩으로 만든 게임을 함께 하면서 놀아줍니다. Q&A로 이루어져 있는 간단한 게임도 있고 설문 형태도 있지요. 로블록스 스튜디오에서 만든 게임도 어떻게 구현되는 것인지 물어보고 이해되지 않는 내용은 적극적으로 질문하기도 합니다. 결과물에 대해서는 아낌없는 칭찬도 합니다. 또 스스로 만들고 싶은 프로그램이 있는데 아직은 그럴 실력이 되지 않아 답답해하는 아이에게 격려도 해줍니다. 말로만 격려하는 것이 아니라, 먼저 스토리를 짠 후 함께 이야기하고 부족한 점을 찾아보자는 실질적인 제안을 하기도 합니다. 기사나 정보를 검색하다 아이에게 도움이 되거나 자극이 될 만한 것이 있으면 알려주기도 하고요.

다시 말하지만 코딩은 사고력을 키우는 과정입니다. 부모가 잘 모르는 분야라고 해서 사교육에 전권을 위임하고 무관심하지는 않았으면 합니다. 누군가의 도움을 받더라도 사고력을 확장하는 데 분명 부모가 도움을 줄 수 있는 부분이 있습니다. 뿐만 아니라 조바심을 낼 필요도 없습니다. 옆집 아이가 이미 코딩을 시작했다고 해서, 반 친구들의 대부분이 학원에 다닌다고 해서, 코딩이 대세라고 해서 불안감으로 아이를 내몰 필요는 없습니다. 차라리 그 시간동안 생각 그릇을 키우는 게 도움이 됩니다. 생각하는 힘을 갖춘 아이, 상상력과 창의력을 갖춘 아이가 되는 게 아이러니하게도 코딩의 첫걸음입니다.

Chapter 05

메타버스 시대,
게임과 자기주도 생각의 상관 관계

게임은 도대체 언제 시작하는 게 좋을까

저희 아이는 '게임하는 아이'입니다. 요즘 아이들 중에 게임 안 하는 아이를 찾기 어렵겠지만 사실 제 원칙대로였다면 아이는 아직 게임을 하지 않아야 할 나이입니다. 어느 집이나 아이 키우면서 다들 이런 고민을 했을 겁니다. '미디어나 게임 노출은 언제쯤 해야 할까?', '스마트폰은 언제쯤 사줘야 할까?' 보통은 '가능한 늦을수록 좋다'는 결론을 내릴 겁니다. 저 역시 그런 부모 중 한 명이었습니다. 요즘 아이들이 미디어에 익숙한 세대이긴 하지만 부모 입장에서 미디어 노출이 주는 단점과 부작용부터 생각하게 되니까요. 아무리 양보해도 게임이나 스마트폰은 '중학생이 된 후' 정도라야 한다는 게 개인적 판단이었습니다.

그런 가치관이 무색하게 아이는 예상보다 너무 일찍 게임을 접하게 됐습니다. 초등학교 저학년 때도 주변의 형, 누나들이 게임에 빠져있는 걸 보면서 호기심이 발동했고, 아이들이 모이면 자연스레 게임에 대해 듣고 보게 되니 저의 의지와 무관하게 노출이 빨라졌습니다. 그래도 게임을 쉽게 허락하지 않았습니다. 그러나 코딩을 시작한 후 게임을 만드는 작업을 하다 보니 자연스레 게임 세계에 입문하게 됐습니다. 완전 신세계를 만난 아이는 '코딩 학습의 연장'을 정당한 핑계로 삼았고 거절할 수 없는 상황이 되고 말았습니다.

그래도 다행이라 생각했던 것은 많은 유저들이 직접 게임을 만들고 발행하고 공유하는 공간(로블록스)에서 시작했다는 점이었습니다. 아이 또래의 유저가 만든 게임도 있고 어른들이 만든 게임도 있었는데, 아이가 주로 하는 게임을 보고 있으니 '게임은 다 나쁘고 좋지 않아'라는 편견처럼 그렇게 자극적인 내용은 아니라 마음이 놓이는 면도 있었습니다. 제가 어린 시절에 접하던 뛰고 점프하는 게 전부인 오락실 게임과 별반 다를 게 없었지요.

콘텐츠가 자극적이지 않다는 점은 다행이었지만 문제는 '시간'이었습니다. 아무리 건전한 게임이라 해도 노출 시간이 통제되지 않는다면 또 다른 문제를 야기할 것은 뻔한 일이었습니다. 실제로 게임을 하는 아이들에게 발생하는 가장 큰 문제는 스스로 통제력을 잃는다는 것입니다. 처음에는 약속대로 잘할 것 같지만, 막상 게임의 즐거움에 빠지다 보면 부모와의 약속은 뒷전이 되고, 통제력을 상실하게 되는 것이지요. 처음에는 일주일에 3일, 하루 20분으로 제한 시간을 설정하고 약속을 지키는지 여부에 따라 3일을 5일로 늘려줄 수

안심Touch

도 있다는 제안을 했습니다. 아이는 고민의 여지없이 제안을 받아들였습니다. 허락하에 게임을 할 수 있게 된 데다, 약속만 잘 지키면 게임할 수 있는 시간이 늘어나는 '옵션'까지 생겼으니 받아들이지 않을 이유가 없었지요.

아이는 시간 약속을 잘 지키는 편이었습니다. 어쩌면 통제가 가능한 나이였기 때문에 더 쉬웠을지도 모르겠습니다. 뒤늦게 게임에 맛을 들이면 엄마 말을 듣기는커녕 자기 절제력을 잃고 무섭게 빠져 든다던데, 이렇게 시간 약속잘 지키면서 건강하게 조절할 수 있다면 오히려 이른 나이에 시작하는 것도나쁘지 않다는 합리화까지 하게 됐지요.

아이가 비교적 시간 조절을 잘해 준 덕에 게임에 대한 생각을 달리하게 됐지만, 그보다 생각이 바뀌게 된 결정적 이유는 따로 있습니다. 아이가 친구와만날 때마다 게임 창작 활동을 하는 모습을 보게 된 것입니다. 워낙 죽이 잘맞아 대화로만 몇 시간씩 놀 수 있는 아이들이기는 했지만 코딩을 배우고 게임을 만들기 시작한 후로는 둘의 대화가 온통 게임을 구상하고 스토리를 짜고캐릭터를 만들고 구현하는 방법 등에 집중됐습니다. 심지어 영상통화나 온라인 대화를 연결해 달라고 하며 게임 창작의 세계에 몰두해 있었지요.

이제 막 코딩을 배우기 시작한 아이들이니 머릿속 아이디어를 생각한 그대로 만들어내기란 당연히 불가능한 일이었습니다. 그럼에도 불구하고 아이들의 창작을 향한 열정은 이어졌고 온라인에서 구현이 안 되면 아쉬운 대로 오프라인에서 아날로그 식으로 게임을 만들어보는 실험까지 했습니다. 종이와연필만 있으면 어디서든 보드 게임 하나를 뚝딱 만들어내는 식이었습니다. 스토리를 짜고 게임 룰까지 정해가며 직접 만든 게임을 꽤나 진지하게 하는 모습을 보면서 저는 게임이란 세계에 대해 다시 생각하는 계기가 됐습니다. '게임이 이토록 창의적인 세상일 수도 있구나', '아이에게 새로운 자극이 되고, 호기심을 키워주네' 하는 긍정적인 면을 보게 된 것입니다.

코로나로 인해 학교가 셧다운 된 후에는 게임이 친구들과의 소통 창구가 되어주기도 했습니다. 여자 친구들은 인터넷 메신저를 통한 대화만으로도 소통이 충분했지만 남자 아이들은 쉽지 않았습니다. 심지어 우리 아이처럼 수다로만 놀 수 있는 아이도 상대가 과묵하니 힘들어했지요. 이때 모두를 만족시키는 방법은 바로 함께 온라인 세상에서 만나 게임을 즐기며 대화하는 것이었습니다. 대부분의 남자 아이들이 열광하던 로블록스 게임은 두말할 필요 없는 최고의 공통분모였지요.

오프라인으로만 가능했던, 많아야 일주일에 한 번 정도 할까 말까 했던 친구와의 '플레이 데이트'가 매일 온라인에서 일어났습니다. 여러 명과 동시에 노는 것도 가능했습니다. 로블록스가 어째서 '초등학생들의 온라인 놀이터'로 불리는지 알 것 같았습니다. 10살에서 11살 즈음, 엄마들 중심으로 만들어진 친구 관계에서 자기들끼리의 관계로 넘어갈 시기에 있었던 아이는 게임 세상 덕분에 학교에 가지 못하는 상황에서도 친구 관계를 잘 유지해 나갔습니다. 어쩌면 오히려 돈독해지기까지 했습니다. '놀이 코드'와 성향이 맞는 진짜 베스트 프렌드를 매일 (온라인으로) 만나니 더 친해질 수밖에요.

아이들 세대의 새로운 세상, 메타버스에 대한 이해

그러나 여전히 게임이라고 하면 고개를 절레절레 흔드는 부모님들이 더 많을 겁니다. 저 또한 주변에서 듣고 겪은 '나쁜 예'가 많습니다. 우리 아이의 경우는 처음에 게임을 만드는 것으로 시작했기 때문에 조금 달랐을지도 모른다는 생각도 합니다. 하지만 아이가 게임하는 모습을 직접 옆에서 지켜보는 동안 게임이 무조건 나쁘다는 관념은 게임에 대해 잘 모르는 어른들의 편견이라는 생각을 하게 됐습니다. 놀이 기구가 구비된 놀이터가 흔하지 않았던 우리 세대에는 골목길이 놀이 공간이었던 것처럼, 지금 시대의 아이들에게는 게임이 온라인 세상 속 놀이터 중 하나와 다를 바 없습니다. 시대가 달라졌고 그에 맞게 놀이 방식이나 공간이 달라지는 건 어쩌면 당연한 일입니다.

메타버스(metaverse)라는 단어가 이제는 다들 익숙할 겁니다. '가공, 추상'을 의미하는 '메타(meta)'와 현실 세계를 의미하는 '유니버스(universe)'가 합쳐진 말로 단순히 가상 세계만을 의미하는 게 아니라 현실에서 벌어지는 모든 사회적, 경제적 활동이 이뤄지는 온라인 세상을 말합니다. 그저 생소하기만 했던 메타버스가 이제는 여기저기에서 불쑥불쑥 등장합니다. 그도 그럴 것이 우리는 인지하지 못하는 사이에 이미 메타버스 안에서 살아가고 있습니다. 코로나 상황으로 인해 우리의 라이프스타일이 대거 온라인으로 옮겨간 것이 가장 큰 배경입니다. 입학식과 졸업식이 가상의 공간에서 열리고, 그곳엔 실제의 나를 대신하여 나의 아바타가 참석합니다. 인기 가수의 공연이나 팬 미팅 행사 역시 증강 현실 속에서 열리기도 합니다. 버추얼 인플루언서, 즉 AI로 구현된 가상 인간이 광고계 등에서 활약하는 사례도 많아지고 있습니다. '로지'라는 모델이 대표적입니다.

메타버스가 이제 막 시작된 것처럼 보이지만 사실 이미 우리 생활 안에 깊숙이 침투해 있습니다. 〈메타버스〉의 저자 김상균 교수는 후속 저서인 〈게임 인류〉에서 이렇게 설명합니다.

"메타버스는 곧 가상 현실로 받아들여지지만, 정확히 말하자면 가상 현실은 메타버스를 보여주기 위한 수단 중 하나다. 증강 현실과 라이프로깅, 거울 세계, 가상 세계까지 메타버스는 크게 네 가지로 나뉜다.

증강 현실이란 메타버스가 현실의 공간과 상황에 가상의 이미지와 스토리 등을 덧입힌 현실 기반의 새로운 세상을 보여주는 방식을 뜻한다. '포켓몬고'를 떠올리면 이해하기 쉬울 것이다. 메타버스는 자신의 삶에 관한 다양한 경험과 정보를 기록하고 저장하며 공유하는 세상을 의미하는데, 이를 라이프로깅이라고 부른다. 카카오스토리나 페이스북, 인스타그램 등이 모두 라이프로깅에 포함된다. 거울 세계란 메타버스가 현실 세계의 모습과 정보, 구조 등을 가져가 복사하듯 만든 세상을 의미한다. 각종 지도 서비스와 길 찾기, 음식배달 앱이 여기 속한다. 마지막으로 가상 세계는 현실과는 다른 공간과 시대적·문화적 배경, 등장인물, 사회 제도 등을 디자인하고 그 속에서 살아가는 메타버스를 의미한다."

놀랍지 않나요. 우리 삶은 이미 메타버스와 떼어낼 수 없는 상황입니다. 메타버스라는 게 그리 거창한 것이 아니고, 어느 날 갑자기 탄생한 완전 다른 세상의 라이프도 아니었던 것입니다.

아이들 세대는 변화의 속도가 놀라울 정도로 빠를 겁니다. 디지털 세상이 메인 스트림인 시대를 살아가게 되겠지요. 그런 아이들에게 여전히 아날로그 방식의 놀이를 하라고 강요할 수만은 없는 일입니다. 이건 놀이의 차원이기 전에 살아가는 방식에 대한 이야기이기도 하니까요. 미래의 세계, 즉 AI가 많은 직업을 대체하게 될 시대를 대비하는 차원에서도 아이들에게는 디지털 마인드가 필수입니다. 마인드만의 문제가 아니라 디지털 자체를 읽고 분석하고 활용할 줄 아는 능력은 선택이 아니라 절대적으로 요구되는 능력입니다.

안심Touch

게임은 메타버스 중에서도 단연코 그 중심에 있는 콘텐츠라고 할 수 있습니다. 김상균 교수는 역시 〈게임 인류〉에서 "메타버스의 핵심 콘텐츠와 플랫폼은 게임에 적용된 개념과 기술을 차용하고 있다"며 "달라진 환경에 빠르게 적응하며 인공 지능을 친구로 여기는 세대는 게임을 많이 해봤거나 게임적 세계관에 익숙한 이들"이라고 말합니다.

생각해 보면 애초에 게임 자체에 대한 부정적 인식은 어른들의 적은 경험치가 만들어낸 것일 수 있습니다. 실제로 많은 부모님들이 온라인 게임은 적극 반대하지만 보드 게임 같은 게임은 권장하기도 합니다. 다시 말해 게임 자체에 대한 반대 혹은 부정이라기보다는 온라인 세상에 대한 반대이고 그것은 곧 경험의 산물일 수 있다는 것입니다. 온라인 게임에 대해 경험도 없고 잘 모르기 때문에 남들이 말하는 단점, 아이 성장에 방해가 되는 점 등을 더 크게 부각하고 받아들이게 되는 것이지요.

시간 약속은 필수, 게임의 긍정성을 고려하라

오프라인이 됐든 온라인이 됐든 놀이의 형태는 그 무엇이나 장단점이 있습니다. 모든 오프라인 놀이가 좋기만 하고 모든 온라인 게임이 나쁘기만 한 것은 아닙니다. 온라인 게임을 막무가내로 차단할 수 없다면 우려하는 점을 최소화할 수 있도록 관심을 가져야 합니다.

먼저 아이가 어떤 게임을 하는지 파악해야 합니다. 저는 아이가 새로운 게임을 시작할 때마다 반드시 상의하고 함께 판단한다는 규칙을 세우고 공유했습니다. 규칙을 지킨다는 전제하에 게임을 허락하는 것이지요. 아직까지 아이가 먼저 허락을 구한 게임 중에는 유해하다고 생각될 만한 내용이 전혀 없었습니다. 물론 앞으로 그럴 가능성은 충분히 있습니다. 하지만 어릴 때부터 함께 선별하는 습관을 들이고 그 과정에서 게임이 미치는 유해성에 대해 알려주면서 스스로 잘 고를 수 있는 눈을 키워준다면 그 자체로 충분한 학습이 될 수 있습니다. 게임에 중독된 아이들의 사례를 보면 대체로 부모가 게임 상황에 전혀 개입하지 않았거나 개입할 수 없는 상황에서 발생한 경우들이 많습니다. 시작부터 함께 해준다면 오히려 건강한 입문이 될 수 있습니다.

'알고 보니 아이가 게임을 하고 있었더라' 하는 이야기를 들을 때가 있습니다. 하지 못하게 막기만 했더니 어디선가 부모 모르게 하고 있었던 얘깁니다. 이런 경우 아이가 게임에 대한 통제력을 잃고 빠진 후에야 부모가 알게 되는 경우가 많습니다. 몰래 하는 게임이 가장 위험합니다. 아이가 부모 몰래 게임하는 상황을 만들지 않고 당당하게 즐길 수 있는 여건을 만들어주면 그 후부터는 건강한 놀이 중 하나가 될 수 있습니다. 오픈된 장소를 택하는 것도 서로 좋은 합의점이 될 수 있습니다. 저희 집은 아이의 컴퓨터가 아이 방이 아닌 거실에 자리잡고 있습니다. 언제 게임을 하는지, 어떤 게임을 하는지, 누구와 하고 있는지까지 모두 오픈되는 상황입니다. 게임을 접할 때부터 오픈된 장소에서 시작했던 아이는 지금도 이런 상황에 대해 전혀 불만이 없습니다. 감시받는다는 느낌을 갖기보다 오히려 엄마 아빠가 게임에 관심을 가져준다는 생각을 하지요. 실제로 저는 아이에게 게임 관련해서 질문을 하기도 하고 피드백을 해주기도 합니다.

게임을 재료 삼아 많은 대화를 해보세요. 이 관심이 아이에게 게임 자체만이 아닌 게임을 토대로 사고를 확장시키는 결과를 낳기도 합니다. 게임을 소재로 대화하는 동안 아이는 오류를 발견하거나 더 나은 스토리에 대한 영감을 얻거나 게임 체계와 원리를 터득하면서 다른 방향으로 사고가 트일 수도 있습니다. 저희 아이처럼 게임 스토리 구상을 넘어 새로운 보드게임을 만들기도 하면서 상상력 가득한 활동을 하게 될지도 모릅니다.

시간을 정하고 지키는 부분은 상당히 중요한 문제입니다. 이 부분은 사실 아이 입장에선 자기 자신과의 싸움이 됩니다. 한창 재미있는 상황인데 약속한 시간이 다 됐다고 칼 같이 그만둘 수 있는 결단력은 어른들에게도 쉽지 않은 부분입니다. 그러나 초기에는 단호할 정도로 시간 약속을 철저히 지키는 편이 좋습니다. 그래야 아이 스스로도 자기 통제력을 갖게 되고 습관화되어 나중에도 조절력을 잃고 빠져드는 상황을 막을 수 있습니다.

저는 아주 특별한 상황을 제외하고 스스로 시간 약속을 지키는 것에 대해서만큼은 엄격히 강조해 왔습니다. 매번 엄마가 시계를 보고 있다가 "이제 그만!"이라고 말할 수는 없습니다. 할 수 있다고 해도 바람직한 장면은 아닙니다. 아이 스스로 자기 통제를 할 수 있는 능력이 게임에서만큼은 그 어떤 것보다 우선시되어야 합니다. 그래서 저는 아이에게 늘 이런 식으로 이야기했습니다. "게임이 나쁘다고 생각하지는 않는다. 다만 그 게임이 나쁜 방향으로 작용하느냐 좋은 방향으로 작용하느냐는 너에게 달려 있다. 어떤 게임을 하는지는 엄마가 알고 있으니 시간 조절만큼은 온전히 네 몫이다. 네가 게임을 계속 즐겁게 할 수 있는 건 시간 약속을 잘 지켜주기 때문이다"라고 말입니다.

그럼에도 불구하고 약속을 어기는 일이 생깁니다. 사전에 양해되지 않은 상황에 시간 약속을 어겼을 때는 일정 기간 '게임 금지'를 하기도 했습니다. 어른도 자기 조절이 잘되지 않는데 아이가 그 재미있는 게임을 하면서 매번 자기 절제가 잘될 리 없습니다. 하지만 '그럴 수도 있지'라고 넘어가서는 안 된다고 생각했습니다. 한창 재미있는 순간이더라도 서로가 정한 약속과 규칙을 지키기 위해 단호하게 멈출 수 있는 강한 의지만 갖추고 있다면 많은 어른들이 걱정하는 상황이 일어날 가능성은 확연히 줄어든다고 믿는 까닭입니다. 그 의지란 스스로 시행착오를 겪어 보면서 학습되고 훈련되는 것일 테고요.

게임은 정말 죄가 많습니다. 아이를 잘못된 길로 빠지게 만드는 원인이라고 하고, 아이가 공부를 안 해도, 부모와 사이가 멀어져도 게임이 문제고, 나쁜 친구들과 어울려 벌어지는 스토리도 결국 'PC방과 게임'으로 귀결될 때가 많습니다. 그러나 혹시 있을지도 모르는 상황 때문에 걱정만 할 수는 없습니다. 그럴수록 더욱 게임에 관심을 갖고 아이와 많은 이야기를 나누는 노력이 필요합니다. 아이에게 스스로 게임의 순기능을 취하고 역기능을 필터링할 수 있는 능력을 길러주는 게 가장 좋은 방법입니다.

전문가들은 '게임이 미래의 표준 문화가 될 것'이라고 말합니다. 그런 건 차치하더라도 어쩔 수 없이 요즘 아이들의 대표적 놀이 문화가 게임이라면 이제 어른들의 몫이 남습니다. 게임이 아이들에게 쾌락이나 중독으로 가는 길이 아닌, 즐거운 놀이이자 소통, 한발 더 나아가 생각의 도구가 되고 창의를 위한 발판이 되기 위해서는 어른들의 자세가 달라져야 합니다.

아이가 아장아장 걷기 시작할 때 부모님들은 손잡고 놀이터에 함께 나갑니다. 놀이터가 처음인 아이에게는 위험할 수도 있습니다. 처음부터 스스로 혼자 놀이 기구를 안전하게 타는 일은 불가능하지요. 그래서 부모님들은 아이에게 그네와 미끄럼틀, 시소와 같은 놀이 기구들을 하나씩 알려주고 경험하게 해주는 것입니다. 나중에 혼자서도 안전하고 재미있게 놀이터에서 놀 수 있도록 학습을 시켜주는 것입니다. 이 과정을 겪고 나면 아이는 어느 순간부터 스스로 안전을 지키며 즐겁게 놀 수 있게 됩니다. 부모의 걱정도 줄어들고요.

게임을 대하는 어른들의 태도가 바로 이 '놀이터'와 같아야 한다고 생각합니다. 게임이 치명적인 위험성을 갖고 있다는 건 누구나 인정하는 사실입니다. 그러니 어른들이 '해라, 하지 말아라', '30분 혹은 1시간' 하는 정도로만 끝낼 것이 아니라 아이와 함께 지켜봐줄 필요가 있습니다. 어떤 게임인지, 어떻게 노는지, 유해한 부분은 없는지, 아이가 어떻게 노는 게 안전하고도 즐거운 방법인지를 함께 고민해 주면 좋지 않을까요? 언제까지 부모가 '감시'와 '통제'를 할 수는 없는 노릇입니다. 스스로 조절하는 힘이 발휘될 수 있도록 그 토대를 만들어주는 것이 부모의 역할입니다.

물론 이런 글을 쓰고 있는 저도 후회하는 상황이 생길지 모를 일입니다. 하지만 그 상황이 벌어질 수 있다는 걸 잘 알기에 더 관심 갖고 노력할 것이란 사실만큼은 분명합니다.

게임에 대한 생각을 정리하면서 아이와 짧은 인터뷰를 진행한 적이 있습니다. 그중에 아이의 이 말이 기억에 남습니다.

"대부분의 부모님들이 게임을 반대하는 이유는 중독 때문이야. 많은 아이들이 몇 시간씩 게임만 하면서 공부도 안 하고 게임에 중독되는 경우가 많거든. 너는 지금은 잘하고 있지만 앞으로 계속 지킬 수 있을 것 같니?"

"엄마, 나는 게임 말고도 할 게 너무 많아. 게임이 재미있지만 게임만큼 재미있는 다른 것들도 있어서 게임만 할 것 같지는 않은데?"

이 대화 안에 답이 있다고 생각하면 저만의 좁은 생각일까요?

MEMO

Part 5

생각을 자라게 하는
독일 교육의 비밀

2017년부터 2020년까지 3년 반 동안 저희 가족은 독일 베를린에 거주했습니다. 한국에서 초등학교 1학년 1학기를 마치고 떠난 아이는 그곳 초등학교에 입학해 4학년 1학기 중반 과정까지 마쳤습니다. 배움의 기본 틀을 갖추는 시기를 온전히 독일에서 보낸 셈입니다.

독일식 교육에 대해 무지했던 저는 아이가 교육받는 방식을 지켜보면서 한국 교육의 현실을 자주 돌아보곤 했습니다. 1학년부터 아이는 자유 속에서 스스로 결정하며 책임감과 자립심을 배워 나갔습니다. 본격적인 학습 과정에서도 아이들은 자기 교육의 주체가 됐습니다. 자발적으로 생각하고 참여하지 않으면 수업을 진행할 수 없었습니다. 사고력을 위한 사고력을 '공부하는' 우리나라와는 달라도 너무 다른 방식입니다.

개인 경험을 토대로 독일에서 보고 듣고 경험한 교육 현장을 몇 가지 소개합니다. 독일 학교와 독일의 교육 방식이 어떤 식으로 생각을 키우고, 아이들을 길러내는지를 통해 우리의 교육 목표와 방식에 대해 고민해 보는 시간이 되기를 바랍니다.

Chapter 01

생각의 시작, 학교가 즐거워

　독일 생활을 정리하고 한국으로 돌아올 때 가장 슬퍼한 사람은 아이였습니다. 초등학교 1학년으로 입학해 4학년 1학기 중반까지 3년 반의 시간을 독일에서 지냈으니까요. 어쩌면 아이는 제대로 된 첫 사회적 성장과 자아 형성을 독일에서 한 셈이나 다름없습니다. 선생님, 친구들과의 관계 형성 방식이나 배움의 형태, 학교라는 공간이 지닌 분위기 등 모든 기준이 독일에서의 그것에 맞춰진 것입니다.

　배움의 토대를 만든 시기에 독일 교육을 받았다는 사실은 아이의 성장에 중대한 영향을 끼쳤습니다. 유럽이라는 환경이나 언어의 습득을 말하는 차원이 아닙니다. 학교생활을 사랑하고 주입식 배움이 아닌 스스로 자기 자신을 성장 시키는 주체가 되었다는 점에 비하면 나머지는 1차적인 혜택에 불과합니다.

독일 교육에 대한 기대 반 의심 반

독일행을 앞두고 있던 2017년 초, 한국에서 초등학교에 입학한 아이는 무난하게 학교생활에 적응 중이었습니다. 집에서는 여전히 유치원생 티를 벗지 못했지만 학교에서는 나름 학교가 요구하는 '1학년 수준'에 부합되는 모습이었지요. 하지만 잡지 기자 시절, 교육 분야를 담당하면서 직간접적으로 보고 들은 한국 교육의 현실이 걱정스러웠고, 선배 맘들의 애정 어린(?) 경험적 조언들도 고민을 더하게 만들었습니다. 아이의 행복이 우선이라고 믿고 그 가치만 따르면 다 괜찮을 거라는 강한 믿음이 있으면서도 마음 저 한구석엔 의심과 불안, 초조가 뒤섞인 마음이었죠.

그런 양가적 마음이 교차하던 시기에 독일로 떠나게 되면서 마음의 짐을 많이 내려놓았습니다. 당시 독일 교육에 대한 지식이라고는 프뢰벨이니, 발도르프니 하는 것이 전부였지만 일단 학교와 학원을 오가고, 선행은 필수가 된 보편적인 '한국식'은 아니어도 괜찮다는 것만으로 큰 위안이 되었다고나 할까요.

장밋빛이기만 했던 건 아니었습니다. 해외에서 살다 온 선배 엄마들은 '아이가 학교에 한달 내내 울면서 갔다, 학교 앞에서 매일 실랑이를 했다'라는 경험들을 공유하며 어느 정도 각오가 필요하다는 얘기를 했습니다. 또 결국 한국에 돌아와 한국 학교에 적응해야 할 '뒷일'을 생각하면 마냥 놀면서 여유 부리면 안 된다며 공부에 관한 조언을 해주기도 했지요. 잠깐 동안 해외살이를 경험한 아이들이 막상 한국에 돌아오면 다시 적응 문제와 학업의 차이로 인해 더 극심한 혼란을 겪는다는 얘기도 수없이 들었습니다.

익숙한 환경을 떠나 완전히 새로운 세상에 발을 내디뎌야 하는 아이의 적응 문제만큼은 떨칠 수 없는 걱정이었는데, '아이들이 가장 적응을 잘한다', '사실 어른들이 문제'라는 말을 믿기로 했습니다.

그런데 웬걸, 독일살이를 시작하자마자 걱정했던 현실이 벌어졌지요. 가을 학기제에 따라 8월 말, 1학년 입학을 앞두고 있던 아이는 베를린에 도착한 며칠 후부터 틱 증상이 시작됐습니다. 6세 무렵, 유치원에서 발표회를 준비하면서 심하게 스트레스를 받아 한동안 심한 틱 증상이 있었던 이후 처음 있는 일이었습니다. 당시 한 달 이상 틱 증세가 지속되던 아이를 지켜보며 매일 속으로 눈물을 삼켰던 기억이 다시 떠올랐습니다.

그나마 한 번의 경험이 약이 됐는지 처음만큼 당황스럽지는 않았지만, 아이가 얼마나 힘들지 얼마나 오래갈지 알 수 없는 상황에 하루에도 몇 번씩 마음이 극과 극을 오갔습니다. 아이를 믿어주는 것 말고는 할 수 있는 게 없어 더 답답했지요. 정착 과정이 까다로운 독일에서 저는 공무 절차를 밟고 집을 구하고 살기 위한 준비를 해야 했고, 남편 또한 바로 시작된 업무 때문에 치열한 하루하루를 사느라 아이는 뒷전이 되기 십상이었으니까요.

아는 사람 하나 없는 곳에서 아이는 한국에서 가져온 책 몇 권과 블록 조립으로 하루 종일 시간을 보내며 학교에 입학하기까지 한 달 가까운 시간을 버텼습니다. 다행히 틱 증상이 심각한 수준으로 발전하지는 않았지만, 저는 매일 스스로에게 되물었습니다.

'잘하고 있는 것일까', '이 선택이 어떤 결과를 가져올 것인가'

놀랍게도 아이의 틱 증상은 학교에 들어가면서 바로 사라졌습니다. 한 달 후에 한국으로 돌아가겠다던 아이는 조금씩 그 기간이 늘어나 3개월이 되었다가 1년이 되었다가 3년이 되었다가 아예 가능한 오래오래 있고 싶다는 소망으로 바뀌었습니다.

아이의 변화는 입학식 당일 바로 나타났습니다. '학교가, 교실이 이렇게 행복하고 즐거울 수도 있다'라는 깨달음이 시작된 날이기도 합니다.

축제 같은 입학식

베를린에 도착한 지 한 달이 채 되지 않은 어느 토요일, 입학식을 앞두고 있었던 저는 전혀 들뜬 기분이 아니었습니다. 우리나라와 너무 다른 학교 환경 때문에 아이의 틱이 더 심해지는 건 아닌지, 거기다 말도 전혀 통하지 않으니 더 걱정이었지요. 다행히 집을 나서는 아이는 기분이 좋아 보였습니다. 8할이 슐튜테 덕분이었습니다.

보름 전, 아이의 학교 입학을 앞두고 학교 담당자와 나눈 마지막 이메일에서 담당자는 이런 당부를 했습니다. "슐튜테, 잊지 마시고요!" '슐튜테가 뭐지?' 검색하니 독일에서 초등학교 입학식을 경험해 본 엄마들의 후기가 쏟아졌습니다. 입학식에 들고 갈 슐튜테를 사지 않고 직접 만들었다거나 슐튜테 안에 넣을 사탕과 과자, 학용품을 샀다거나 하는 이야기와 함께 베를린 거리 곳곳, 백화점이나 쇼핑몰에서 보았던 거대한 고깔 모양의 종이로 된 콘 사진들이 담겨 있었습니다. 슐튜테란 다름 아니라 학교에 첫 입학하는 아이들을 축하하고 응원하는 의미를 담아 아이들이 좋아하는 것을 넣은 일종의 선물 보

안심Touch

따리였습니다. 부모와 아이 모두에게 긴장되는 입학식을 즐겁게 만들어주는 아주 신박한 '장치'라는 생각이 들었지요.

입학식 당일 학교에 가니 아이들 모두 슐튜테를 하나씩 안고 있었습니다. 사이즈도 장식도 제각각인 슐튜테가 입학식을 축제 분위기로 만들었습니다. 저희 아이 역시 자신이 직접 고른 스타워즈 사진이 프린트된 커다란 슐튜테와 함께였습니다. 기념촬영을 할 때도, 강당에서 호명을 받고 무대 위에 오를 때도, 교실 투어를 갈 때도 아이들은 종일 슐튜테를 놓지 않았습니다. 식이 끝나고 각자의 교실에 모여든 아이들은 슐튜테 속에 들어 있던 사탕과 과자, 초콜릿 등을 꺼내 처음 보는 친구들에게 하나씩 나누어주며 수줍게 인사를 나누기도 했는데 그 모습이 얼마나 예뻐 보였는지 모릅니다. 아이들은 입학식 자체를 즐기는 것 같았습니다.

입학식인지 축제인지 구분이 가지 않을 정도로 입학식 현장은 떠들썩하고 유쾌했습니다. 선배 학년 아이들의 서툴지만 진심 어린 환영 무대와 음악 선생님의 특별 공연, 등장부터 신비로웠던 학교 관계자의 마술 쇼, 아이들의 긴장을 풀어주기 위한 교장선생님의 농담까지 더해져 강당에 모여 있던 모두는 이날이 입학식이란 사실을 잊은 듯했습니다. 어쩌면 입학식은 긴장된 순간이라는 생각 자체가 제 편견이었는지도 모릅니다. 제가 알고 있었던 딱딱하고 형식적인 입학식의 모습은 분명 아니었습니다. 슐튜테 이미지로 대표되는 독일의 입학식은 신입생, 재학생, 학부모와 친인척, 교사들이 함께하는 즐거운 파티였습니다.

마냥 즐겁던 입학식 분위기와 피부색도 머리색도 다른 낯선 친구들이 건네는 초콜릿과 사탕 덕분에 아이는 첫날부터 학교를 사랑하게 됐습니다. 입학식

후 소감을 묻는 제게 아이는 잔뜩 흥분된 표정으로 이렇게 말했습니다.

"처음엔 좀 떨렸는데 나중엔 너무 재미있었어. 엄마, 근데 번개 머리 음악 선생님 너무 재미있지? 아까 교실에서는 어떤 애가 나한테 사탕도 줬어. 우리 친구 된 거 맞지? 선생님도 너무 친절해. 그리고 또…"

신기하게도 아이의 틱 증상은 그날 이후 사라졌습니다. 학교생활 시작과 함께 아이에게 어떤 변화가 찾아올지 기대 반 염려 반이었던 저는 기대 쪽으로 마음이 기울었지요. 이후 아이에게는 매일 신나고 행복한 하루하루가 이어졌습니다. 친구들과 의사소통이 되지 않는 것쯤은 크게 문제되지 않았어요. 학교는 매일 아이에게 여백의 시간과 선택의 자유를 선물했고, 그것이 곧 아이에게는 생각을 키우는 학교생활의 시작이었습니다.

아이들에게 주어진 선택의 자유와 책임

학년이 거듭될수록 아이는 학교 안에서 놀라운 성장과 변화를 거듭해 나갔습니다. 학교 밖에서 대체로 많은 것들이 이뤄지는 우리나라와 달리 독일에서는 '학교 안에서' 대부분의 교육이 진행됩니다. 여기서 말하는 교육이 우리의 그것과 다소 차이가 있긴 합니다. 높은 성적이나 학력이 그 핵심에 있지 않다는 것이지요. 아이들은 교과뿐만 아니라 최대한 다양한 경험을 합니다. 대표적으로 정규 과정이 끝나면 방과 후 수업이 시작되는데 학업과는 관련 없는 스포츠, 음악, 미술이 주를 이루고 있어서 아이들은 선택적으로 참여할 수 있습니다. 학교 안이라고 해도 유연한 분위기 속에서 자율성을 보장받고 자기 선택권이 주어질 때도 많지만 그에 따르는 책임도 중요합니다. 개인의 역량보

안심Touch

다 협동 정신을 발휘해 성취해 내는 것을 더 중시하고 각 교실에서 사소하지만 다양한 역할을 수행하며 사회성과 봉사 정신도 기릅니다.

물론 학력에 관한 독일 공교육의 수준에 문제 제기를 하는 독일인들도 점점 많아지고 있고, 그로 인한 불만으로 경제력이 있는 일부는 사립학교나 국제학교에 자녀를 보내는 등 차별화된 교육을 선호하기도 합니다. 연방국가 형태라 주마다 교육열과 수준 차이가 심하게 나기도 하는데 뮌헨을 대표로 하는 바이에른 주의 경우 부모들의 교육열이 굉장히 높기로 유명합니다. 사교육이니 학원이니 하는 말이 딴 세상 언어였던 독일이지만 갈수록 그 비율도 높아지고 있고 연령 또한 낮아지는 추세라는 연구 결과도 나오고 있습니다. 재미있는 건 사교육이라고 하지만 교과 과외보다는 대체로 예체능 중심이라는 점입니다.

과거와는 사뭇 달라지고 있다고 해도 여전히 교육 분야에서의 독일의 국가 경쟁력은 그리 높지 않습니다. 독일 교육의 절대 다수가 여전히 공교육 체계 하에 있고, 사립학교 역시 공교육보다는 나을지 몰라도 여전히 우리나라와는 비교 자체가 안 되는 수준입니다. 단적인 예로 우리 아이는 독일에서 학교를 다니는 동안 내내 수학 천재 소리를 듣고 살았습니다. 우리 아이만이 아니라 한국 진도를 따라가는 대부분의 아이들이 그렇습니다.

우리나라와의 이러한 차이는 아무래도 교육 체계가 아예 다른 데 기반합니다. 우리의 목표는 첫 번째가 대학 입시라 초등학교 시절부터 모든 교육이 상위 학교 입시에 맞춰져 있지만 독일은 독특한 교육 체계로 인해 중등부터 아예 다른 길을 걷게 됩니다. 간단히 말해서 초등학교를 졸업할 즈음에 대학에 갈 아이와 그렇지 않은 아이의 진로를 미리 결정한 후 각각 다른 학교에 진학하게 되는 것입니다.

독일은 대학 학비가 전부 무료입니다. 때문에 모두에게 대학 교육 기회를 주는 것이 아니라 대학 교육을 받을 만한 학생들을 엄격하게 선별하는 것입니다. 차별이 존재한다고 생각할 수 있지만 역으로 이런 체계는 대학에 진학하지 않은 기술직이나 실업계 인력이 대학 졸업자 못지 않은 임금과 사회적 지위를 보장받기 때문에 가능합니다. 독일 사회 역시 학력의 대물림이 갈수록 심해지고 있는 것도 사실이지만 기본적으로 누구에게나 기회는 공평하게 주어집니다. 우리처럼 좋은 학교에 가기 위해 대부분의 아이들이 초등학교 시절부터 사교육비를 들여가며 학원을 돌고 몇 년치 선행 학습을 하며 친한 친구와도 경쟁자가 되어야만 하는 현실과 거리가 있습니다.

이러한 독일 교육의 특징을 알고 나면 가장 많이 하는 질문이 어떻게 그렇게 일찍 진로를 결정할 수가 있느냐 하는 점입니다. 맞는 얘기입니다. 더욱이 학습에만 매진하지 않는 초등학교 시기의 특성을 생각했을 때 온전히 몇 년의 경험과 가능성으로만 아이의 상급 학교를 정한다는 건 분명 오류가 있을 수 있습니다. 그래서 나중에 선택을 바꿀 수 있는 기회도 제공하고 결정을 보류한 학교 형태도 뒤늦게 생겼습니다.

이해를 돕기 위해 독일 교육 체계와 그 내용에 대해 좀 더 자세히 알아보겠습니다.

❶ 유치원(킨더가르텐, Kindergarten)

독일은 유치원 교육을 시행한 세계 최초의 나라입니다. 만 6세(우리나라 나이로 하면 취학 연령인 8세)가 되기 전에는 대부분 유치원에 다닙니다. 우리나라로 치면 반일제 유치원 정도입니다. 유치원보다 이전에 다니는 기관은 키타(KITA)입니다. 종일반을 뜻하는 킨더타게스슈태테(Kindertagesstaette)를 줄여서 키타라고 부르는데 어린이집이라고 생각하면 됩니다.

키타든 킨더가르텐이든 아이들은 우리가 생각하는 공부나 학습을 전혀 하지 않습니다. 그냥 매일 노는 게 일상입니다. 교사들은 아이들의 안전과 건강에만 신경쓰면서 필요한 상황이 생겼을 때 보조적 역할만 할 뿐, 무엇을 하고 놀지 누구와 같이 놀지 등은 아이가 결정하고 실행합니다. 사실 결과적으로는 이 과정이 가장 중요한 학습이 되는 셈입니다. 자유를 누리면서 스스로 결정하고 책임지고 자립하는 힘을 기르게 되는 것이지요. 심지어 기본 언어 교육도 하지 않습니다. 독일에서는 학교에 입학해서 언어를 배우는 아이들이 허다합니다.

❷ 초등학교(그룬트슐레, Grundschule)

유치원을 마치고 만 6세 연령이 되면 초등학교에 입학합니다. 주에 따라 약간씩 차이가 있지만 독일 전역에서 보편적으로 4년제를 채택하고 있습니다 (베를린은 우리나라와 마찬가지로 6년제). 사실 한국 사람의 관점에서 보면 독일 초등학교는 느려도 너무 느린 교육입니다. 저희 아이의 경우 1학년 1학기에 시작한 수 세기를 3학년 초까지 하고 있었습니다. 1학년에는 겨우 일 단위와 십 단위를 떼는 정도가 전부입니다. 그 또한 교과서(독일은 교과서 자체가 없습니다)를 통해 배우는 게 아니라 온전히 경험을 통해서 배웁니다. 수를 배우기 위해 학교 근처에 있는 숲으로 가서 도토리를 주워 오고 그 도토리를 세면서 배우는 식이지요. 그것도 아주 느리게 반복적으로.

다른 교과도 마찬가집니다. 우리나라처럼 선생님이 일방적으로 뭔가를 가르치고 아이들은 받아들이는 식의 수업이 아닙니다. 끊임없이 묻고 답하고 발표하고 소통하는 방식으로 진행됩니다.

초등학교 과정을 마치면 상급 학교 진학을 결정합니다. 아이의 학업적 능력과 적성, 태도 등을 고려해 각각 하웁트슐레(Hauptschule), 김나지움(Gymnasium), 레알슐레(Realschule), 게잠트슐레(Gesamtschule) 등으로 가게 됩니다. 결정은 선생님과 학생, 그리고 부모님의 면담하에 정해지는데, 보통은 선생님의 의견이 가장 많이 반영된다고 합니다. 바로 이런 점 때문에 독일 학교는 초등 전 과정을 한 명의 담임 선생님이 맡습니다.

3-1 하웁트슐레(Hauptschule)

직업학교 성격을 띠며 보통 레알슐레나 김나지움에 진학하기 어려운 학습 능력의 학생들이 진학합니다. 5년제로 14~15세 정도에 졸업하고 직업인으로서의 최소한의 기본을 배웁니다. 졸업장 취득 후 공공기관 등에서 기초적인 직업 훈련을 받거나 성적에 따라 레알슐레, 김나지움 상급 과정으로 진학할 수도 있습니다.

3-2 김나지움(Gymnasium)

대학 진학을 위한 인문계 학교로 초등학교 학생의 10% 미만이 진학하며, 우리나라의 중고등 과정을 통합한 9년제 교육 과정입니다. 김나지움의 11학년~13학년은 상급 과정(Oberstufe)이라고 하며, 5학년부터 13학년까지 전 과정 수료 후 졸업시험인 '아비투어'를 보게 되는데, 이것은 동시에 대학 진학을 위한 시험이기도 합니다. 아비투어에는 상급 과정의 내신성적이 반영되기 때문에 김나지움의 학생들은 굉장히 열심히 공부하기로 유명합니다. 학습량이 많아서 학생의 자립적인 학업 수행 능력이 가장 많이 요구되는 특징도 있습니다. 독일 대학의 특징이 입학은 쉬워도 졸업이 어렵다는 점인데, 김나지움 역시 적당히 해서는 대학 입학을 하기 쉽지 않습니다. 아비투어에 합격하지 못하면 1년 뒤 다시 도전할 수 있습니다.

3-3 레알슐레(Realschule)

6년 과정의 실업 중등학교입니다. 독일 교육 목표에 따라 산업 현장에서 필요한 기술 교육, 직업 교육을 기초부터 깊이 있게 가르치는 것을 목적으로 합니다. 졸업 후 미틀러레 라이페(Mittlere Reife)라는 학력 증서를 받는데 이 증서를 받은 사람은 대학 진학은 못하지만 일반 교양을 지닌 지식인으로 인정받습니다. 대학에 진학하고자 하는 학생들은 김나지움 상급 코스로 진학해 아비투어를 볼 수도 있습니다.

3-4 게잠트슐레(Gesamtschule)

1970년대 이후 비교적 늦게 생긴 상급 학교 형태로, 너무 이른 나이에 진로를 결정하는 것이 바람직하지 않다는 공감대가 확산되면서 인문계와 직업계를 합친 종합학교의 필요성이 대두되었습니다. 단어 그대로 하웁트슐레, 김나지움, 레알슐레 이 세 학교를 합쳐 놓은 종합학교의 성격을 띱니다. 5~6년 과정이며 초등학교를 졸업하면서 진로를 결정하지 못한 학생들이 진학해 인문계, 직업계 구분 없이 배우며 스스로 진로를 결정하게 됩니다. 직업계를 선택하게 되면 현장 실습형 직업 교육인 아우스빌둥(Ausbildung)에 뛰어들고 인문계를 선택하면 아비투어를 보기 위해 김나지움 상급 학교에 진학합니다.

독일의 초등학교(그룬트슐레) 과정에서도 잠시 언급했지만 아이는 학교를 다니는 내내 학업 스트레스라고는 거의 모르고 살았습니다. 과목별 시간표는 분명 있는데 도대체 왜 있는지 모를 정도로, 수업인지 놀이인지 구분이 가지 않았던 저학년 때는 말할 것도 없고, 비교적 학업 부담이 커진다고 하는 4학년이 되어서도 한국 아이들에 비하면 여유로운 편이었습니다. 학년이 올라가도 여전히 아이들은 충분한 쉬는 시간을 보장받고, 학습에 있어서 자율성과 함께 책임감이 더욱 강조되었습니다.

모든 수업이 아이들의 생각을 깨우는 방식으로 진행되는 것을 보면서 저는 감동할 때가 많았습니다. 우리의 기준대로 성적을 매긴다면 독일 방식으로 배운 아이들은 한국 아이들과 비교해 한참 부족할 겁니다. 하지만 생각할 줄 아는 힘, 스스로 깨우치는 방식에 익숙한 아이들은 더디지만 단단하게 자신의 존재를 만들어가고 있습니다. 〈생각하는 힘, 노자 인문학〉을 펴낸 최진석 교수의 표현에 따르면 그런 아이들이야말로 원 오브 뎀(one of them)인 일반명사가 아니라 유일한 자기 자신인 '고유명사'로 자라게 되지 않을까요?

Chapter 02

생각을 키우는 독일 교실

한국이나 독일이나 초등 교육이 공부에만 매몰되지 않고 전인 교육을 지향한다는 점은 같습니다. 창의성과 사고력을 중요하게 생각하며 다양한 체험과 경험에 교육의 큰 비중을 두는 것도 다르지 않아 보입니다.

하지만 그 주체가 누구냐에 대한 부분은 차이가 있습니다. 한국에서는 체험을 통한 학습이 부모의 몫일 때가 많습니다. 아예 가정 체험학습 제도가 있어서 명분이 있다면 학교를 빠지고 여행을 갈 수도 있고, 학교 밖에서 개별적 체험이나 경험을 위한 별도의 일정을 진행할 수도 있습니다. 공교육이 확고한 독일에서는 절대 있을 수 없는 일입니다. 학교를 빠지는 것에 대해 굉장히 엄격하게 관리합니다. 한국처럼 체험학습이나 사적인 여행이 결코 학교 등교보다 우선시될 수 없습니다. '교육은 학교의 몫이고 책임'이라는 의식 때문입니다. 같은 이유로 독일에서는 학교에 보내지 않고 집에서 자녀들을 가르치는 홈스쿨링 자체가 불법입니다. 대신 학교가 체험학습 등을 충분히 제공하는 편입니다. 학교 밖 특정 장소로 멀리 이동하는 체험학습의 횟수도 많긴 하지만 일반적인 교과 수업에도 교실에 앉아 교과서 진도를 따라가는 방식으로 수업을 하지는 않습니다. 도대체 이 수업은 무슨 과목에 해당하는가 싶을 때도 많고 여러 과목이 융합된 경우도 있지요. 즉, 우리가 체험학습에서 기대하는 바와 같은 경험과 사고, 재미까지 동시에 제공하는 수업 방식이 특별한 게 아니란 겁니다. 수업 외 학교 행사나 이벤트 또한 하나의 완벽한 체험학습이 될 때도 많고요.

아이가 독일에서 학교를 다닐 당시 저는 '학교가 아이들의 생각을 이런 식으로 키울 수도 있구나' 하고 감탄하는 순간들이 있었습니다. 학교는 끊임없이 아이들로 하여금 생각을 하게 만들고 그 생각을 표현해 내는 판을 만들어 주었습니다. 그것도 우리가 생각하는 아주 딱딱한 방식의 수업이 아니라 때로는 아주 뜻밖의 방식으로 말입니다. 일일이 모든 과정을 다 말하기는 어렵지만 가장 인상적이었던 몇 가지 경험을 공유해 봅니다.

아이는 누구나 예술가다, 피카소가 된 아이

'생각하는 교실'을 떠올릴 때마다 저는 그날이 가장 먼저 기억납니다.

당시 아이의 2학년 학기 말 미술 작품 전시회가 있었습니다. 일 년 동안 아이들이 그리거나 만든 작품을 한두 점씩 전시하고 학부모들에게 선뵈는 자리였습니다. 행사에 참석해 아이에게 칭찬과 격려를 해주고 돌아오는 '의례적인' 자리로 생각했던 저는 그날 약간의 충격을 받았습니다.

그 전에 먼저 해두어야 할 이야기가 있습니다. 저희 아이는 한국에 있을 때만 해도 그림을 잘 그리지 못하는 아이였습니다. 유치원을 다닐 때는 여름 풍경에 가을 과일을 그려 넣고, 바닷속 그리기에 새를 그려 넣어 지적을 받는 일도 있었고요. 아이 5세반 담임 선생님은 아이가 미술 시간에 동그라미를 잘 그리지 못한다며 '동그라미 그리기 연습'을 시켜달라는 전화를 하기도 했습니다. 당시 왜 동그라미를 잘 그려야 하는지, 그게 집에서 연습까지 할 일인지 이해하지 못했지만 따질 수는 없었습니다. 미술 이야기가 나올 때마다 주눅이 드는 아이에게 저는 오히려 상상력을 칭찬해 주었지만, 아이의 머릿속에는 어느새 '나는 그림을 못 그리는 사람'이라는 생각이 자리잡았지요.

그랬던 아이가 독일에 온 후로는 미술 시간을 음악 다음으로 좋아했습니다. 특별히 실력이 나아졌을 리도 없는데 아이는 생각하는 대로 그리고 만들며 자신의 아이디어를 표현하는 데 거리낌이 없어졌습니다. 저는 두 가지 추측을 했습니다. 하나는 한국에서 살 때보다 그림이나 예술 작품을 보고 느낄 기회가 많은 나라에 살고 있다는 점이었습니다. 또 하나는 그 누구도 잘 그린 그림과 못 그린 그림에 대한 평가를 하지 않고 잘못된 표현에 대해 지적하는 일 없이 각자의 작품에서 장점을 찾아 칭찬해 주는 미술 수업의 방향이었습니다.

그런데 그날 2학년 아이들의 통합 전시회를 보러 갔다가 저는 궁극적인 이유를 깨달았습니다. 카페테리아에서 열리는 전시를 오픈하기 전 교장 선생님은 학부모들을 한 공간에 불러 모았습니다. 이번 전시의 취지, 감상하는 방법 등에 대한 일반적인 설명일 것이라고 짐작했던 저는 교장 선생님의 다음과 같은 멘트를 듣다가 머리를 한대 얻어맞은 기분이 들었습니다.

"우리가 하는 미술 교육은 작품을 만드는 것으로 끝나는 게 아니라 결국 언어로 자신의 생각을 표현하고 대중 앞에서 발표하는 것을 최종 목표로 합니다. 아이들은 자신이 머릿속으로 생각하는 바를 각각 다른 형태의 결과물로 만들어냈는데요, 다시 자기가 만든 결과물에 대해 언어를 통해 설명할 수 있어야 하는 겁니다. 어떤 의도가 있는지 왜 이렇게 표현했는지 작품을 통해 말하고자 하는 바는 무엇인지 등등 말이죠. 그렇기 때문에 오늘 부모님들은 감상만 하시는 게 아니라 아이들에게 최대한 많은 질문을 해주셔야 합니다."

미술 교육은 창의적인 생각을 표현하는 것으로, 그러니까 결과물이 나오는 것으로 끝나는 것이라고 생각했던 저는 '생각을 다시 언어로 표현해 내는 것이 최종 목표'라고 하는 지점에서 그동안 제가 알던 세상이 그 경계를 확장해 열리는 기분이 들었습니다. 평가를 일부러 하지 않은 게 아니라 평가를 할 수가 없었던 것입니다. 누군가의 머릿속 생각을, 그 생각한 바를 드러낸 결과물을, 그 결과물에 대한 언어적 표현을 누가 평가할 수 있단 말입니까. 저는 그 순간 '이것이 바로 독일 미술 교육의 힘이구나' 하는 생각이 절로 들었습니다.

전시회가 열리는 장소에 가니 아이들은 각자 자신이 만든 작품 앞에 서 있었습니다. 아주 자신만만한 태도로 관객들의 질문들을 기다리고 있었지요. 오히려 질문을 해야 하는 부모들이 더 당황스러워 보였습니다.

그날 '인피니트'라는 제목의 개인 추상 스케치 작품을 전시한 저희 아이는 많은 부모들로부터 작품의 의도며 발상, 표현 방법 등에 대한 질문을 받았습니다. 점과 점을 무수히 연결한 연필 스케치 작품일 뿐인데 대답하는 걸 옆에서 듣고 있으니 그 안에 많은 생각들을 담았다는 게 보였습니다. 다른 아이들도 마찬가지였습니다. 단순하든 복잡하든 아이들은 분명한 의도를 가지고 자

안심Touch

기만의 표현 방식에 따라 온전한 창작물을 만들어냈습니다. 피카소가 말했지요. "모든 어린이는 예술가이다. 문제는 어떻게 하면 이들이 커서도 예술가로 남을 수 있게 하느냐이다"라고요. 적어도 '모든 어린이가 예술가'라는 사실은 그날 확인할 수 있었습니다.

요행은 실력이 아니다? 생각하는 수학의 힘

우리나라 아이들은 기본적으로 선행 학습을 많이 합니다. 특히 수학만큼은 선행 학습이 필수가 된 것처럼 보입니다. 한 학기 혹은 1년 정도는 앞서 공부하는 것 같고, 심한 경우 초등학생 때 이미 고등학교 과정을 시작하는 아이도 있다고 합니다.

한국 아이들에 비하면 독일에서의 수학 진도는 '복장 터지는' 수준입니다. 1학년 때 내내 수만 세더니 2학년이 되어도 수를 세고 있었습니다. 우리나라 애들은 일곱 살 때 이미 구구단을 외우는데 독일에서는 '구구단이 뭐예요?' 수준입니다. 대신 개념과 원리를 깨우치는 데만 주력합니다. 그런데 너무 신기한 게 그렇게 굼뜬 달팽이처럼 하는 데도 어느 날 보면 실력이 향상돼 있는 겁니다.

독일에서 수학을 배우는 방식은 철저히 '생각'에 기반합니다. 독일에서 수학 잘하기로 인정받던 아이가 한국에 돌아오면 '생각해서 풀 줄 아는데 한국식 수학에 약하다'라는 말을 많이 듣는다고 합니다. 저는 그 말을 들을 때마다 물음표가 가득했습니다. '한국식 수학'이 대체 뭐지?

우리 가족보다 몇 달 먼저 귀국한 지인이 있습니다. 중학교 3학년 2학기로 편입한 그 집 아이는 독일에서도 수학 성적이 뛰어났고 한국에 돌아올 것을 대비한 선행 학습도 어느 정도 했습니다. 그런데 막상 돌아와 한국 수학 학원에 테스트를 받으러 갔더니 강사가 똑같은 말을 했다고 합니다. 생각하는 훈련이 잘 돼 있는데 한국 방식이 아니라고, 10문제를 7분 안에 풀어야 하는데 속도가 안 나온다고 말입니다.

수학을 배워야 하는 근본적 이유가 바로 '생각하는 힘'을 기르는 데 있다는 사실에는 누구나 공감할 텐데 당장 성적이 나오지 않아 입시에 영향을 끼치니 속도전이 중요한 '한국식'이라는 정체불명의 명칭마저 생겨난 것이겠지요. 대부분의 수학 사교육이 지속적으로 많은 문제를 풀게 하면서 온갖 유형의 문제들에 익숙해지게 만드는 방식이 된 것은 성적 향상을 위해 어쩔 수 없는 부분도 있을 겁니다. 그럼에도 불구하고 아쉬움은 남습니다. 빠르면 초등학교 고학년부터 수학을 포기하는 '수포자'가 생겨난다는 얘기를 들으면 더욱 그렇습니다. 3년 과정을 선행하고 있는 조카에게 '수학이 재미있느냐'고 물으니 무슨 그런 이상한 질문을 하냐는 듯이 눈을 동그랗게 뜨고 저를 쳐다보던 모습이 생생합니다.

내친 김에 저는 생각을 거듭하면서 해결해 가는 수학의 방식이 얼마나 재미있을 수 있는지 예를 들어주고 싶었습니다. 그리고는 사고력 수학 문제 하나를 보여줬습니다. 2021년 '매쓰 캥거루(math kanggaroo) 대회(이하 매쓰 캥거루)' 기출 문제 중 7~8학년 과정(우리나라의 중1~중2)에 해당하는 문제였는데 축구공의 한 단면만 보여주고 몇 개의 육각형이 있는지를 유추해서 푸는 문제였습니다. 조카는 문제를 보자마자 자신 있게 외쳤습니다. "나 이거 알아요. 사고력 수학에서 배웠어요. 이거 몇 개인지 외웠었는데!"라고 말했습니다. 학원에서 배운 문제 유형들 중 하나였던 모양입니다.

보이는 면을 통해 보이지 않는 면을 유추하고 생각하면서 해결하려면 시간이 좀 걸릴 텐데, 그 시간을 건너뛰어 보자마자 외운 답을 써야 하는 게 '한국식'인 것인가, 씁쓸한 마음이 들었습니다. 우리나라는 3년마다 시행되는 국제 학업성취도평가에서 거의 전 영역에 걸쳐 상위권을 차지하고 있음에도 불구하고 유난히 수학 자신감이나 흥미도에 있어서는 OECD 평균보다 낮은 수치라는 사실을 다시 상기하게 되는 순간이었습니다.

독일의 많은 학교에서 수학 실력을 평가하는 잣대로 삼는 '매쓰 캥거루'는 국제 수학 경시대회입니다. 1980년 호주에서 시작해 현재 전 세계 80여 개국의 수많은 학생들이 참가하고 있는데, 우리나라에도 지난 2018년 이 대회가 도입돼 많은 아이들이 참가하고 있습니다.

저희 아이는 2021년 3월, 학교에서 전 학년 전 학생이 공식적으로 참여한 매쓰 캥거루 대회를 통해 처음 입문했습니다. 4학년이 되어서 처음으로 참여한 시험에서 아이는 교내 학년 1등을 차지했습니다. 사실 큰 기대도 하지 않았고 결과에 부담도 느끼지 않았지만, 막상 아이가 두 문제는 빈칸으로 두었다는 말을 할 때는 그래도 하는 데까지 해보지 그랬느냐고 아쉬운 반응을 보였습니다. 제가 배운 방식대로라면 정답란을 비워두는 건 아예 가능성을 0으로 만드는 것이었으니까요. 그 말 끝에 아이는 이렇게 말했습니다.

"엄마, 그거 빈칸으로 두면 0점이지만 틀리면 감점이 있어."

아이 얘기를 듣고 궁금해진 저는 매쓰 캥거루 채점 방식에 대해 알아보았습니다. 학년(초등과 중등 과정)에 따라 기본 점수 30점 또는 50점을 포함해 120점 만점 혹은 150점 만점을 받게 되는데, 정답을 쓰지 않으면 해당 문제의 배점만큼만 빼고, 정답이 틀리면 배점에 추가로 배점의 1/4 만큼을 감점하는 방식이었어요. 가령 5점짜리 문제를 아예 풀지 않으면 5점만 잃게 되지만, 답이 틀릴 경우 6.25점(5점+1.25점)을 감점합니다.

그 '이유'에 대해서 생각해 보았습니다. 매쓰 캥거루는 철저히 사고력을 동반한 문제들로 구성돼 있습니다. 그 옛날 제가 경험했던 방식의 문제가 아닙니다. 해당 학년에서 배우는 수학적 개념만 정확히 알고 있다면 그 어떤 공식조차도 전혀 필요하지 않습니다. 문제 자체도 수학 하나에만 국한된 것이 아니라 융합적인 사고력을 필요로 합니다. 문제마다 난이도가 다르지만 그 난이도 역시 고학년 수학을 선행했느냐의 문제가 아니라 '생각의 난이도'에 비례할 뿐입니다.

가만히 생각하니 창의적 사고에서 그 어떤 요행을 바라면 안 될 것 같다 싶었습니다. 생각하는 과정 없이 '찍어서' 정답을 맞힌다면 그건 본인의 실력이 아닐 테니까요. 그렇게 얻은 점수는 진짜가 아니라는 것, 그래서 틀리는 것보다 빈칸으로 두는 게 더 유리하도록 점수 설계가 돼 있는 건 아닐까 하는 생각이 들었습니다.

독일식 수학은 한국인 엄마의 입장에서 보면 정말 지루하기만 합니다. 저학년 때 아이는 수학 시간을 늘 체험놀이 시간으로 인지했을 정도입니다. 학년이 올라가면서 배우는 수학은 우리나라 사고력 문제집에서 나오는 방식이거나 간단한 연산 문제조차도 맥락과 관계성, 규칙성을 가지고 이어지는 방식이었습니다. 더하기 빼기를 할 때조차 비슷한 유형을 가지고 규칙이나 패턴에 따라 응용해야 하니 쉬운 문제라도 '생각'을 해야만 했습니다. 아이들이 직접 서술형 문제를 만들어서 짝이랑 바꿔 풀어보게 하는 것도 늘 하는 방식이었습니다. 아이는 그때마다 자신이 어떤 문제를 만들었는지를 보여줬는데 그 문제의 스토리 자체가 늘 참신하고 유머러스해서 '작문 수업'인가 헷갈렸을 정도입니다. 수학만 배우는 시간이 아닌 거지요. 개념과 원리를 천천히 경험하고 체험하며 깨우치는 방식이다 보니 느리고 더디지만 기계적이지 않고 수학의 즐거움을 깨닫게 해주는 그 방식이 저는 참 마음에 들었습니다.

수학은 모든 과목의 기초가 되는 중요한 학문입니다. 논리력, 사고력을 기르는 것은 물론이고 문제를 해결하는 능력 또한 기를 수 있게 됩니다. 그리스의 많은 철학자들이 곧 수학자이기도 했다는 점을 상기해 보면 수학과 생각하는 힘 사이의 상관관계를 명확히 이해하게 됩니다. 독일의 수학자 칸토어는 '수학의 본질은 자유로움에 있다'고 했습니다. 그 자유로움 속에서 생각 근육을 키우고 스스로 깨달으며 성취하는 즐거움을 주는 수학이야말로 우리가 추구하는 진짜 공부겠지요. '생각하는 법'마저 가르치는 사고력 수학 말고 '자유로운 생각을 충분히 보장하는' 수학 공부 말입니다.

의회의 축소판, 스튜던트 카운실

아이는 3학년이 되고 얼마 지나지 않아 스튜던트 카운실(student council) 선거에 나갔습니다. 3학년부터 각 반에서 남자 대표 1명과 여자 대표 1명을 뽑는다는 얘기를 들었는데, 한국처럼 반장선거려니 생각했습니다. 담임 선생님으로부터 '책임감 있고 아이들에게 모범이 될 수 있으며 학교를 위해 봉사할 수 있는 마인드를 갖춘' 학급 대표를 선발한다는 공지를 듣자마자 아이는 선거에 나가고 싶어했습니다. 한국에서는 남들 앞에 나서기를 부끄러워했던 아이가 독일에 온 이후 그게 무엇이든 해보려고 하는 마음이 기특해서 적극 응원해 주기로 했습니다.

선거 당일 스피치를 듣고 아이들의 투표를 거쳐 반 대표를 선발하도록 돼 있었습니다. 난생처음으로 해보는 스피치를 준비하면서 아이는 꽤 공을 들였습니다. 스피치 준비를 할 때 우리는 아이 스스로 준비하는 것을 원칙으로 내세웠습니다. 질문에 대해 답을 해줄 수는 있지만 전체 과정은 온전히 아이에게 맡기는 것이 그 자체로 좋은 경험이 될 것이라고 판단한 까닭입니다. 먼저 반 대표로 선발된 다른 학교의 친구 경험담을 듣기도 하고 엄마 아빠에게 조언을 구하기도 하며 아이는 결국 스스로 짧은 스피치 원고를 완성했습니다. 다만 저의 주문은 딱 하나 무조건 유머러스하게 할 것, 아빠는 큰 목소리와 자신감 있는 태도, 적절한 손짓과 같은 액션을 활용하면 좋다는 조언을 더했습니다.

선거 전날, 아이는 저희 앞에서 스피치 시연을 했습니다. 나름 재치 있는 손동작과 액션을 섞어가며 몇 분 안 되는 스피치를 마쳤을 때 저희 부부는 언제나 그렇듯 환호로 답했습니다. 완벽하지 않아도 스스로 해낸 것이 기특하고, 학교와 반을 위해 어떤 일을 할지 고민하고 그 생각을 친구들 앞에서 발표하는 것만으로 귀한 경험이라는 생각이 들었습니다. 혹시 선거에서 떨어지더라도 기죽지 말라고, 너의 스피치는 너무나 훌륭하고, 이런 경험이 너를 더 빛나게 할 것이라는 진심 가득한 말도 건넸습니다.

아이는 결국 반 대표로 선발됐습니다. 경험 자체만으로 충분하다 생각했는데 막상 되고 보니 무슨 일을 해야 하는지 궁금해졌습니다. 독일 학교 경험이 많은 한국 학부모에 따르면 한국의 반장과는 다르다고 했는데 어떤 역할을 하는지 통 알 수가 없었습니다. 학급 회의를 주최하거나 때로는 선생님을 보조하는 일 정도 하지 않을까 짐작만 할 뿐이었지요.

안심Touch

"그런데 반 대표는 무슨 일을 하는 거니?" 저의 질문에 아이는 모른다고 말하며 이렇게 덧붙였습니다. "다음 주부터 스튜던트 카운실 회의가 일주일에 두 번씩 있다고 하니까 가보면 알겠지." 일주일에 두 번이나? 한 달에 두 번이 아니고? 한국으로 치면 반장단 모임 그런 건데, 왜 일주일에 두 번이나 정기적으로 한다는 것인지, 도대체 무슨 역할을 하는 것인지 더 궁금해졌습니다.

'스튜던트 카운실'은 그 사전적 의미 그대로 '학생자치위원회'였습니다. 아이는 그 위원회의 학급 대표가 된 것입니다. 한국의 '반장'이라는 직책이 갖는 아주 사소한 권한 같은 것조차 없는, 학교를 위해 오로지 '봉사'하고 '노력'하는 자리였습니다. 운영 방식으로만 보면 국회 개념에 가깝다고 할 수 있습니다. 각 반에서 선거를 통해 대표할 사람을 뽑고 그들이 모여 꾸려진 '학생자치위원회'를 통해 각 반을 대표하는 활동을 하는 것이니까요. 스튜던트 카운실 활동의 주된 목적은 '더 나은 학교'를 만들어가는 것이었습니다. 그 과정에서 스튜던트 카운실의 결정사항이나 진행되는 일에 대해 학급 아이들에게 알려주고 공유하는 역할 및 아이들의 의견을 듣고 전달하는 것도 포함이고요.

분과별로 활동하는 것도 비슷합니다. 아이 학교의 스튜던트 카운실은 네 개의 분과로 돼 있었습니다. 학교의 전반적 상황 등을 학생들에게 알리고 홍보하는 분과, 각종 행사 등을 기획하고 진행하는 분과, 자원봉사 및 결연을 맺은 빈민국 자매학교에 대한 기부 등의 행사를 담당하는 분과, 환경에 관한 활동을 하는 분과 등이었습니다. 3~5학년까지 전체 18명의 아이들이 스튜던트 카운실로 활동하며 각 분과당 4~5명 정도가 활동한다고 했습니다. 아이는 2지망으로 선택한, 교내 각종 행사 기획 및 진행 등을 담당하는 '스쿨 이벤트' 분과에 배정됐고 굉장히 만족스러워 했습니다.

첫 번째로 기획한 행사는 각 학년별 쉬는 시간을 좀 더 즐겁게 해주기 위한 특별한 놀이 퍼포먼스의 기획 및 진행이었습니다. 아이와 같은 분과에 속한 4명의 스튜던트 카운실 대표들은 각각 행사 진행에 대한 아이디어를 내고 각 학년별 담당자를 배정해 그 시간엔 필요한 소품 준비부터 행사 진행, 그리고 마무리 청소까지 풀타임으로 봉사를 했습니다. 약 한 달간의 준비를 하는 동안 아이는 수업을 빠지고 회의에 가야 하는 일이 잦았고, 행사 일정이 다가오면서는 더 바빠졌습니다. 가끔 '아무리 그렇다고 수업을 뺄 정도인가' 싶기도 했지만, 결과적으로 아이는 행사가 순조롭게 끝난 후 엄청난 성취감과 희열을 느끼는 듯했습니다.

"한 달 만에 모든 걸 준비해야 해서 엄청 바빴는데 해내고 나니까 기분이 너무 좋았어. 사실 처음에는 이런 식으로 하다가 과연 잘 마칠 수 있을까 걱정이 됐거든. 그런데 결국 해냈어."

이후로도 봉사를 담당하는 분과와 공동으로 '기부와 이벤트가 결합된' 행사를 준비하고 환경 분과와 협업해 '환경을 주제로 한 즐거운 이벤트'를 기획하는 등 학생자치위원회는 자발적인 아이디어와 활동, 봉사 마인드를 통해 굴러갔습니다. 어쩌다 한번 전체 네 개의 분과가 한자리에 모여 학교 발전 방안 등에 대한 논의가 진행되기도 했습니다. 그 즈음 호주 산불이 번져 수많은 동물들이 피해를 입었다는 뉴스가 연일 보도되고 있었는데 아이는 전체 스튜던트 카운실 회의에서 산불 피해를 입은 동물들에게 도움이 될 방법에 관한 발세를 하기도 했습니다.

모든 학교가 그러한 것은 아니지만 중등 과정 이상 일부 학교의 스튜던트 카운실 대표들은 그 지역 자치의회의 회의에도 참여하는 경우가 있다고 들었습니다. 지역 정치에 청소년 대표들의 의견을 듣기 위한 자리일 것으로 짐작이 되는데, 고등학교 시절 스튜던트 카운실 활동을 하며 자치의회 회의에도 참석한 경험이 있었던 독일 대학생 지인은 "내가 속한 사회의 발전을 위해 의견을 낼 수 있다는 것만으로도 배울 게 많았던 시간"이라고 평했습니다.

스튜던트 카운실은 자발적인 봉사를 통해 진정한 리더의 모습을 배우는 기회가 됩니다. 리더의 모습은 어때야 하는지 직접 활동을 하는 아이들은 물론 옆에서 지켜보는 친구들에게도 훌륭한 교육이 될 겁니다.

집채만 한 복숭아로 돈을 버는 방법

"엄마, 빌딩만큼 큰 사이즈의 복숭아가 있어. 엄마는 이걸로 어떻게 돈을 벌 거야?"

아이가 어느 날 뜬금없이 질문을 던졌습니다.

"나라면 그걸 가려놓고 전시물처럼 입장료를 받은 후 관객들에게 보여줄 거야."

나름 자신만만한 답이었습니다. 거의 아무것도 하지 않고도 돈을 버는 최적의 아이디어라고 생각하며 아이가 감탄해 주기를 기다렸는데, 이게 웬걸.

"아, 그건 예로 나오는 답이야."

아이 학교의 영어 시간에 로알드 달의 〈James and giant peach(제임스와 슈퍼 복숭아)〉를 같이 읽었는데 책에 나오는 '슈퍼 복숭아로 돈을 벌 수 있는 아이디어'를 각자 생각해 다음 시간에 발표를 하는 게 과제였습니다. 책에 나오는 예가 바로 제 아이디어였던 겁니다(책 속에서는 욕심쟁이 고모들이 구경하러 온 사람들에게 표를 팔았다고 합니다).

"와 재미있는 수업이다! 너는 어떻게 할 거야? 좋은 아이디어 생각났어?"

"어. 나는 일단 반을 잘라서 연구용으로 팔 거야. 그리고 나머지 반은 내가 먹고 씨앗을 다시 심어서 다시 복숭아를 키울 거야. 그리고 다 자라면 또 반만 팔고 반은 내가 먹고 씨를 심고…"

'연구용으로는 팔지 말고 기증하면 더 좋지 않아?', '반을 너 혼자 다 어떻게 먹어?', '씨앗을 심는다고 그 정도 크기의 복숭아가 다시 될까?'라는 논리적인 질문은 하지 않았습니다. 창의적 생각이 필요한 수업일 테니까요.

"오 네버엔딩이네? 그럼 넌 계속 복숭아도 배부르게 먹고 돈도 엄청 많이 벌 수 있겠네? 좋다!"

아이의 생각을 칭찬해 주고 친구들은 어떤 아이디어를 내는지 꼭 얘기해 달라고 덧붙였습니다. 친구들은 '복숭아 호텔을 만들겠다', '복숭아 파크를 만들겠다', '복숭아 성을 만들겠다' 등의 아이디어를 발표했다고 합니다. 때로 말이 안 되는 의견들이 쏟아져도 아이들은 누구 하나 무시하는 법이 없습니다. 아이들의 대답도 대답이지만 이 수업 방식 자체가 너무나 흥미로웠습니다. 학교가 수업을 통해 아이들로 하여금 끊임없이 생각을 하게 만들고 그 생각을 자유롭게 표현해 내는 판을 만들어주는 방식 말입니다.

돌아보니 독일에서의 학교생활은 비슷한 상황이 많았습니다. 단지 수업뿐만 아니라 수업 밖에서도 아이들은 생각을 하고 그 생각을 표현해야 하는 순간들이 많았습니다. 반에서 문제가 되는 친구가 있으면 다 같이 그 친구에 관한 논의를 하며 방법을 찾아가기도 했고, 규칙이 잘 지켜지지 않는 상황에서 선생님이 제재를 가하거나 화를 내기보다 오히려 아이들에게 의견을 구해 해결책을 찾는 상황도 많았습니다.

일 년에 한 번 열리는 '가이드 투어' 역시 신선한 경험이었습니다. 우리나라로 치면 공개 수업과 비슷합니다. 그러나 학교에서 무엇을 배우는지 교사가 알려주지 않고 아이들이 주체가 됩니다. 아이들이 부모님을 위한 '가이드'로 분해 학교에서 어떤 것을 배우고 있는지를 학교 이곳저곳을 함께 돌아다니며 설명합니다. 투어의 동선을 어떻게 짤 것인지, 어떤 수업 소개에 시간 배분을 더 많이 할 것인지, 설명과 소개는 어떤 방식으로 할 것인지까지 학교는 최소한의 개입만 할 뿐 아이가 모든 것을 직접 준비합니다. 몇 해 동안 가이드 투어를 경험하면서 아이들은 단순히 교사로부터 교육을 받는 수동적 존재가 아니라 자발성을 가진 능동적 주체로서 학교를 온전히 '누리고' 있다는 생각을 했습니다. 이런 마인드의 차이가 학습에 임하는 태도에도 영향을 끼칠 것은 당연하고요.

비슷한 시기에 귀국한 가족 중 올해 초등학교 6학년인 아이가 있습니다. 그 아이가 얼마 전 제 엄마에게 이런 말을 했다고 합니다.

"엄마, 친구들이 나한테 어떻게 그렇게 발표를 잘하느냐고 물어봐. 나는 그냥 내 생각을 말하는 거거든. 그게 틀릴 수도 있지만 선생님이 틀렸다고 하면 '아 그런가 보다' 하면 되는 거니까. 그런데 친구들은 그럴 때 부끄럽지 않냐고, 어떻게 그렇게 잘 이야기하냐면서 신기해 하더라."

우리나라에서는 '발표 잘하는 어린이'를 높게 평가합니다. 학부모들도 내 자녀가 발표를 잘했으면 하고 바랍니다. 독일에서도 마찬가지로 '발표'는 중요합니다. 심지어 성적의 상당 부분을 '발표 참여 태도'가 차지합니다. 이때 '발표 태도'란 말을 잘하고 못하는 것, 정확한 답을 말하느냐 아니냐와는 전혀 관련이 없습니다. 수업에 참여하는 적극성과 자신의 생각과 의견을 얼마나 자유롭게 펼칠 수 있는가 하는 태도 등을 보는 것입니다. 모든 상황에서 자기 생각을 말하도록 아주 어릴 때부터 훈련되어 온 독일 아이들은 대부분 그 어떤 답이나 의견, 생각을 개진하는 데 불편한 감정을 갖지는 않습니다. 설사 답이 틀리거나 의견이 많이 튀어도 문제될 건 없습니다. 누구나 자신만의 생각을 갖는 게 당연한 것이란 것도 일찍부터 경험적으로 배워 왔으니까요. 이 부분은 독일의 토론 교육과도 연결되는 지점입니다.

수업 밖에서도 생각하고 행동하기, 그린 위크의 기억

아이가 다니던 학교에서 일주일간 '그린 위크(green week)'를 진행한 적이 있습니다. 당시 한창 그레타 툰베리의 'Fridays for future'로 시작된 학생들의 자발적 환경 운동이 급속도로 확산되던 시점이었습니다. 금요일마다 학생 신분이 아닌 환경운동가가 되어 학교 가는 대신 길거리로 나왔던 10대 청소년들의 이 운동을 두고 당시 독일 내에서도 찬반 여론이 팽팽했습니다. 대부분의 학교에서는 환경 운동이 이유라 해도 '결석'은 안 된다며 강경한 입장을 보이기도 했지요.

그런데 아이가 다니는 학교는 좀 달랐습니다. 선생님들이 금요일의 환경 시위에 자발적으로 참여하기도 했고, 전체 학부모들에게 '아이가 금요일에 환경 운동 참여로 인해 학교에 못 온다면 알려 달라'는 식의 공지문을 발송하며 은근 지지하는 입장을 드러내기도 했습니다.

그러던 어느 날 아예 '그린 위크' 퍼포먼스를 하겠다며 공지를 했습니다. 9월 넷째 주에 이뤄진 이 행사는 금요일에 시작해 그 다음 주 금요일에 끝났는데 매일 환경에 관한 하나의 주제로 하루를 온전히 겪어보는 식이었습니다.

구체적인 진행은 다음과 같았습니다.

- 금요일 '웰컴 그린 위크 데이' : 자연을 떠올리게 하는 그린 색 혹은 깨끗한 공기를 상징하는 블루 색의 옷을 입고 등교하는 날
- 월요일 '음식물 쓰레기에 대해 알기' : 학교 점심 시간에 얼마 만큼의 음식물 쓰레기가 발생하는지 알아보고 줄이기 위해 어떤 노력을 할 수 있는지 알아보는 날
- 화요일 '지구의 날' : 우리가 사용하는 전기가 얼마나 많은지 알아보기 위해 온종일 불을 끄고 컴퓨터 플러그도 뽑고 모든 디지털 디바이스도 다 오프(off) 상태로 지내보는 날
- 수요일 '누드(nude) 푸드' : 매일 아이들이 가지고 가는 스낵 박스에 플라스틱, 종이, 포일 등을 일절 사용하면 안 되는 날
- 목요일 '로컬 푸드 데이' : 독일에서 나는 로컬 푸드로 스낵 박스를 채워오는 날
- 금요일 '워킹 스쿨 데이' : 학교에 걸어서 등교하는 날. 그린과 블루 옷을 입고 등교하기
- 사진 콘테스트 : 학생들이 직접 찍은 그린 포토 제출하기

아이들은 일주일 내내 환경을 위해 할 수 있는 작은 실천을 배우고 직접 동참하면서 분명 많은 생각을 했을 겁니다. 그린 위크 퍼포먼스를 진행한다는 이메일을 받고 학교의 '즐거운' 기획력에 박수를 보냈던 저는 그 한 주 동안 아이가 환경에 대해 생각하고 경험했던 것들을 집에 와서 나누는 상황을 지켜보며 '이런 교육이야말로 진짜'라며 감탄하지 않을 수가 없었습니다. 아이들의 그 작은 행동 하나로 어른들에게 경각심을 불러일으키고 있다는 생각도 들었고요.

몇 달 전 한국 교육에 대한 뉴스를 보다가 '교과서가 너무 낡았다'는 내용을 본 적이 있습니다. 매해 개정판이 나오고는 있지만 빠르게 변화하는 시대의 흐름을 담아내지 못하고 있다는 지적이었습니다. 대표적인 예로 제시된 부분이 "환경 하면 아직도 북극곰 이야기만 나온다"는 대목이었는데 정말 공감되는 이야기였습니다. 이제 환경 문제는 교과서 밖으로 나와 우리 모두의 생존과 관련된 시급한 문제가 됐으니까요. 교과서 속 북극곰을 통해 환경이라는 주제를 접한 아이들과 실제 자신의 생활 속에서 경험하고 실천을 해본 아이들의 생각 차이는 굳이 말할 필요도 없을 겁니다.

Chapter 03

독일 교실의 토론 교육 : **예비 의대생 인터뷰**

독일은 토론의 나라라고 해도 과언이 아닙니다. 토론은 독일 교육 전반에서 아주 중요한 위치를 차지하고 있습니다. 토론이란 개념이 그리 거창한 것이 아닙니다. 아주 어릴 때부터 생각과 의견을 언어로 표현하는 데 익숙해진 아이들은 학년이 올라가 본격적인 논쟁을 펼쳐야 하는 상황이 와도 아주 편하고 자연스럽게 받아들입니다.

어느 날 갑자기 그리 되는 것은 아닐 텐데, 자연스러운 토론 교육이 어떤 방식으로 이뤄지는지 궁금했던 저는 이에 대해 몇 명을 인터뷰했습니다. 그들의 답변은 겹치는 지점이 굉장히 많았습니다. 아주 어릴 때부터 그것이 토론인지

인지하지 못한 채 토론을 할 수 있는 능력을 기른다는 것, 따라서 본격적인 토론을 할 나이가 되면 다들 거부감 없이 자연스럽게 받아들이고 잘한다는 것, 토론이라는 방식이 아니면 수업 자체가 진행이 안 된다는 것, 이렇게 습관이 들여진 아이들은 학교 밖에서도 누구를 만나든 토론이 가능하고 그 자체를 즐긴다는 것 등이었습니다.

개인적으로 가장 유익했던 인터뷰 한 편을 공개하는 것으로 독일 교실에서 이뤄지는 토론 교육에 대해 소개하고자 합니다. 당시 의대 진학을 앞두고 있던 19세 청년이 인터뷰이로, 부모님은 한국분이지만 독일에서 나고 자라고 교육받은 교포 2세입니다. 한국에서도 잠깐 교육을 받아본 경험이 있고, 부모님 두 분 모두 어른이 될 때까지 한국에서 살다 이민을 가신 분들이라 한국적 정서도 꽤 있는 친구입니다. 독일 학교에서는 아이들 한 명 한 명을 주체적인 생각과 의견을 가진 아이로 길러내기 위해 어떤 식의 토론 교육을 하고 있는지 도움이 될 만한 내용을 추려 봤습니다.

◉ **한국 교육도 경험해 본 적이 있다고 들었는데 독일과 가장 큰 차이가 무엇이었나요?**

가장 다르다고 느낀 건 한국에서는 공부할 때 주로 외워야 한다는 점이었어요. 독일 학교에서는 선생님과 친구들과 이야기하고 토론을 많이 하거든요. 시험을 볼 때도 객관식 시험이 거의 없어요. 정답을 찾는 시험이 아니라 거의 모든 과목이 에세이를 통해 자기 생각을 쓰는 시험을 보죠.

ⓠ 에세이로 점수를 매긴다면 선생님들의 주관이 개입할 텐데 결과에 다들 승복하나요?

충분히 주관적일 수 있어요. 실제로 점수를 둘러싸고 선생님과 논쟁을 벌일 때도 있고요. 하지만 이야기를 하면서 결국은 대부분 합의점을 찾고 끝나요. 이 점에 대해 어떤 한국인과 이야기해 본 적이 있는데 한국에서 만일 모든 과목을 에세이로 시험을 본다면 다투다가 법정까지 가는 일이 많을 것 같다는 데 의견이 모아지더라고요.

ⓠ 왜 독일에선 논쟁을 통한 해결이 가능한데 한국은 어렵게 느껴지는 걸까요?

항상 그래 왔거든요. 공부만이 아니라 모든 문제에 대해서 토의하고 토론하면서 해결하는 방식을 경험해 왔으니까요. 그럴 때는 대상이 선생님이든 또래 친구들이든 똑같이 평등한 관계가 되는 거예요.

몇 년 전에 필리핀에서 열린 캠프에 참여한 적이 있어요. 그 캠프에 한국 친구들이 굉장히 많았는데 선생님이 무슨 이야기를 하면 다들 알았다고만 하고 의견을 말하지 않더라고요. 그게 뭔가 아주 불공평한 상황이었는데도 말이죠. 저는 그게 너무 이상했어요. 그런 상황에서는 자기 할 말을 해야 한다고 배워 왔거든요. 제가 항상 제 의견을 솔직하게 말하며 토론하는 분위기로 만드니 처음에는 선생님도 좀 당황하는 것 같았지만 나중에는 이해해 주시더군요. 토론이라는 것이 싸우려는 목적이 아니라 답이나 결론을 찾기 위해 대화를 하자는 것이니까요.

ⓠ 아주 어릴 때부터 토론 학습이 된 거군요?

토론 자체를 배우는 게 아니에요. 자연스럽게 몸에 익히게 된 거죠. 이를테면 저학년일 때는 학교생활 자체가 다 어떻게 보면 토론의 과정이에요. 친구들과 다툼이 있을 때도 선생님은 직접 개입해서 해결하지 않고 아이들이 스스로 이야기하면서 문제를 해결하게 만들죠.

학년이 올라가면 교과에서 본격적으로 토론을 하는데요, 특히 세계 2차 대전이나 홀로코스트 등 역사 관련한 주제와 문제의식에 대해 자신만의 의견과 가치관을 만들어가도록 엄청나게 토론을 많이 해요. 토론의 기술을 가르치기 위한 교육이 아니라 각자 자기 주관을 만들어가도록 자연스럽게 학습 분위기가 만들어지는 거예요.

저학년과 고학년이 어떻게 다른지 좀 더 자세히 이야기해 줄 수 있나요?

보통 독일에서는 4학년 정도까지 학습을 엄청 중요하게 하지는 않아요. 그런데 발표 수업은 정말 많아요. 과목마다 관련 정보가 담긴 페이퍼 등을 받아서 혼자 프레젠테이션을 만들고 친구들 앞에서 발표를 해요. 발표의 방향 등에 대해서 부모님과 대화할 때도 있지만 결과물은 온전히 혼자 만들어요. 수업 시간에 발표가 끝나면 듣고 있던 친구들은 '의무적으로' 모두 피드백을 주어야만 해요. 어떤 점이 좋았는지 어떻게 하면 더 나아질 수 있는지 등을 이야기해요. 그렇기 때문에 친구의 발표를 잘 들어야 하고 이런 연습을 통해 잘 듣는 능력도 길러지는 것 같아요. 서로 피드백을 주고받는 과정에서 고민하고 생각하고 말하는 훈련이 될 수밖에 없어요.

고학년 특히 김나지움에 입학하고 나면 본격 토론 수업이 진행됩니다. 거의 전 과목에서 토론을 하지만 역사와 독일어, 영어 같은 과목에서 토론이 많이 이뤄져요. 토론이 적용되는 수업들의 공통점은 토론을 통해 관련 배경지식을 풍부하게 터득하고 깊이 있는 오피니언을 만들 수 있다는 점이에요. 토론하는 과정에서 또 중요한 한 가지는 서로의 의견이 맞고 틀리다가 아니라 왜 그렇게 다른지에 대해 이해하게 되는 거죠.

안심Touch

토론의 과정을 거치면 비판적 사고가 가능하겠군요.

당연히 그렇죠. 독일에서는 모든 과목에서 시험을 볼 때 에세이를 쓰는데, 에세이라는 게 팩트를 쓰는 게 아니라 주제에 대한 자기 의견을 써야 하는 것이거든요. 보다 중요한 건 내 생각을 일방적으로 주장하고 마는 것이 아니라 근거가 무엇인지 정확히 써야 해요. 그 논리를 펼친 다음에 그래서 '내 생각은 이러이러하다'가 되어야 하는 거죠. 다시 말해서 에세이를 쓰는 건 글로 쓰는 '혼자서 하는 토론'이라고 생각하면 됩니다. 나의 결론을 내기까지 그 주제에 대한 어떤 다양한 논쟁이 있는지 그 논쟁들의 근거가 무엇인지를 서술한 후에 나만의 오피니언이 결론적으로 나와야 합니다.

에세이의 주제는 주로 어떤 것들인가요?

보통 역사와 관련된 것들이 많아요. 독일은 과거 역사에 대해 반성하는 태도를 갖고 있기 때문에 역사를 굉장히 중요하게 다루는데요. 그렇다고 해도 옛날이야기로만 끝나지 않아요. 과거가 현재에 어떤 영향을 끼치고 의미가 있는지, 동서독의 경제적 차이의 발생이 어디서부터 기인하는지 등 현재와 관련해서 생각해 보도록 만듭니다.

사회, 문화 등 시사적인 이슈도 중요한 주제가 됩니다. 최근의 이슈를 다룬 뉴스 기사를 읽은 뒤 본인의 가치관이 반영된 의견을 쓰게 한다거나, 사회에서 중요하게 다뤄지는 빅 토픽에 대한 생각을 서술하게 하는 경우도 있죠. 특히 11학년 이상이 되면 학교에서 배우는 과목 중에 '폴리티컬 사이언스' 혹은 '소셜 사이언스'라는 과목이 생기거든요. 그 수업들을 통해서 현세대의 문제점이라든가 정치, 사회적 이슈를 다루고 배우게 됩니다.

Q 뉴스 기사 등이 중요한 교재가 되고 있군요. 그럼 필독서 같은 건 없나요?

필독서도 있어요. 한 학년에 한두 권 정도? 굉장히 클래식한 책들이고요, 이 책
들을 읽을 때는 스토리가 중요하다기보다 분석하면서 읽는 게 훨씬 중요해요.
시험을 볼 때는 보통 이런 책들 중에 한두 페이지를 주고 그 페이지 자체를 분
석해서 글을 쓰게 하기도 해요.

Q 끝으로 독일 교육의 가장 큰 강점이 무엇이라고 생각하나요?

토론을 통해 자기 의견을 만들어간다는 겁니다. 어릴 때는 친구들하고 의견 차
가 있을 때 싸우기도 했지만 나이가 들면서 소리만 지르는 게 솔루션이 아니라
는 걸 자연스레 깨닫게 돼요. 요즘 저는 친구들하고 사회 이슈나 정치 이야기
도 많이 나누는데 세상에는 다양한 의견이 있다라는 기본 배경이 깔려 있기 때
문에 어떤 주제로도 토론이 가능해요. 내 이야기만 하는 게 아니라 다른 사람
의견을 들으면서 같이 대화를 하는 거잖아요. 심하게 논쟁하다 보면 마치 싸우
고 있는 느낌이 들 때도 있지만 다음 날 우리는 또 웃으면서 만나고 그 이야기
를 다시 진지하게 이어서 할 수도 있어요. 각자의 다른 정치색을 드러내는 것
도 전혀 불편하지 않고요. 내 의견이나 생각이 다 옳을 수 없잖아요. 토론할 때
친구들 이야기를 듣다 보면 내 생각에 대한 확신이 있었던 상황이라고 해도
'아, 저렇게 생각할 수도 있구나. 저 의견이 맞을 수도 있겠다'라고 생각한 적이
많아요. 친구, 친구 부모님, 선생님, 심지어 우연히 만나는 사람들과 그 어떤 주
제로도 토론이 가능한 문화, 그게 독일의 강점인 것 같아요. 자기 가치관, 의견
이 형성되지 않았다면 절대로 할 수 없는 것이거든요.

Chapter 04

독일의 쓰기 교육 : 창의성, 고유성, 사고력의 3박자

글을 잘 쓴다는 것이 특정 전공이나 직업군에게만 해당되는 능력이었던 시절과 달리 이제는 누구에게나 보편적으로 필요한 능력이 되었습니다. 실제로 글을 잘 쓴다는 건 굉장한 경쟁력입니다. 내용물의 가치를 제대로 잘 표현할 수 있는 '포장의 기술'이라고 할까요?

글을 잘 쓰는 능력이 어느 날 갑자기 생겨나지는 않습니다. 글을 잘 쓰기 위한 방법으로 많은 사람들이 '많이 읽고(다독), 많이 쓰고(다작), 많이 생각하라(다상량)'는 말을 하는데, 이를 실천하기란 결코 쉬운 일이 아닙니다.

요약하세요, 단 본문에 없는 '자신만의 단어'로

어릴 때 쓰기 교육을 시작하는 것은 그래서 의미가 있습니다. 독서에 대한 접근도 쉽고 생각 또한 유연하고 확장성을 띠게 되니까요. 쓴다는 행위에 대한 편견이나 특별한 거부감도 없어서 습관화하기에도 좋습니다.

독일 교육에서 쓰기는 바로 이 '습관화'와 연관되어 있습니다. 인지하지 못하는 사이에 토론 교육을 위한 토대를 미리 만드는 것처럼 쓰기 훈련 역시 자연스럽게 시작됩니다. 물론 한국에 비하면 늦게 시작하는 편인지도 모릅니다. 초등학교에 입학하기 전에 한글을 미리 떼는 아이들이 많은 우리나라와 달리 선행 교육이 없는 독일에서는 학교에 입학한 후에 본격적으로 글을 배우게 되니까요.

독일 교육에서 쓰기가 중요한 이유 중의 하나는 바로 토론식 수업과도 관련이 있습니다. 모든 수업이 토론식으로 진행되고 평가 또한 객관식 시험이 아닌 에세이 작성을 통해 이뤄지기 때문에 발표를 하거나 시험을 보기 위해서라도 쓰는 훈련이 기본적으로 되어 있어야 하는 것입니다.

에세이 작성의 방식이 '글로 풀어내는 토론'이란 점을 상기해 보면 쓰기 자체가 또 다른 토론이기도 합니다. 따라서 토론 수업이 각자 자신만의 관점과 의견을 중요하게 여기는 것처럼 쓰기 또한 비판적, 창의적 관점을 통해 얼마나 독창적인 생각을 도출해 내느냐가 중요합니다.

저희 아이의 경험에 비추어보면 초등학교 3학년이 되면서 본격적인 쓰기 교육이 시작됐습니다. 처음에는 단어 시험과 쓰기를 연계했습니다. 선생님이 하루에 5~10개 정도의 단어를 제시하면 아이들이 해당 단어를 넣어서 문장

안심Touch

을 만들어가는 식이었습니다.

아마 우리나라 초등학교 교실에서도 비슷한 수업이 이뤄지고 있을 겁니다. 재미있는 건 선생님의 첨삭을 통한 정확한 표현과 문법 체크만이 아니라, 문장의 창의성 자체를 중요하게 본다는 점입니다. 이 또한 선생님의 독자적 판단에 따르지 않고 반 친구들의 공개적 투표와 반응 등을 통해 체크합니다. 아이들은 다른 친구가 만든 기발하거나 유머러스한 문장을 공유하고 평가하기도 하면서 스스로 더 창의적인 문장을 만들고 싶다는 동기 부여를 받기도 했습니다.

단순히 숙제라고만 여긴다면 가장 짧고 단순한 문장으로 빨리 해치울 수도 있었을 겁니다. 하지만 아이들은 어떤 문장을 만들면 친구들의 반응이 좋을까를 생각하며 더 많이 상상하고 독창적인 문장을 만들기 위해 노력하게 됩니다. 저희 아이는 나중에는 문장 하나하나의 의미를 연결해 하나의 완성된 스토리를 만들어가는 방식으로 이야기를 창작하고 있었습니다. 단어를 익히는 방식으로서뿐만 아니라 자신만의 문장과 글을 만들어내는 훌륭한 방법이 아니었나 생각합니다. 더불어 아이들의 자발성을 이끌어내는 데도 결정적 기여를 했고요.

또 하나 인상적인 수업은 해당 과목에서 배우고 있는 특정 주제를 다룬 글이나 기사(article)를 요약해 보는 수업이었습니다. 가령 '물'에 대해 배운다면 물에 관한 정보를 다룬 글을 주고 간추리게 하는 식입니다. 이때 재미있는 건 반드시 '자신만의 단어'를 써야 한다는 점입니다. 글이나 기사에 나온 내용의 핵심을 요약하되 본문에 나온 어휘를 사용하지 말라는 것입니다.

맥락을 제대로 파악하고 요약하기도 힘든데 자신만의 단어를 쓰라니요. 저는 이 부분에서 무릎을 탁 쳤습니다. 보통 아이들에게 요약을 해보라고 하면 본문 안의 문장들을 몇 개 그대로 가져다가 쓸 때가 많은데 사실 그 방식은 중심 문장을 파악하는 것일 뿐 자신의 글을 쓰는 데 전혀 도움이 되지 않습니다. 본문에 나온 단어를 쓰지 못한다는 전제가 깔리면 자신이 아는 어휘력 안에서 아예 문장 자체를 새로 창조해야 하니 맥락을 파악하고 핵심을 간추리는 능력에다 자신만의 글쓰기까지 추가되는 셈입니다.

일기 대신 스스로를 성찰하는 '리플렉션' 쓰기

생각을 동반하는 글쓰기 교육은 '데일리 리플렉션(Daily-Reflection)'을 통해서도 이루어졌습니다. 아이가 4학년이 된 후 매일 정규 수업이 끝난 다음 '리플렉션 노트'를 써야 했습니다. '리플렉션'은 사전적 의미가 '반영, 반사' 등으로 해석되지만, 리플렉션 쓰기란 쉽게 말해 '자기 스스로에 대한 성찰' 정도의 의미입니다. 즉, '데일리 리플렉션'은 그날 하루의 자신을 돌아보는 것입니다. 일기와 비슷하다고 느낄 수 있지만 성격이 조금 다릅니다. 일기가 하루 일과에 중점을 둔 것이라면 리플렉션 쓰기는 온전히 자기 자신을 돌아보는 것입니다. 물론 그 '성찰'이 그날 있었던 어떤 경험과 연관된 것일 수도 있지만, 반드시 그럴 필요는 없는 것이지요.

아이의 '리플렉션 노트'를 보면 아무래도 학교생활과 관련될 때가 많습니다. 하루 중에 스스로 가장 잘했다고 생각하는 것은 무엇이고 왜 그렇게 생각하는지, 또 잘못한 일이나 부족한 점에 대한 반성이 담겨 있기도 했습니다.

자기 자신의 내면을 중심에 두고 생각하는 '리플렉션 쓰기'는 깊은 사고를 동반하는 굉장히 의미 있는 교육 방법입니다. '서밋 퍼블릭 스쿨(Summit

안심Touch

Public School)'이라고 아시나요. 미국의 캘리포니아와 워싱턴에 15개의 중학교와 고등학교를 운영하는 자율형 공립학교로, 2003년 '서밋 프리퍼레토리 차터 하이스쿨(Summit Preparatory Charter High School)'로 시작, 미국에서 '가장 우수한 고등학교'라는 명성을 얻으며 전설적인 성공을 이루게 됩니다. "아이의 미래, 어떻게 준비할 것인가?"라는 질문에서 시작한 이 학교는 졸업생 99퍼센트가 4년제 대학에 합격했고, 대학 졸업생 비율이 전미(全美) 평균의 2배에 이를 정도입니다.

놀라운 것은 이 학교가 대학 입시 전쟁에 갇힌 기존의 교육을 완전히 거부하고 다른 길을 걷는다는 데 있습니다. 친구들과도 등수나 점수로 경쟁하는 대신 철저히 프로젝트 기반 학습(project based learning)을 시행합니다. 이와 함께 자기주도(self-direction), 자기 성찰(reflection), 협업(collaboration)을 하면서 역량을 개발합니다. 이를 통해 좋은 대학 진학이라는 목표는 물론이고 이후의 안정적이고 성취감 높은 미래의 삶까지 함께 준비할 수 있습니다.

이 학교의 교육 핵심에서도 '리플렉션'이 등장합니다. 자신에 대한 깊은 생각과 성찰이 동반되어야 아이들의 미래를 위한 진짜 교육이 가능한 것이지요. 그런데 여기에 더해 생각만으로 끝나지 않고 '쓰기'로 연결되기까지 하니 정말로 좋은 교육 방법이라는 생각이 듭니다.

글쓰기를 자연스럽게 가르치고 익히는 독일에서도 최근 그 중요성이 더 커지고 있는 분위기입니다. 교실 안에서 이뤄지는 다양한 쓰기와 선생님들의 첨삭 지도와 같은 방식으로는 부족하다고 느끼는지 외부의 글쓰기 교육 기관들이 늘어나는 추세라고 합니다. 그러나 글쓰기의 핵심이 자신만의 관점을 만들고 독창성을 유지해야 한다는 점은 변하지 않습니다.

주변에 보니 어릴 때부터 글쓰기를 습관화해야 한다는 생각에 일찍부터 자녀를 글쓰기 학원이나 사교육에 노출시키는 부모님들이 많습니다. 일찍부터 글쓰기를 해야 한다는 데는 한 치의 이견도 없습니다. 하지만 글의 구조를 만들고 단락을 나누고 다양한 어휘와 정확한 문장을 구사하고 유려한 표현을 사용하는 글 쓰기를 배우기 이전에 서툴더라도 독창적인 생각과 의견, 표현 등으로 '자기 자신'을 드러내는 법을 먼저 배우면 좋지 않을까 생각합니다. 인공지능(AI)도 소설을 쓰고 시를 창작하는 시대에 나를 온전히 드러내는 글이야말로 진짜 경쟁력이 있을 테니까요.

좋은 책을 만드는 길
독자님과 함께하겠습니다.

도서에 궁금한 점, 아쉬운 점, 만족스러운 점이
있으시다면 어떤 의견이라도 말씀해 주세요.
시대인은 독자님의 의견을 모아 더 좋은 책으로 보답하겠습니다.

www.edusd.co.kr

생각이 자라는 아이

초 판 발 행	2022년 03월 25일 (인쇄 2022년 03월 04일)
발 행 인	박영일
책 임 편 집	이해욱
저　　　자	박진영
편 집 진 행	김지운 · 유정화
표지디자인	조혜령
편집디자인	임아람 · 채현주
발 행 처	시대인
출 판 등 록	제10-1521호
주　　　소	서울시 마포구 큰우물로 75 [도화동 538 성지 B/D] 9F
전　　　화	1600-3600
팩　　　스	02-701-8823
홈 페 이 지	www.sidaegosi.com
I S B N	979-11-383-1814-3 (13590)
정　　　가	16,000원